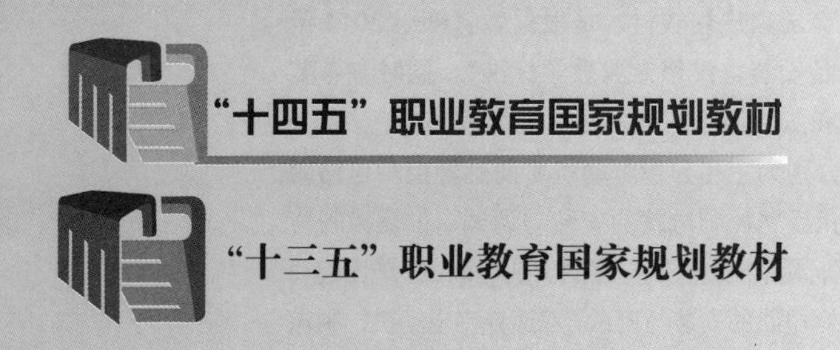

设备电气控制技术

主　编　张凤姝

副主编　郭承焦　李晓琨

参　编　程敏丹　韩　智　胡桂丽　袁　奎

　　　　赵　露　赵　文　周荣云　朱桂玲

机械工业出版社
CHINA MACHINE PRESS

本书是“十三五”职业教育国家规划教材，是根据教育部于 2014 年公布的《中等职业学校机电设备安装与维修专业教学标准》，同时参考装配钳工、维修电工、机修钳工和工具钳工职业资格标准编写的。

本书共分为十二个项目，分别为三相异步电动机单向旋转控制电路的安装与调试、三相异步电动机正反转控制电路的安装与调试、位置控制与自动往返控制电路的安装与调试、顺序控制控制电路的安装与调试、减压起动控制电路的安装与调试、制动控制电路的安装与调试、双速异步电动机控制电路的安装与调试、普通车床电气控制电路的安装与检修、摇臂钻床常见电气故障的分析与检修、平面磨床控制电路的分析与检修、万能铣床常见电气故障的分析与检修以及卧式镗床常见电气故障的分析与检修。

本书可作为中等职业学校机电类、电气类专业的教学用书，也可作为自学教材。

为方便教学，本书配有免费的电子教案、电子课件，凡选用本书作为教材的学校可登录 www.cmpedu.com 注册并下载。

图书在版编目（CIP）数据

设备电气控制技术 / 张凤姝主编 . —北京：机械工业出版社，2017.2
（2025.1 重印）
“十三五”职业教育国家规划教材
ISBN 978-7-111-55998-6

Ⅰ.①设… Ⅱ.①张… Ⅲ.①机械设备–电气控制–中等专业学校–教材 Ⅳ.①TH-39

中国版本图书馆 CIP 数据核字（2017）第 023866 号

机械工业出版社（北京市百万庄大街 22 号 邮政编码 100037）
策划编辑：赵红梅　　责任编辑：赵红梅　王　荣
责任校对：刘秀芝　　封面设计：张　静
责任印制：郜　敏
三河市国英印务有限公司印刷
2025 年 1 月第 1 版第 13 次印刷
184mm×260mm · 14.5 印张 · 267 千字
标准书号：ISBN 978-7-111-55998-6
定价：39.80 元

电话服务　　网络服务
客服电话：010-88361066　　机　工　官　网：www.cmpbook.com
010-88379833　　机　工　官　博：weibo.com/cmp1952
010-68326294　　金　书　网：www.golden-book.com

机工教育服务网：www.cmpedu.com

关于“十四五”职业教育
国家规划教材的出版说明

为贯彻落实《中共中央关于认真学习宣传贯彻党的二十大精神的决定》《习近平新时代中国特色社会主义思想进课程教材指南》《职业院校教材管理办法》等文件精神，机械工业出版社与教材编写团队一道，认真执行思政内容进教材、进课堂、进头脑要求，尊重教育规律，遵循学科特点，对教材内容进行了更新，着力落实以下要求：

1. 提升教材铸魂育人功能，培育、践行社会主义核心价值观，教育引导学生树立共产主义远大理想和中国特色社会主义共同理想，坚定“四个自信”，厚植爱国主义情怀，把爱国情、强国志、报国行自觉融入建设社会主义现代化强国、实现中华民族伟大复兴的奋斗之中。同时，弘扬中华优秀传统文化，深入开展宪法法治教育。

2. 注重科学思维方法训练和科学伦理教育，培养学生探索未知、追求真理、勇攀科学高峰的责任感和使命感；强化学生工程伦理教育，培养学生精益求精的大国工匠精神，激发学生科技报国的家国情怀和使命担当。加快构建中国特色哲学社会科学学科体系、学术体系、话语体系。帮助学生了解相关专业和行业领域的国家战略、法律法规和相关政策，引导学生深入社会实践、关注现实问题，培育学生经世济民、诚信服务、德法兼修的职业素养。

3. 教育引导学生深刻理解并自觉实践各行业的职业精神、职业规范，增强职业责任感，培养遵纪守法、爱岗敬业、无私奉献、诚实守信、公道办事、开拓创新的职业品格和行为习惯。

在此基础上，及时更新教材知识内容，体现产业发展的新技术、新工艺、新规范、新标准。加强教材数字化建设，丰富配套资源，形成可听、可视、可练、可互动的融媒体教材。

教材建设需要各方的共同努力，也欢迎相关教材使用院校的师生及时反馈意见和建议，我们将认真组织力量进行研究，在后续重印及再版时吸纳改进，不断推动高质量教材出版。

机械工业出版社

前　言

本书是根据教育部《关于中等职业教育专业技能课教材选题立项的函》(教职成司[2012]95号)，由全国机械职业教育教学指导委员会和机械工业出版社联合组织，根据教育部于2014年公布的《中等职业学校机电设备安装与维修专业教学标准》，同时参考电工、装配钳工、机修钳工和工具钳工职业资格标准编写的。

根据“设备电气控制技术”课程的课程要求描述及中等职业学校的普遍教学条件、学生的学习基础和学习能力，本书力争完成以下任务：使学生具备识别、检测、安装与使用常用低压电器的能力；具备识读、分析电动机基本电气控制电路及常用设备的电气控制电路的能力，具备正确安装和调试电动机基本控制电路的能力，具备初步检修常用机床电气故障的能力，具备继续学习后续专业技能方向课程的学习能力，为获得相应的职业资格证书打下基础；同时培养学生的职业道德与职业意识，提高学生的综合素质与职业能力，增强学生适应职业变化的能力，培养学生自主性、研究性学习的能力，为学生职业生涯的发展奠定基础。

本书本着贴近工业生产过程、接近实际工作的原则，以适应职业教育为准则，以提高学生的动手能力和分析能力为目标，采用项目教学任务引领方式进行编写。

本书在编写时力图体现以下特色：

1. 立足企业需求，贴近生产过程

本书本着“以就业为导向”的思想，以企业需求为基本依据，以行业、企业岗位实际需求作为课程内容开发的出发点确定课程内容，并结合行业岗位实际的工作过程将课程内容提炼成典型的项目。

2. 理论融入实践，突出技能训练

本书采用理实一体的教学方法，将理论内容与实践操作有效地融于一体，力图做到讲练结合、学做合一、学以致用。同时，本书本着“以能力为本位”的思想，结合职业技能鉴定标准，注重学生实践能力和操作技能及解决一般实际问题能力的训练。

3. 结构新颖，学习目标明确

本书在体例结构上，采用项目任务的形式。任务引领可以激发学生热情，引发学生学习兴趣，诱发探究欲望；任务引领指向明确，让学生明确学习目标，更好地引导学生循路探真、有的放矢地学与做。

4. 图文并茂，文句力求简单

考虑到中等职业学校学生的特点及学习能力，本书加大了实物图和工作流程图的比例，更具有直观性，且文句力求简练，通俗易懂。

5. 资源丰富，助力教与学

配套电子课件、微课视频、演示动画等数字资源，方便教师教学，学生自学。

本书由张凤姝担任主编并统稿，由郭承焦、李晓琨担任副主编，参与编写的还有程敏丹、韩智、胡桂丽、袁奎、赵露、赵文、周荣云、朱桂玲老师。在编写过程中得到了湖北省宜昌市机电工程学校领导的支持和帮助，在此表示衷心感谢。

由于编者水平有限，书中难免存在不足或缺陷之处，恳请读者批评指正。

编　者

二维码清单

资源名称	二维码	资源名称	二维码
交流接触器的检测		交流接触器的结构与工作原理	
低压断路器的工作原理		按钮联锁正反转控制线路工作原理	
接触器动作原理		接触器自锁控制线路的工作原理	
星三角减压起动控制线路		点动控制工作原理	
热继电器动作原理		电子式时间继电器	
电气原理图编号方法		空气阻尼式断电延时时间继电器结构和动作原理	
自动循环控制线路工作原理		速度继电器	

目　录

项目一 三相异步电动机单向旋转控制电路的安装与调试

项目描述

在生产实践中，机床等设备的电动机通常要求能够连续运转，这就需要对电动机进行连续控制。也有些生产机械的某些运动部件不需要电动机连续拖动，只要求电动机做短暂运转，如工厂中电动葫芦的起重电动机、车床拖板箱快速移动电动机等的控制及机床设备的试车、调整、瞬动等电动机短时的断续工作控制，这就需要对电动机进行点动控制。

本项目的要求是：根据给定的电路图，利用指定的低压电器元件，完成三相异步电动机单向旋转控制电路的安装与调试，具体分成三个任务进行：认识本项目所用低压电器和电动机、点动正转控制电路的安装与调试、接触器自锁连续正转控制电路的安装与调试。

项目目标

- 知道点动控制、连续控制电路的典型应用。
- 认识低压断路器、熔断器、接触器、热继电器、按钮，掌握其结构、原理、符号、作用及型号含义，并会用万用表检测其好坏。
- 认识三相异步电动机，会按星形或三角形联结定子绕组。
- 会分析点动控制、连续控制电路的工作原理。
- 会识读点动控制、连续控制电器元件布置图和电气安装接线图。
- 能按照板前明线布线工艺要求正确安装点动控制、连续控制电路。
- 会用万用表检测电路。
- 能按要求调试点动、连续控制电路。
- 会分析电气故障，会用万用表查找故障。
- 会使用常用的电工工具，会剥线、套号码管、做轧头。

任务一 认识低压电器和电动机

相关知识

一、认识低压电器

所谓低压电器，是指工作在交流电压小于1200V、直流电压小于1500V的电路中，起接通、断开、保护、控制或调节作用的电器元件。

常用的低压电器主要有刀开关、转换开关、低压断路器、熔断器、接触器、继电器和主令电器等。低压电器常见的分类方法见表1-1。

表1-1 低压电器的常见分类方法

分类方法	类别	说明及用途
按低压电器的用途或所控制的对象分	低压配电电器	主要用在供配电系统中实现对电能的输送、分配和保护，包括熔断器、刀开关、组合开关和断路器等
	低压控制电器	主要用在生产设备自动控制系统中对设备进行控制、检测和保护，包括接触器、控制继电器、控制器、主令电器、起动器、电阻器、变阻器和电磁阀等
按低压电器的动作方式分	自动电器	通过电器本身参数的变化或外来信号（如电、磁、光、热等）的作用使触点动作，如接触器、继电器等
	非自动电器	非自动电器：通过外力（如手动）直接驱动触点动作，如刀开关、组合开关、按钮和行程开关等
按低压电器的工作原理分	电磁式电器	根据电磁铁原理工作的电器，该类电器的感测元件接收的是电流或电压等电量信号，如接触器、继电器等
	非电量控制电器	该类电器的感测元件接收的是热量、温度、转速和机械力等非电量信号，如速度继电器、行程开关等
按低压电器的执行机构分	有触点电器	具有可分离的动触点和静触点，利用触点的接触和分离来实现电路的通断控制，如转换开关、行程开关、速度继电器、压力继电器和温度继电器等
	无触点电器	没有可分离的触点，主要利用半导体元器件的开关效应来实现电路的通断控制，如接近开关、霍尔开关、电子式时间继电器和固态继电器等

1. 按钮

按钮是一种靠手动操作，且具有自动复位功能的主令电器。其触点允许通过的电流较小，一般不超过5A，所以一般情况下它不直接控制主电路，而是在控制电路中发出“指令”或信号去控制接触器、继电器等线圈回路，再由它们去控制主电路的通断、功能转换或电气联锁。

按钮结构有多种形式，常见按钮的类别及适用场合见表1-2。

表1-2 常见按钮的类别及适用场合

类别	说明及适用场合
开启式	适用于嵌装在操作面板上

（续）

类　别	说明及适用场合
保护式	带保护外壳，可防止内部零件受机械损伤或有人偶然触及带电部分
防水式	具有密封外壳，可防止雨水侵入
防腐式	能防止腐蚀性气体进入
紧急式	带有突出在外的红色大蘑菇形钮帽，作紧急切断电源用
旋钮式	用旋钮旋转进行操作，有通和断两个位置
指示灯式	在透明的按钮内装入信号灯，以作信号指示
钥匙式	须用钥匙插入方可旋转操作，可防止误操作或供专人操作

注：为了标明各按钮的作用，避免误操作，操作头（按钮帽）常做成红、绿、黄、蓝、黑、白等颜色，一般以红色表示停止按钮，绿色表示起动按钮

常见按钮的外形如图 1-1 所示。

图1-1　常见按钮的外形

认一认

取几只不同系列的按钮，根据外形，判断按钮的类型。

（1）按钮的常用型号及型号含义　常用的按钮有 LA4、LA10、LA18、LA19、LA20 和 LA25 等系列。按钮的型号含义为

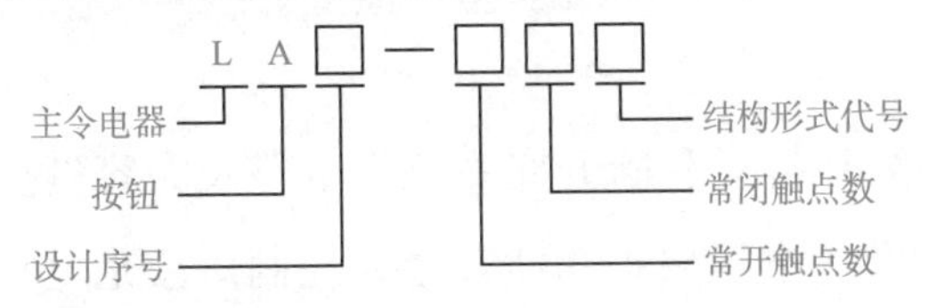

（2）按钮的结构、原理与符号　LA19 系列按钮的结构如图 1-2a 所示。按钮的动作原理如图 1-2b 所示。操作时，按钮的常开触点和常闭触点是联动的。当按下按钮帽时，桥式动触点向下运动，先与常闭静触点分断，再与常开静触点接通；松开按钮帽，在复位弹簧的作用下，桥式动触点向上运动，先与常开静触点分断，再与常闭静触点接通。

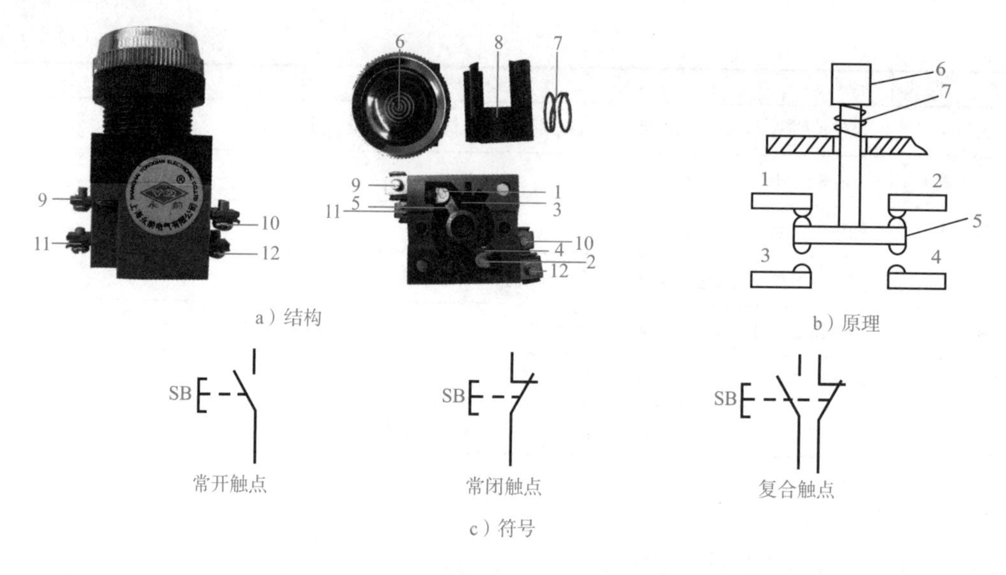

图1-2 LA19系列按钮的结构、原理与符号

1、2—常闭触点的静触点 3、4—常开触点的静触点 5—桥式动触点 6—按钮帽 7—复位弹簧 8—推杆 9、10—常闭触点的接线端 11、12—常开触点的接线端

注意

常闭触点和常开触点的动作和复位是有先后顺序的，在分析控制电路时不能忽略。

说一说

取一只LA19系列按钮，拆开，仔细观察内部结构，指出常闭触点、常闭触点及其对应的接线端；按下、松开按钮帽，观察触点的动作情况，叙述按钮的工作原理。

2. 交流接触器

接触器是一种能频繁地接通和断开交直流主电路及大容量控制电路的电磁式自动电器，具有欠电压保护和失电压保护功能，主要控制对象是电动机、电热设备、电焊机及电容器组等，适用于频繁操作和远距离控制，是设备电气控制系统中使用最广泛的元器件之一。

接触器按主触点控制的电流性质分为交流接触器和直流接触器，按驱动触点系统的动力来源可分为电磁式接触器、气动式接触器和液动式接触器。在工厂设备自动控制系统中，使用最为广泛的是电磁式交流接触器。

常见交流接触器的外形如图 1-3 所示。

图1-3　常见交流接触器的外形

认一认

取几只不同系列的交流接触器，根据外形，判断接触器的类型。

（1）交流接触器的常用型号及型号含义　常用的交流接触器有CJ12、CJ20、CJT1（CJ10的替代品）、CJX1、CJX2等系列。交流接触器的型号含义为

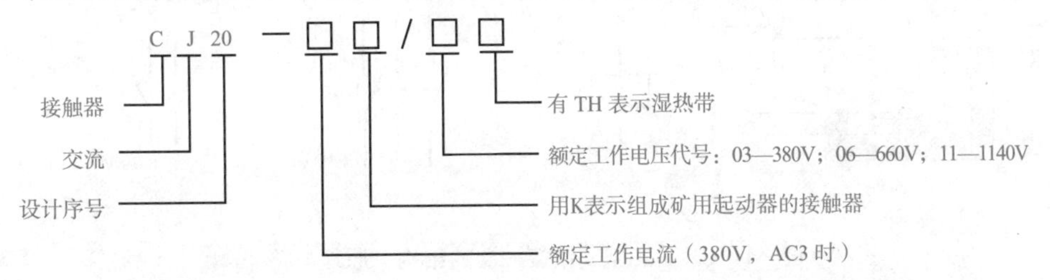

（2）交流接触器结构、原理与符号　CJT1系列交流接触器的结构如图1-4a所示。

交流接触器主要由电磁系统、触点系统、灭弧装置及辅助部件等组成。

1）电磁系统：主要由线圈、静铁心和衔铁（动铁心）组成。其作用是通过电磁线圈的通电或断电，使衔铁和铁心吸合或释放，从而带动动触点与静触点闭合或分断。交流接触器的铁心和衔铁一般采用E形硅钢片叠压而成，同时装有起减振和降噪作用的短路环。

2）触点系统：一般采用双断点桥式触点，按通断能力分为主触点和辅助触点。主触点用以通断电流较大的主电路，一般由三对接触面较大的常开触点组成；辅助触点用以通断电流较小的控制电路，一般有两对常开触点和两对常闭触点。

3）灭弧装置：大容量的接触器，常采用窄缝灭弧及栅片灭弧；小容量的接触器，采用电动力吹弧、灭弧罩等。

4）辅助部件：包括反作用弹簧、缓冲弹簧、触点压力弹簧、传动机构、支架、底座、接线柱等。

交流接触器的动作原理如图 1-4b 所示。当接触器的电磁线圈通电时，线圈中流过的电流产生磁场，使静铁心产生足够大的吸力，克服弹簧的反作用力，将衔铁吸合，并通过传动机构使主触点和辅助常开触点闭合，辅助常闭触点断开。当电磁线圈断电或电压显著下降时，铁心电磁吸力消失或减小，衔铁在反作用弹簧的作用下复位，带动各触点恢复到原始状态。

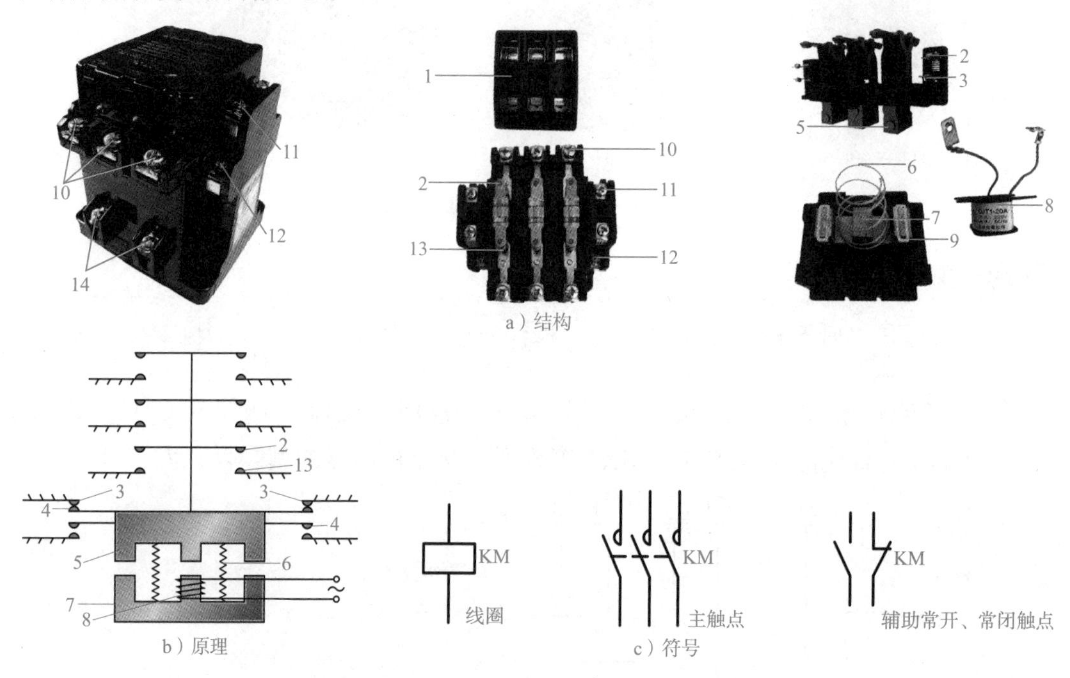

图1-4 CJT1-20型交流接触器的结构、原理与符号

1—灭弧罩 2—主触点的动触点 3—辅助常闭触点的动触点 4—辅助常开触点的动触点 5—动铁心 6—复位弹簧 7—静铁心 8—线圈 9—短路环 10—主触点的接线端 11—辅助常闭触点的接线端 12—辅助常开触点的接线端 13—主触点的静触点 14—线圈接线端

交流接触器的线圈电压在 85%~105% 额定电压下工作时，能保证正常吸合和释放。电压过高时，磁路趋于饱和，线圈电流将增大，严重时会烧毁线圈。而电压过低时，电磁吸力不足，动铁心吸合不上或时吸时放，线圈电流增大会造成线圈过热而烧毁。

说一说

取一只交流接触器，取掉接触器的灭弧罩，拆开接触器，仔细观察内部结构，指出静铁心、衔铁、线圈、主触点、辅助触点等主要部件的名称和对应的接线端；手动按下接触器，观察衔铁和触点的动作情况，叙述交流接触器的工作原理。

3. 热继电器

热继电器是利用电流的热效应来推动动作机构使触点闭合或断开的保护电器。它

主要用于电动机的过载保护、断相保护以及电流不平衡运行保护，也可用于对其他电气设备发热状态的控制。

热继电器的形式有多种，其中使用最普遍的是双金属片式热继电器，它结构简单，成本较低，且具有良好的反时限特性（即动作时间与电流的大小成反比）。

双金属片式热继电器（以下简称热继电器）按结构形式分，可分为单相式、两相式和三相式，三相式热继电器又分为带断相保护和不带断相保护两种。

常见热继电器的外形如图 1-5 所示。

图1-5　常见热继电器的外形

认一认

取几只不同系列的热继电器，根据外形，判断热继电器的类型。

（1）热继电器的常用型号及型号含义　常用的热继电器有 JR16、JR20 等系列。热继电器的型号含义为

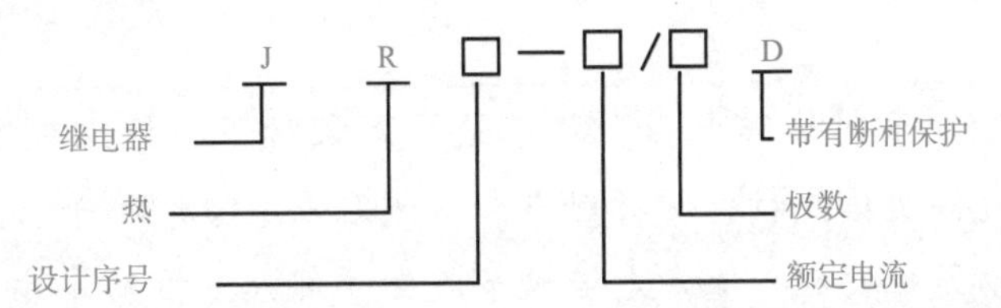

（2）热继电器的结构、原理与符号　JR16 系列热继电器的结构如图 1-6a 所示。

热继电器的原理如图 1-6b 所示。使用时，将热元件与电动机的定子绕组串联，将常闭触点与接触器的线圈串联在一起，并通过调节整定电流调节旋钮，将继电器的动作电流调整到适当的值。电动机正常工作时，通过热元件上的电流小于动作电流，双金属片弯曲的位移不能使热继电器动作。当电动机过载时，通过热元件上的电流增大，当电流超过热继电器的动作电流时，双金属片弯曲的位移足够大，推动导板使触点动作。

当热元件冷却后，双金属片恢复原状，常闭触点自动复位。如用手动复位，则需按下手动复位按钮，借助动触点上的杠杆装置使动触点复位闭合。

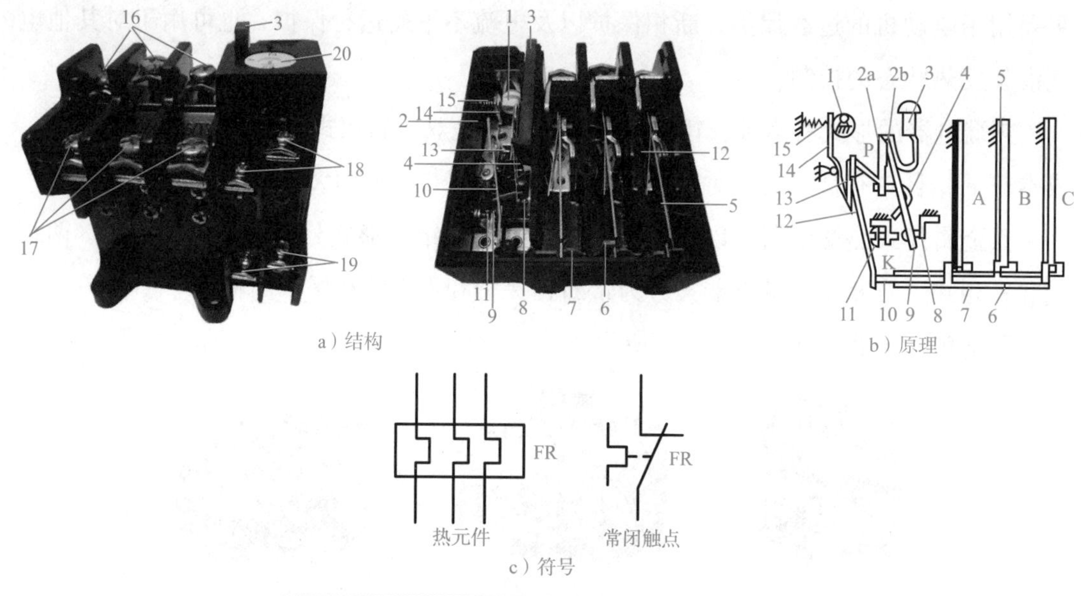

a）结构　　b）原理

c）符号

图1-6　JR16系列热继电器的结构、原理与符号

1 —电流调节凸轮　2 —弹簧片　3 —手动复位按钮　4 —弓形弹簧　5 —主双金属片　6 —外导片　7 —内导片　8 —常闭静触点　9 —动触点　10 —杠杆　11 —复位调节螺钉　12 —补偿双金属片　13 —推杆　14 —边杆　15 —压簧　16 —热元件进线端　17 —热元件出线端　18 —常闭触点接线端　19 —常开触点接线端　20 —整定电流调节旋钮

注意

热继电器不能用于短路保护，这是由于双金属片发热变形使触点动作需要经过一段时间，即使短路电流达到热继电器的动作电流，热继电器也不会立即动作。

说一说

取一只JR16系列热继电器，将后绝缘盖板拆下，仔细观察热继电器的结构，指出热元件及接线柱、常开触点和常闭触点及接线端子、主双金属片补偿双金片、手动复位按钮、整定电流调节旋钮等部分；推动导片，观察触点的动作情况，叙述热继电器的工作原理；调节复位调节螺钉，推动导片，再观察触点的动作情况，理解自动复位和手动复位的原理。

（3）热继电器动作电流的整定　热继电器的动作电流值可按以下原则进行整定：

1）一般情况下，热元件的整定电流为电动机额定电流的 95%~105%。

2）对电动机所拖动的冲击性负载或起动时间较长及所拖动设备不允许停电的场合，其整定电流值可取电动机额定电流的 110%~150%。

3）如果电动机的过载能力较差，其整定电流可取电动机额定电流的 60%~80%。

4. 低压断路器

低压断路器俗称自动空气开关或空气断路器，是低压配电线路和工厂设备电气控

制系统中常用的配电电器。它集控制和多种保护功能于一体：在正常情况下可用于不频繁地接通或断开电路，当电路发生短路、过载、漏电或失电压等故障时，能自动切断故障电路，达到保护线路和电气设备的目的。

低压断路器按其结构形式可分为框架式（万能式）和塑料外壳式（装置式）低压断路器。在自动控制系统中，塑料外壳式低压断路器，因其结构紧凑、体积小、质量小、价格低、安装方便和使用安全等优点，应用极为广泛。

常见低压断路器的外形如图 1-7 所示。

图1-7　常见低压断路器的外形

认一认

取几只不同系列的低压断路器，根据外形，判断低压断路器的类型。

（1）低压断路器的常用型号及型号含义　常用的低压断路器是 DZ 系列，低压断路器的型号含义为

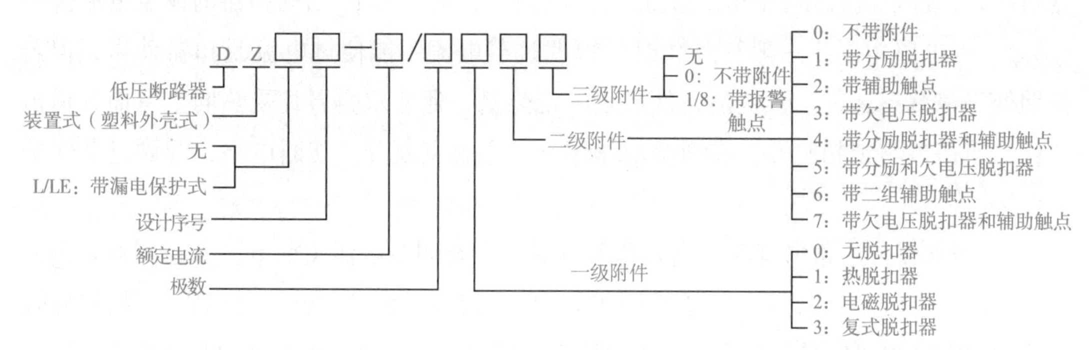

（2）低压断路器的结构、原理与符号　DZL20-250/4301 型低压断路器的结构如图 1-8a 所示。该断路器是电流动作型电子式漏电断路器，主要有主触点、过电流脱扣器、热脱扣器、零序电流互感器、电子控制部分、漏电脱扣器、试验装置组成。

低压断路器的原理如图 1-8b 所示。使用时，将低压断路器中的三对主触点串接在被控制的三相主电路中，此时，过电流脱扣器的线圈和热脱扣器的热元件串联在主

电路中。

合上操作手柄时，外力使锁扣克服弹簧的斥力，将固定在锁扣上的主触点闭合，并由锁扣锁住搭钩，使开关处于接通状态。此时，若过电流脱扣器、热脱扣器、漏电脱扣器无异常反应，电路正常运行。

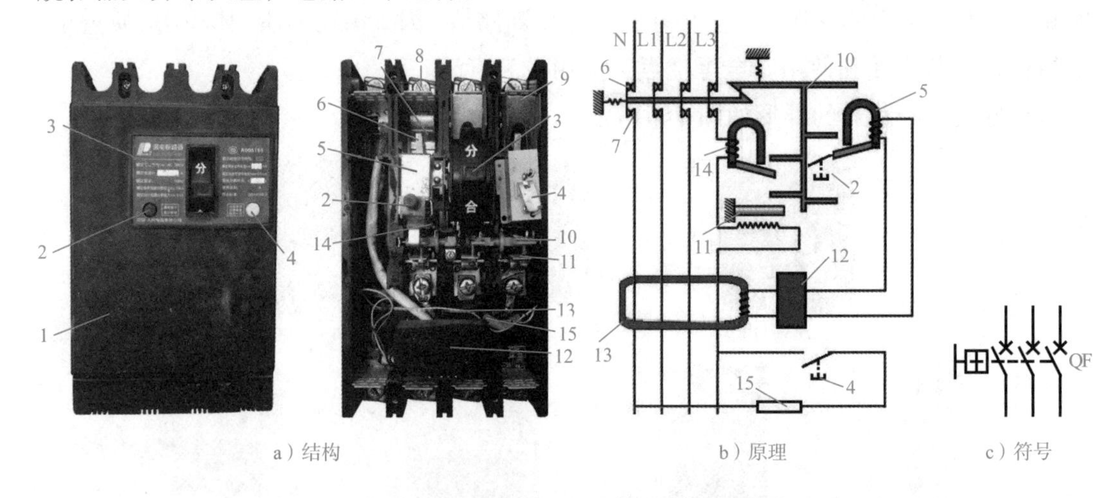

图1-8 DZL20-250/4301型低压断路器的结构、原理与符号

1—壳体 2—漏电指示 / 复位按钮 3—操作手柄 4—试验按钮 5—漏电脱扣器 6—动触点 7—静触头 8—接线端 9—灭弧罩 10—杠杆 11—热脱扣器 12—电子控制部件 13—零序电流互感器 14—过电流脱扣器 15—实验电阻

1）当电路发生短路故障（或严重过载）时，短路电流超过过电流脱扣器的瞬时脱扣整定电流，电磁脱扣器产生足够大的电磁吸力将衔铁吸合并撞击杠杆，使搭钩与锁扣脱开。在弹簧的作用下，主触点断开，切断电源，起到短路保护的作用。低压断路器出厂时，过电流脱扣器的瞬时脱扣整定电流一般整定为10倍断路器的额定电流值。

2）当电路中发生一般性过载时，短期过载电流不能使过电流脱扣器动作，但若长期处于该状态运行，会使热元件产生一定热量，促使双金属片受热向上弯曲并撞击杠杆，使搭钩与锁扣脱开。在弹簧的作用下，主触点断开，切断电路，起到过载保护的作用。

3）当被保护电路中有漏电或人身触电时，只要剩余电流（漏电流）达到额定剩余动作值，零序电流互感器的二次绕组的输出信号使电子控制部件（晶闸管）触发导通，并通过漏电脱扣器使漏电断路器动作，从而切断电源，起到漏电和触电保护作用。

4）需手动分断电路时，断开操作手柄，此时，在弹簧的反作用下，主触点断开。

说一说

取一只DZ系列低压断路器，将外壳拆开，仔细观察内部结构，指出其触点、热脱扣器、过电流脱扣器及接线端子等主要部件，并叙述其工作原理。

另外，有的低压断路器中包含欠电压脱扣器，欠电压脱扣器的工作过程与过电流脱扣器正好相反。欠电压脱扣器铁心的线圈并联在电路中，当电路的电压正常时，欠电压脱扣器产生足够的吸力，克服弹簧的作用使衔铁吸全，衔铁与杠杆脱离，锁扣与搭钩才得以锁住，主触点方能闭合，当电路中电压低于某个值（额定电压的 85%）或全部消失时，欠电压脱扣器的吸力减小或消失，衔铁被弹簧拉开并撞击杠杆，使搭钩与锁扣脱开。在弹簧的作用下，主触点断开，切断电路，起到欠电压保护作用。具有欠电压保护功能断路器的原理如图 1-9 所示。

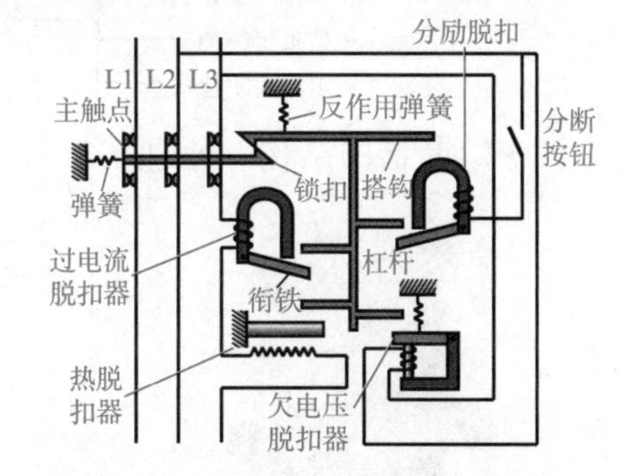

图1-9　带欠电压保护低压断路器的原理

5. 熔断器

熔断器俗称保险，在低压供配电系统和工厂设备电气控制系统中主要用于短路保护，有时也可用于过载保护。

熔断器的种类很多，按结构可以分为插入式、有填料螺旋式、有填料封闭管式、无填料封闭管式等；按用途可以分为一般工业用熔断器、保护硅元件用快速熔断器、特殊用途熔断器等。

常见熔断器的外形如图 1-10 所示。

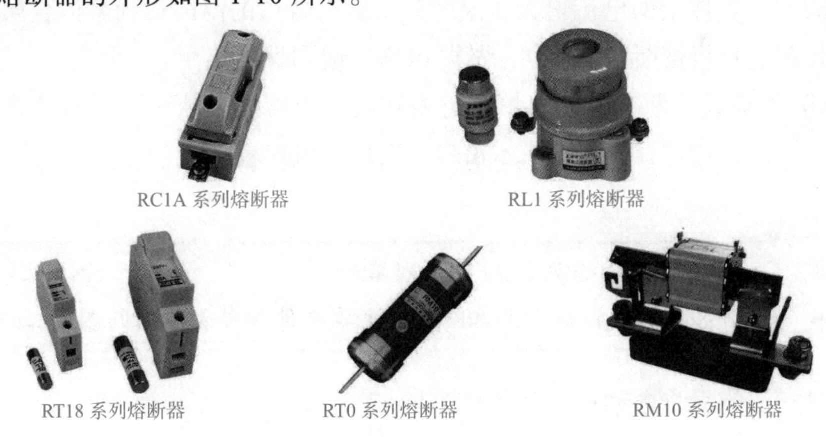

图 1-10　常见熔断器的外形

认一认

取几只不同系列的熔断器，根据外形，判断熔断器的类型。

（1）熔断器的常用型号及型号含义　常用的熔断器有 RC1A 系列插入式熔断器、RL1 系列螺旋式熔断器、RM10 系列无填料封闭管式熔断器和 RT0 系列有填料封闭管式熔断器。熔断器的型号含义如下：

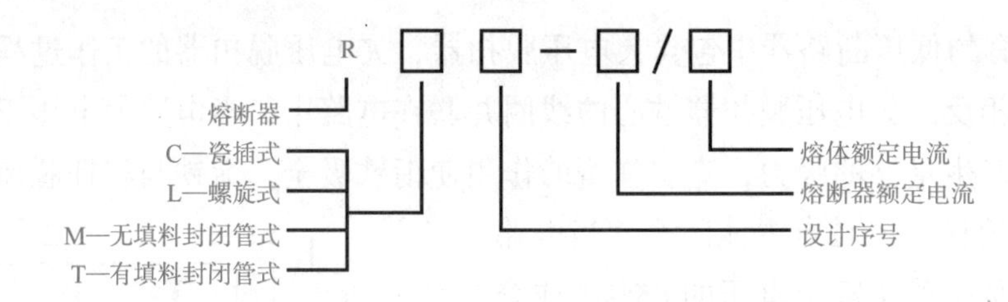

（2）熔断器的结构、原理与符号　RL 系列熔断器的结构如图 1-11a 所示。

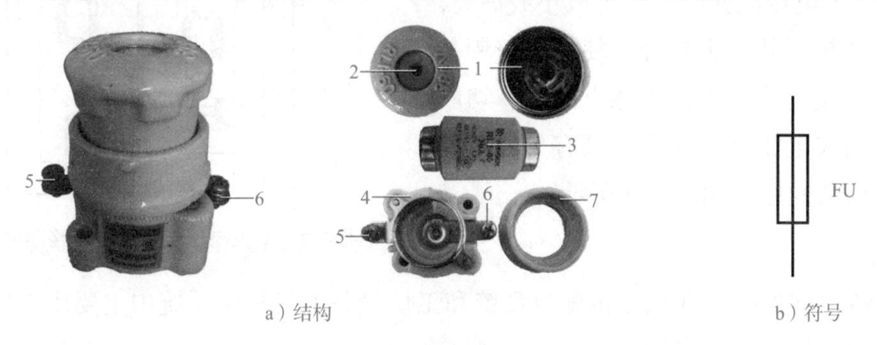

a）结构　　b）符号

图 1-11　熔断器的结构与符号

1—瓷帽　2—指示窗口　3—熔断管　4—瓷座　5—上接线座（出线端）　6—下接线座（进线端）　7—瓷套

熔断器的主体是用低熔点的金属丝或金属薄片制成的熔体。使用时，将熔断器的熔体串联在被保护的电路中。在正常情况下，熔体相当于一根导线；当电路发生短路或严重过载时，熔体上的电流增大、温度升高，当熔体的温度达到熔体金属的熔化温度时，熔体就会自行熔断，从而切断故障电路，起到保护作用。

RL 系列螺旋式熔断器属于有填料封闭管式，当熔体熔断时，指示件弹出，显示熔断器已经熔断，透过瓷帽上的指示窗口（玻璃）可以看到。

说一说

取RC1A系列、RL1系列、RT18系列熔断器各一只，拆开，仔细观察熔断器的结构，指出熔断器的接线柱、熔断管等主要部件，并叙述熔断器的工作原理。

二、认识三相异步电动机

1. 三相异步电动机的外形和符号

图 1-12a 所示为三相交流异步电动机的外形和符号。

a）外形　　b）符号

图 1-12　三相交流异步电动机的外形和符号

2. 三相异步电动机的接线

三相异步电动机定子三相绕组六个接线端引出至接线盒，始端标以 U1、V1、W1，末端标以 U2、V2、W2。工作时，将三相定子绕组按要求联结成星形（Y）或三角形（Δ），并将三个首端与三相交流电源相连，如图 1-13 所示。

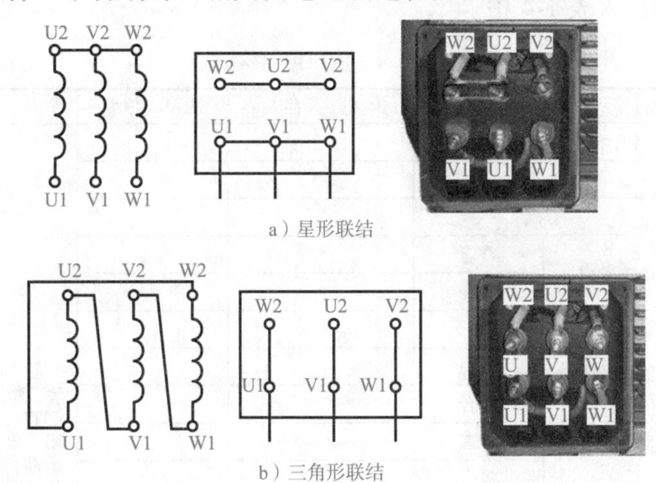

图 1-13　三相异步电动机的接线

任 务 实 施

一、任务准备

准备如图 1-14 所示的低压电器、电动机及实施任务所需要的电工工具、仪表。

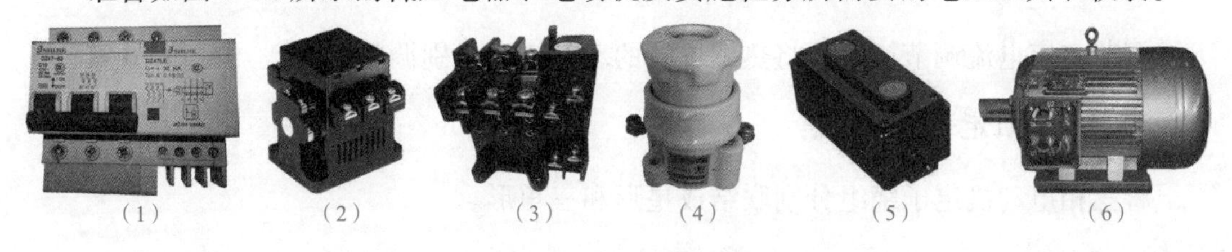

图 1-14　任务准备材料

二、低压电器的识别

识别图 1-14 所给低压电器的名称，记录型号，读出主要参数，填入表 1-3 中。

表1-3　低压电器的识别

编　号	名　称	型　号	主要参数	图形及文字符号
（1）				
（2）				
（3）				
（4）				
（5）				
（6）				

三、低压电器的检测

将万用表置于电阻档，逐一测量各个器件的触点、线圈及其他通电元件的电阻，并通过电阻的大小来判断电器的好坏，也可以直接用蜂鸣档检测通电元件的通断情况，将测量结果填入表 1-4 中。

表1-4　低压电器检测

<table>
<tr><th colspan="3">检测元器件及状态</th><th>电　阻</th><th>是否正常</th><th>备　注</th></tr>
<tr><td colspan="3">熔断器及熔管</td><td></td><td></td><td rowspan="17">触点闭合时两端电阻接近于零，断开时两端电阻为无穷大；CJT1 — 20 型接触器线圈的电阻一般在 300 ~ 500Ω 范围内；熔断器两端电阻应接近于零；热继电器的热元件两端电阻接近于零</td></tr>
<tr><td rowspan="2">低压断路器触点</td><td colspan="2">合闸</td><td></td><td></td></tr>
<tr><td colspan="2">分闸</td><td></td><td></td></tr>
<tr><td rowspan="7">接触器</td><td rowspan="2">主触点</td><td>常态</td><td></td><td></td></tr>
<tr><td>吸合</td><td></td><td></td></tr>
<tr><td colspan="2">线圈</td><td></td><td></td></tr>
<tr><td rowspan="2">辅助常闭触点</td><td>常态</td><td></td><td></td></tr>
<tr><td>吸合</td><td></td><td></td></tr>
<tr><td rowspan="2">辅助常开触点</td><td>常态</td><td></td><td></td></tr>
<tr><td>吸合</td><td></td><td></td></tr>
<tr><td rowspan="3">热继电器</td><td colspan="2">热元件</td><td></td><td></td></tr>
<tr><td colspan="2">常闭触点</td><td></td><td></td></tr>
<tr><td colspan="2">常开触点</td><td></td><td></td></tr>
<tr><td rowspan="4">按钮</td><td rowspan="2">常开触点</td><td>松开</td><td></td><td></td></tr>
<tr><td>按下</td><td></td><td></td></tr>
<tr><td rowspan="2">常闭触点</td><td>松开</td><td></td><td></td></tr>
<tr><td>按下</td><td></td><td></td></tr>
</table>

四、热继电器动作电流整定

调节整定电流调节旋钮，将热继电器的动作电流分别调整到 5A、8A 和 10A。

五、电动机定子绕组联结

将三相电动机定子绕组分别联结成星形和三角形。

任务评价

对任务的完成情况进行评价，评价内容及评价标准见表 1-5。

表1-5　任务评价表

评价内容	评价标准	配　分	扣　分
识别低压电器	（1）写错或漏写名称，每只扣 5 分 （2）写错或漏写型号，每只扣 5 分 （3）画错符号，每只扣 5 分 （4）写错或漏标文字符号，每处扣 2 分 （5）写错或漏写主要参数，每处扣 5 分	40	

（续）

评价内容	评价标准				配　分	扣　分
检测低压电器	（1）仪表使用不规范，扣 10 分 （2）漏检或检测结果不正确，每处扣 10 分 （3）检测数据分析错误，每处扣 10 分 （4）损坏仪表或不会检测，该项不得分				40	
热继电器动作电流整定	不会整定或不按要求整定，扣 5 分				5	
连接电动机定子绕组	（1）不会做星形联结或接线错误，扣 5 分 （2）不会做三角形联结或接线错误，扣 5 分				15	
安全文明生产	（1）要求现场整洁干净 （2）工具摆放整齐，废品清理分类符合要求 （3）遵守安全操作规程，不发生任何安全事故 如违反安全文明生产要求，酌情扣 5 ~ 40 分，情节严重者，可判本次技能操作训练为零分，甚至取消本次实训资格					
定额时间	180min，每超时 5min，扣 5 分					
开始时间		结束时间		实际时间	成绩	

收获体会：

学生签名：　　年　月　日

教师评语：

教师签名：　　年　月　日

任务二　点动控制电路的安装与调试

相关知识

组合开关又称转换开关，实质上也是一种特殊的刀开关。它的特点是用动触片的左右旋转来代替闸刀的推合和拉开，结构较为紧凑。

一、电气控制系统图的绘制与识读

电气控制系统是由许多电器元件按照一定的要求连接而成的。为了表达设备电气控制系统的结构、原理等设计意图，同时也为了便于电气控制系统的安装、调试和检修，需要将电气控制系统中各电器元件及其连接关系用一定图形表达出来，这就是电气控制系统图。

电气控制系统图包括电气原理图、电器元件布置图和电气安装接线图。

1. 电气原理图

电气原理图是采用国家统一规定的电气图形符号和文字符号表示电气设备和电器元件，并按工作顺序用线条连接的一种简图，又称电路图。电气原理图是根据设备机械运动形式对电气设备的要求绘制的，用来表示电气设备和各电器元件的连接关系及作用原理，不考虑电器元件的实际安装位置和实际连接情况。电气原理图主要用于电气控制电路安装、调试和检修，并作为编制电气安装接线图的依据。

电气原理图由电源电路、主电路和辅助电路三部分组成。图 1-15 所示为 CA6140 型车床的电气原理图。

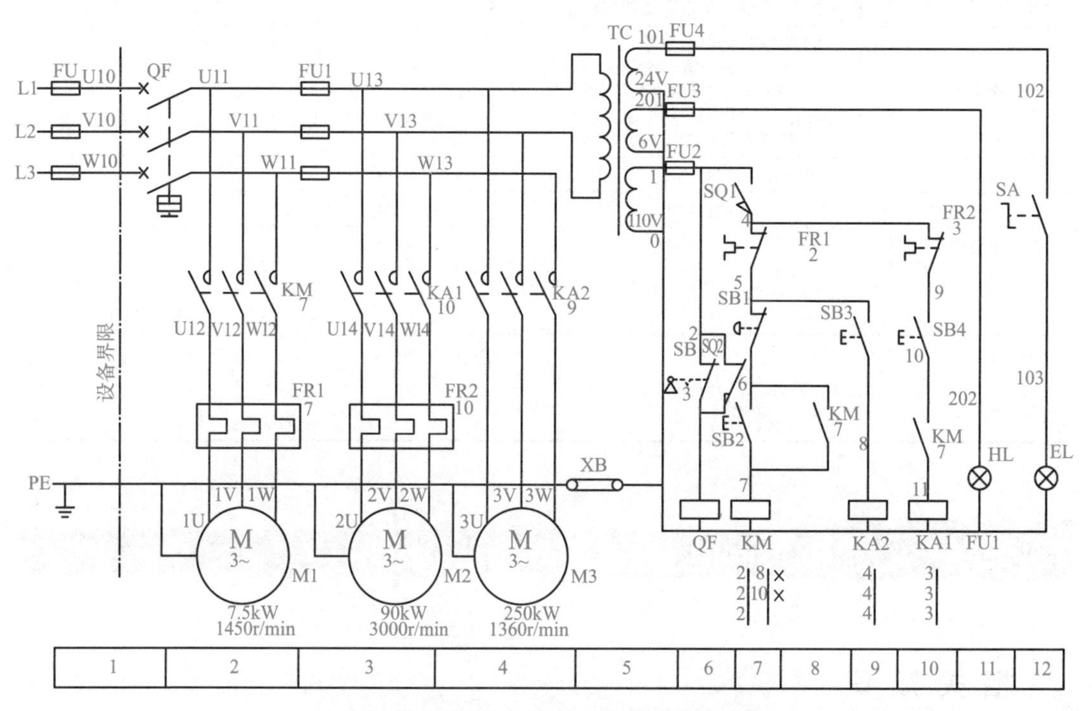

图 1-15　CA6140 型车床的电气原理图

（1）电气原理图的绘制、识读原则　电气原理图的绘制、识读原则见表 1-6。

表1-6　电气原理图的绘制、识读原则

电路名称	电路定义	绘制、识读原则
电源电路	电源的引入电路	应画成水平线，且三相交流电源线 L1、L2、L3 自上而下画出，中性线 N 和保护接地线 PE 绘制在相线之下；直流电源的“+”端画在上边，“−”端画在下边；电源开关也应水平画出
主电路	从电源到电动机的电路，主要由熔断器、接触器的主触点、热继电器的热元件及电动机等组成。主电路通过电动机的工作电流，电流较大	主电路应绘制在原理图的左侧并垂直电源电路，三相交流电源线 L1、L2、L3 应自左向右依次画出
辅助电路	包括控制主电路工作状态的控制电路、显示主电路工作状态的信号电路、提供局部照明的照明电路和变压器、整流电路等。由主令电器的触点、接触器线圈及辅助触点、继电器线圈及触点、指示灯和照明灯等组成。辅助电路所通过的电流较小，一般不超过 5A	辅助电路要垂直绘制在两条水平电源线之间，一般按控制电路、指示电路、照明电路的顺序依次垂直画在主电路的右侧，且耗能元件（如线圈、电磁铁、信号灯等）应直接与下方的水平线相连；为识读方便，一般按自左至右、自上而下的顺序表示操作顺序

注意

1）电气原理图中所有电器的触点均按照电器没受外力作用或没有通电时的原始状态绘制。

2）画电路图时，应尽量避免导线交叉。对有直接电联系的交叉导线连接点要用实心点“·”表示。

3）电路中若有多个相同的电器元件，需要在文字符号后面标注数字加以区分，如SB1、SB2，KM1、KM2。

4）同一电器元件的不同部分可以根据需要绘制在图中的不同支路上，但它们必须使用同一文字符号标注，如某一交流接触器的线圈用KM1标注，则该接触器所有的触点也要用KM1标注。

5）电路应按照动作的顺序和信号流自左向右或自上而下排列。

（2）电气原理图的编号方法　为了便于电气控制电路的安装、调试及检修，需要对电气原理图中的各个接线点进行编号，其编号的原则及注意事项见表1-7。

表1-7　电气原理图的编号原则及注意事项

电路名称	编号原则及注意事项
电源电路	三相交流电源引入线和中性线用L1、L2、L3、N标记，单相交流电源引入线用L、N标记，直流电源引入线用L+、L-标记，保护接地线用PE标记，接地线用E标记
主电路	主电路从电源开关的出线端开始，按相序依次编号为U11、V11、W11，然后按从上到下、从左到右的顺序，每经过一个电器元件，编号要递增，如U12、V12、W12，U13、V13、W13… 对单台三相电动机（或其他三相设备）的三根电源引线按相序依次编号为U、V、W，对于多台电动机的三根电源引线的编号，可在字母前加数字用以区别，如1U、1V、1W…
辅助电路	辅助电路接线点采用数字进行编号，编号方法按“等电位”原则从上到下，从左到右，每经过一个电器元件，编号依次递增。控制电路的编号起始数字为1，其他辅助电路编号的起始数字依次递增100，如照明电路编号从101开始，指示电路编号从201开始等，辅助电路的编号结束数字为0

2. 电器元件布置图

电器元件布置图是采用简化的外形符号代替实际电器元件，来表示其在电气设备上和电气控制柜中的安装位置。图1-16所示为CW6132型卧式车床电气设备安装布置图和控制柜安装布置图。

电器元件布置图不表达各电器元件的具体结构、作用、接线情况以及工作原理，主要用于电器元件的布置和安装。布置图中各电器元件的文字符号必须与电气原理图和电气安装接线图上的标注一致。

电器元件的布置原则如下：

1）外形尺寸与结构相似的电器元件应该安装在一起，以便配线。

2）体积较大和较重的电器元件应安装在电气控制柜或电气控制板的下方。

3）发热的电器元件应安装在电气控制柜或控制板的上方或后方，但热继电器一般安装在接触器的下面，以方便与电动机和接触器的连接。

4）需要经常维护、整定和检修的电器元件、操作开关、监视仪器仪表，其安装位置应高低适宜，以便工作人员操作。

5）电器元件的布置应考虑安装间隙，并尽可能做到整齐、美观。

6）绘制时，应留有10%以上的备用面积及导线管（槽）的位置，以供改进设计时用。

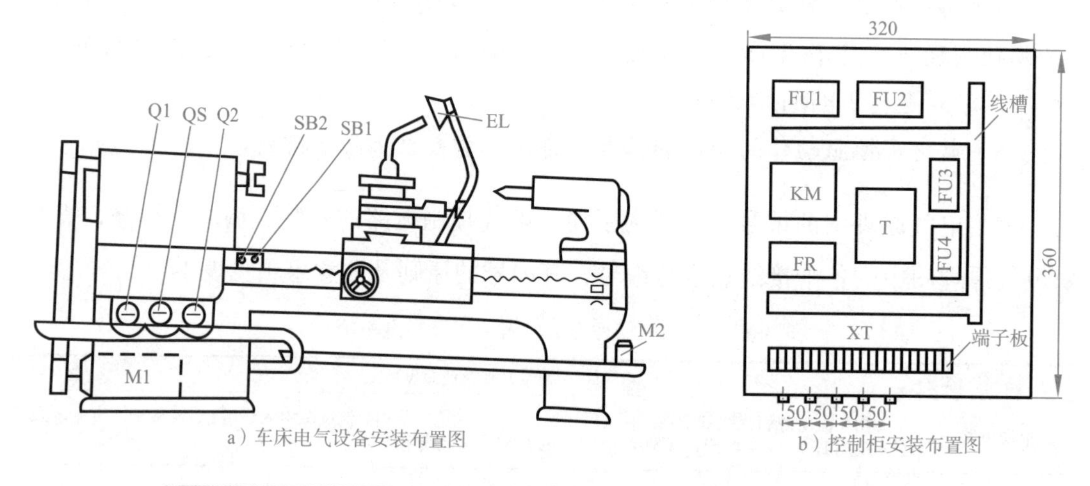

图1-16 CW6132型卧式车床电气设备安装布置图和控制柜安装布置图

3. 电气安装接线图

电气安装接线图是一种反映电气设备和电器元件的实际位置和连接关系的简图。它只用来表示电气设备和电器元件的位置、配线方式和接线方式，而不明显表示电气动作原理和电器元件之间的控制关系。电气安装接线图是电气施工的主要图样，它常与电气原理图配合，主要用于安装接线、线路的检查和故障处理。图1-17所示为接触器自锁正转控制电气安装接线图。

（1）电气安装接线图的绘制原则

1）接线图应能表示出电气设备和各电器元件的相对位置、文字符号、端子号、导线号、导线类型、导线截面积、屏蔽和导线绞合情况等。

2）所有的电气设备和电器元件都按其所在的实际位置绘制在图样上，且同一电器的各器件画在一起，并用点画线框上，其文字符号以及接线端子的编号应与电气原理图中的标注一致。

3）接线图中的单根导线、导线组（或线扎）、电缆等，用连续线和中断线来表示；

走向相同、功能相同的多根导线可用单线或线束表示，到达接线端子板或电器元件的连接点时再分别画出。用线束来表示导线、电缆时用加粗的线条表示。另外，导线的规格、型号、颜色、根数和穿线管的尺寸应标注清楚。

4）不在同一安装板或电气柜上的电器元件或信号的电气连接一般应通过端子排连接，并按照电气原理图中的接线编号连接。

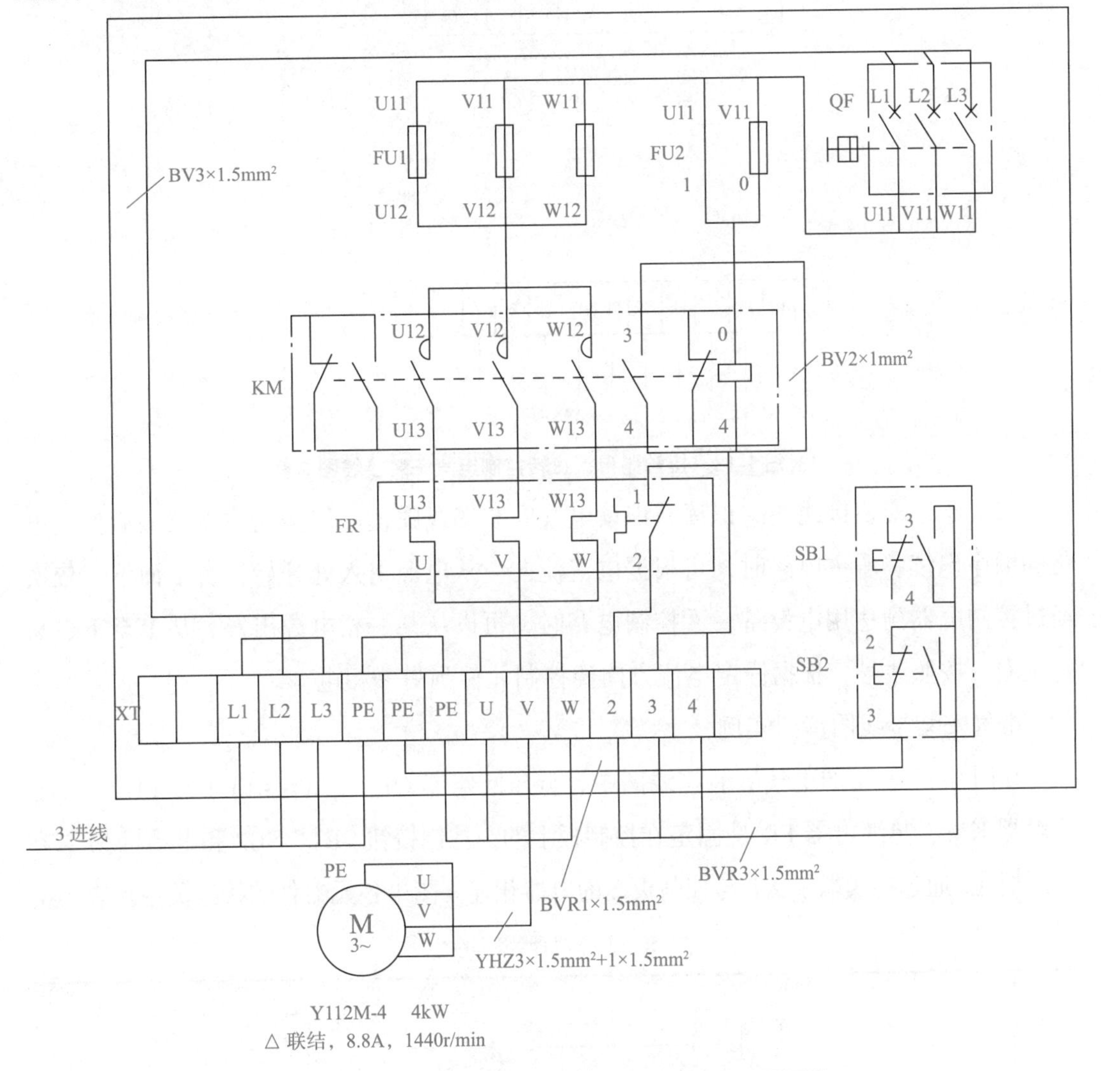

图 1-17　接触器自锁正转控制电气安装接线图 1

注意

接触器和继电器没有使用的触点可以不画；线路较复杂时可不画出导线，只标出线号即可，如图1-18所示。相同线号是等电位点，接线时必须全部连接在一起。

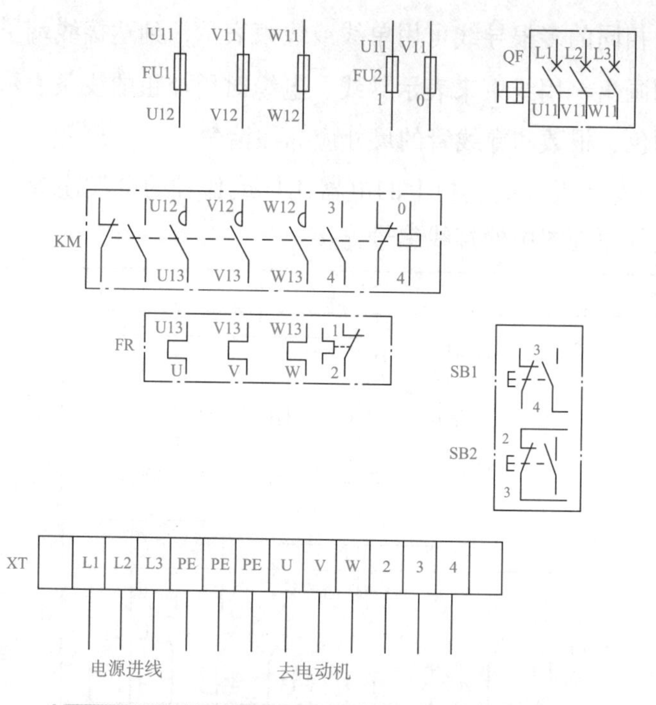

图 1-18 接触器自锁正转控制电气安装接线图 2

（2）电气安装接线图的识读 识读电气安装接线图，一般按先主电路、后控制电路的顺序识读。看主电路时，可根据电流流向，从电源引入处开始，自上而下，依次经过控制电器到达用电设备。看控制电路时，可以从某一相电源出发，从上至下、从左至右，按照线号，根据假定电流方向经控制元件到另一相电源。

电气安装接线图读图实例：

在图 1-17 所示的电气安装接线图中，低压断路器 QF、熔断器 FU1 和 FU2、交流接触器 KM、热继电器 FR 是固定在控制板上的，控制按钮 SB1、SB2 和电动机 M 装在控制板外，通过接线端子 XT 与控制板上的电器相连。图中各元器件的接线关系见表 1-8。

表1-8 各元器件的接线关系

序号	名　称	符号	接线关系			
			进　线		出　线	
			来　源	线　号	去　向	线　号
1	低压断路器	QF	XT	L1、L2、L3	FU1	U11、V11、W11
					FU2	U11、V11
2	主电路熔断器	FU1	QF	U11、V11、W11	KM 主触点	U12、V12、W12
3	控制电路熔断器	FU2	QF	U11	FR 常闭触点	1
				V11	KM 线圈	0

（续）

序号	名　称		符号	接线关系			
				进　线		出　线	
				来　源	线　号	去　向	线　号
4	交流接触器	主触点	KM	FU1	U12、V12、W12	FR 热元件	U13、V13、W13
		线圈		XT	4	FU2	0
		常开触点		XT	3	XT	4
5	热继电器	热元件	FR	KM	U13、V13、W13	XT	U、V、W
		常闭触点		FU2	1	XT	2
6	端子排		XT	L1、L2、L3	电源	QF	L1、L2、L3
				U、V、W	FR 热元件	电动机	U、V、W
				2	FR 常闭触点	SB2 常闭触点	2
				3	SB2 常闭触点	KM 常开触点	3
				4	SB1 的常开触点	KM 线圈	4
7	按钮	常开触点	SB1	SB2 的常闭触点	3	XT	4
8	按钮	常闭触点	SB2	XT	2	XT	3
						SB1 常开触点	3

二、电动机基本控制电路的安装步骤及工艺要求

电动机基本控制电路的安装步骤及工艺要求见表 1-9。

表1-9　电动机基本控制电路的安装步骤及工艺要求

步骤	安装内容	要　求
1	识读电路图	明确电路所用电器元件及作用，熟悉电路的工作原理
2	装前准备	对照电路图，列出元器件明细表，并按表配齐安装所用的工具、仪器仪表、电器元件及其他器材，并对元器件进行检查，检查的内容如下 1）通过观察，检查所有电器元件外观有无损伤，备件、附件是否齐全完好，各接线端子及紧固件有无缺失、生锈等现象 2）元器件的触点有无熔焊黏结、变形、严重氧化锈蚀等现象；触点的闭合、分断动作是否灵活；触点的开距、超程是否符合标准，接触压力弹簧是否有效 3）低压电器的电磁机构和传动部件的动作是否灵活；有无衔铁卡阻、吸合位置不正等现象；新品使用前应拆开清楚铁心端面的防锈油；检查衔铁复位弹簧是否正常 4）用万用表或电桥检查所有元器件的电磁线圈（包括继电器、接触器及电动机）的通断情况，测量它们的直流电阻并做好记录，以备在检查电路和排除故障时作为参考 5）检查有延时作用的元器件的功能；检查热继电器的热元件和触点的动作情况 6）核对各元器件的规格与图样要求是否一致，检查接触器线圈电压与电源电压是否一致
3	安装元器件	根据布置图将电器元件固定在控制板上，固定元器件的步骤及工艺要求如下 1）定位：将元器件按布置图摆放在适当的位置，并对需固定的位置做记号。注意：元器件应排列整齐，以保证连接导线时做到横平竖直、整齐美观，同时尽量减少弯折；组合开关和熔断器的受电端子应安装在控制板的外侧，并使熔断器的受电端为底座的中心端；组合开关的手柄旋转在水平位置为分断状态；按钮开关应安装在控制板的下方或外侧 2）打孔：用手钻在做好的记号处打孔，孔径应略大于固定螺钉的直径 3)固定：用螺钉将元器件固定在安装底板上。固定元器件时，应注意螺钉上加装平垫圈和弹簧垫圈；坚固螺钉时，用力要均匀，坚固程度适当，做到既要使元器件安装牢固，又不使其损坏；在坚固熔断器、接触器等易碎裂元器件时，应用手按住元器件一边轻轻摇动，一边用螺钉旋具拧紧对角线上的螺钉，直到用手摇不动再适当旋紧些即可 4）在每个元器件旁边贴上醒目的文字符号

（续）

步骤	安装内容	要　求
4	连接导线	（1）连接导线时应按以下步骤进行 1）板上布线：在控制板上布线时，一般先对控制电路布线，控制电路完成检查无误后再对主电路布线 2）安装电动机 3）连接电动机和所有电器元件金属外壳的保护接地线 4）连接电源线、电动机等控制板外部的导线 （2）板上布线时应按以下的步骤进行 1）选择适当截面积的导线，按电气安装接线图规定的方位，在固定好的元器件之间测量所需要的长度，截取适当长短的导线，剥去两端的绝缘外皮。使用多股芯线时要将线头绞紧，必要时应上锡处理 2）将导线校直，并把同一走向的导线汇成一束，依次弯向所需要的方向。走好的导线束用铝线卡（钢金轧头）垫上绝缘物卡好 3）将成形好的导线套上写好的线号管 4）根据接线端子的情况，将芯线变成圆环或直接压进接线端子
5	自检	要求如下 1）核对接线。对照电气原理图、电气安装接线图，从电源开始逐段核对端子接线的线号，排除漏接、错接现象，重点检查控制电路中容易错接处的线号，还应核对同一根导线的两端线路是否一致 2）检查接线端子是否牢固。检查端子所有接线的接触情况，用手一一摇动、拉拔端子的接线，不允许有松动与脱落现象，避免通电调试时因虚接造成电路状态不稳定，将故障排除在通电之前 3）用万用表检查线路的通断情况。检查时，应选用倍率适当的电阻档，并进行校零。对控制电路的检查，可将表棒分别搭在断路器的出线端 U11、V11 上，读数应为“∞”。按下起动按钮时，读数应为某一电阻值。对主电路的检查应主要检查其有无开路或短路现象，此时可用手将接触器的主触点按下进行检查 4）用绝缘电阻表检查线路的绝缘电阻应不小于 1MΩ
6	通电调试	连接好的控制电路必须经过认真检查后才能通电调试，为保证安全，通电调试必须在指导教师的监护下进行。调试前应做好准备工作，包括：清点工具；清除安装底板上的线头杂物；装好接触器的灭弧罩；检查各组熔断器的熔体；分断各开关，使按钮、行程开关处于未操作前的状态；检查三相电源是否对称等。然后，按下述的步骤通电调试 1）空操作试验。先切除主电路（一般可断开主电路熔断器），装好控制电路熔断器，接通三相电源，使电路不带负载（电动机）通电操作，以检查控制电路工作是否正常。操作各按钮，检查它们对接触器、继电器的控制功能；检查接触器的自锁、联锁等控制功能；用绝缘棒操作行程开关，检查它的行程控制或限位控制功能等。还要观察各电器操作动作的灵活性，注意有无卡住或阻滞等不正常现象；细听电器动作时有无过大的振动噪声；检查有无线圈过热等现象 2）带负载调试。控制电路经过数次空操作试验，动作无误后即可切断电源，接通主电路，带负载调试。电动机起动前应先做好停车准备，起动后要注意它的运行情况。如果发现电动机起动困难、发出异常噪声及线圈过热等现象，应立即停机，切断电源后进行检查。若需带电检查，则必须由指导教师在现场监护 3）通电试车完成后，先按下停止按钮，待电动机停转后，再断开电源开关，然后拆除三相电源线和电动机线

三、板前明线布线的工艺要求

板前明线布线是指在控制板正面明线敷设，是一种基本的配线方式。板前明线布线的优点是便于维护维修和查找故障，要求讲究整齐美观，因而配线速度稍慢。

板前明线布线安装工艺要求如下：

1）布线通道应尽量少，同路并行导线按主电路、控制电路分类集中，单层密排，紧贴安装面板布线。

2）同一平面的导线应高低一致或前后一致，导线间不得交叉。导线非交叉不可时，应在导线从接线端子（或接线柱）引出时就水平架空跨越，但必须做到走线合理。

3）布线应做到横平竖直，分布均匀，变换走向时应垂直。

4）同一电器元件、同一回路的不同接点的导线间距离应保持一致。

5）布线时不得损伤线芯和绝缘。

6）在导线两端剥去绝缘层后再套上标有与原理图或接线图编号相一致的编码套管（线号管）。

注意：线端剥除绝缘皮的长度要适当，并且保证不伤线芯；线号要用不易褪色的墨水（可用环乙酮与甲紫调和），用印刷体工整地书写，防止检查电路时误读；同一接线端子内压接两根导线时，可以只套一只线号管。

7）所有从一个端子到另一接线端子的导线必须连续，中间不允许有接头。

8）导线与接线端子连接时，应该直压线的必须用直压法，该做圈压线的必须围圈压线；压线必须可靠，不松动，既不因压线过长而压到绝缘皮上，又不能裸露导体过多，并要避免反圈压线。

9）一个电器元件接线端子上连接的导线数量不得多于两根，要避免“一点压三线”；同一接线端子内压接两根截面积不同的导线时，应将截面积大的放在下层，截面积小的放在上层。

10）控制板外电器（如按钮、行程开关）与控制板内元器件的连接导线，必须经过接线端子排压线，并加以编号，且每节接线端子板上一般只允许连接一根导线。

11）按钮连线必须用软导线。

12）电动机及按钮的金属外壳必须可靠接地。

板前明线布线工艺展示如图 1-19 所示。

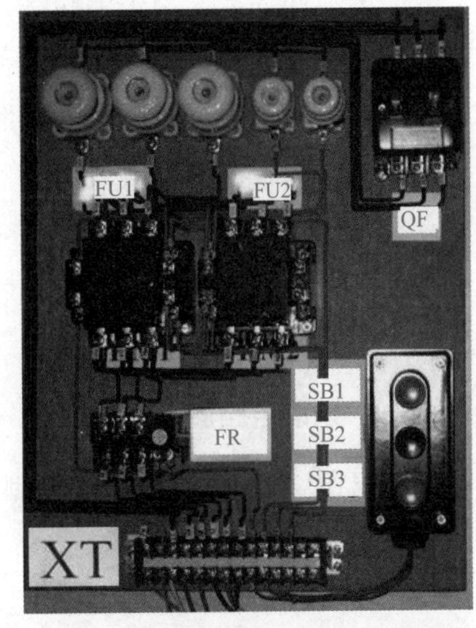

图 1-19　板前明线布线工艺展示

四、点动正转控制电路

图 1-20 所示为点动正转控制电路图。QF 为低压断路器，用作电源开关；由熔断器 FU1、接触器 KM 的主触点与电动机 M 构成主电路；由熔断器 FU2、按钮 SB 和接触器的线圈构成控制电路。

电路的工作原理如下：

（1）起动　合上 QF，引入三相电源；按下 SB，SB 常开触点闭合，接触器 KM 线圈得电衔铁吸合，KM 主触点闭合，电动机 M 接通电源起动运转。

（2）停止　松开按钮 SB，SB 常开触点断开，接触器 KM 线圈失电衔铁释放，KM 主触点断开，电动机 M 断电停止运转。

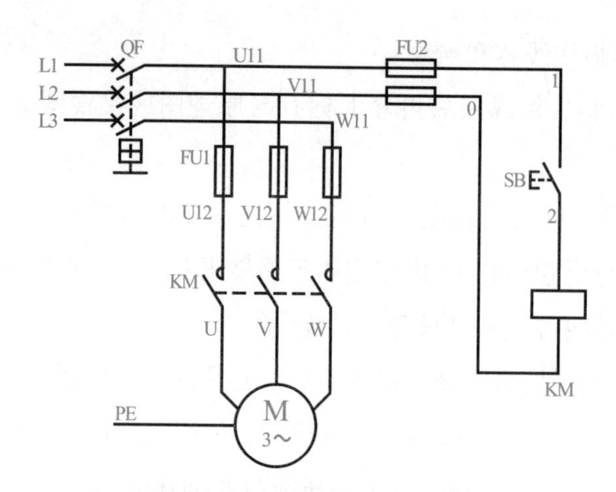

图 1-20　点动正转控制电路图

（3）短路保护　当主电路发生短路故障时，通过熔断器 FU1 熔体上的电流增大，FU1 熔体熔断，切断主电路的电源，电动机失电停止运转，实现保护作用；当控制电路发生短路故障时，FU2 熔体熔断，使 KM 线圈失电，KM 主触点断开，电动机失电停止运转，实现保护作用。

任务实施

一、识读电路图

指出图 1-20 所示的点动控制电路中各电器元件的作用并分析电路的工作原理，填入表 1-10 中。

表1-10　电路图识读

符　号	元器件名称	作　用
QF		
FU1		
FU2		
KM		
SB		
工作原理：		

二、装前准备

按表 1-11 准备电动机，配齐安装电路所需低压电器、导线、安装工具、仪器仪表等器材，并对元器件质量进行检查。

表1-11　实训器材明细表

代号	名　称	型　号	规　格	数　量
M	三相交流电动机	Y112M—4	4kW、380V、△联结、8.8A、1440r/min	1
QF	断路器	DZ47—63	380V、额定电流 25A	1
FU1	螺旋式熔断器	RL1—60/25	500V、60A、配额定电流 25A 的熔体	3
FU2	螺旋式熔断器	RL1—15/2	500V、15A、配额定电流 2A 的熔体	2
KM	交流接触器	CJT1—20	20A、线圈电压 380V	1
SB	按钮	LA10—3H	保护式、按钮数 3 只	1
XT	端子排	JX2—1015	10A、15 节、380V 或配套自定	1
	控制板	500mm × 450 mm × 20 mm		1
	主电路导线	塑料硬铜线 BV1.5mm^2（黄、绿、红三色或自定）		若干
	控制电路导线	塑料软铜线 BV1.0 mm^2（黑色或自定）		若干
	按钮线	塑料软铜线 BVR0.75 mm^2（黑色或自定）		若干
	接地线	塑料软铜线 BVR1.5 mm^2（黄绿双色线或自定）		若干
	三相四线电源	AC3 × 380V/220V、20A		1
	木螺钉	ϕ3mm × 20 mm 或 ϕ3mm × 15 mm		若干
	平垫圈	ϕ4mm		若干
	异型塑料管	ϕ3mm		若干
	电工通用工具	验电笔、螺钉旋具（一字形和十字形）、尖嘴钳、斜口钳、剥线钳、电工刀等		1
	仪表	500V 绝缘电阻表、T301—A 钳形电流表、MF47 型万用表、转速表		各 1
	其他器材（配件）	各种规格的紧固件、针形和叉形轧头、金属软管、编码套管、导轨等		若干

三、安装元器件

图 1-21 为点动正转控制电器元件布置图，按图所示将元器件安装在控制板上，并贴上醒目的文字符号。

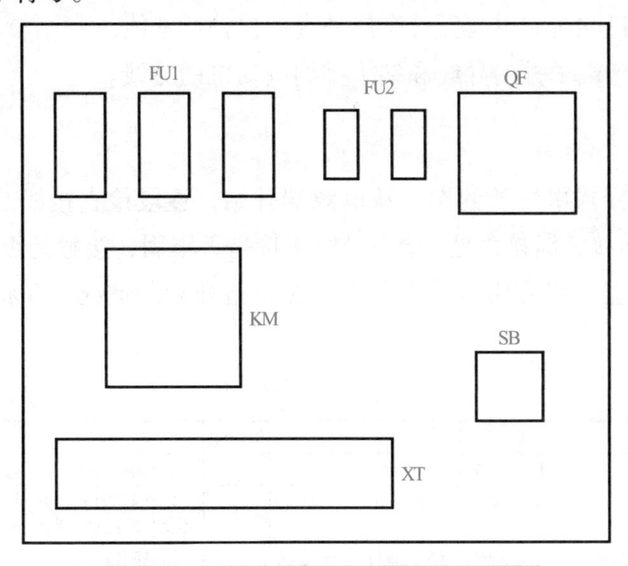

图 1-21　点动正转控制电器元件布置图

四、连接导线

1）板前明线布线。图 1-22 为点动控制电气安装接线图，按图所示的走线方法进行板前明线布线，要求所有导线套装号码管、软线做轧头。

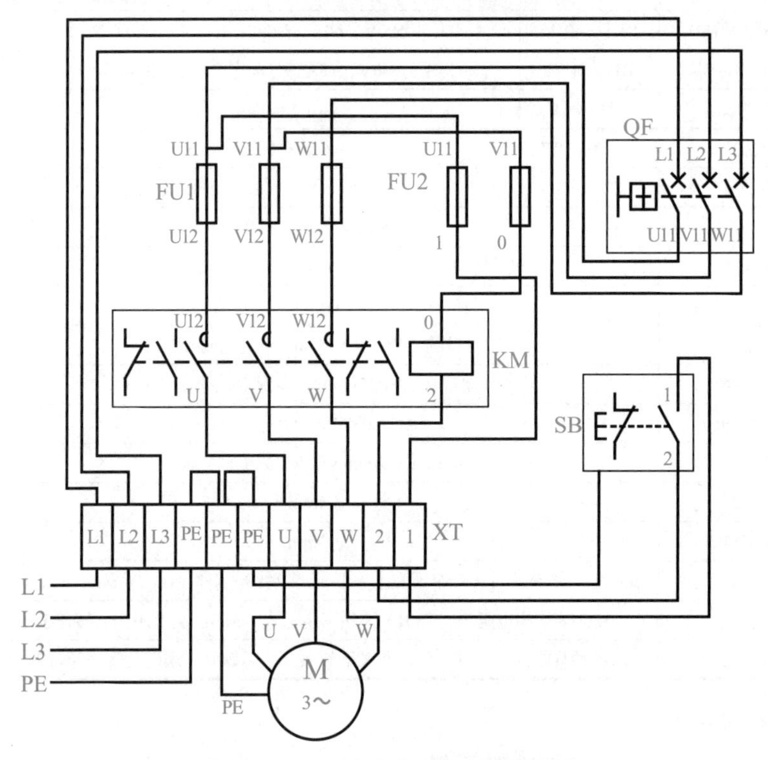

图 1-22　点动控制电气安装接线图

2）安装电动机，并将定子绕组按要求联结成三角形。

3）连接电动机和所有电器元件金属外壳的保护接地线。

4）连接电源到端子排的导线和端子排到电动机的导线。

五、自检

1）根据电路图或电气接线图，从电源端开始，逐段检查接线及接线端子处编码是否正确，有无错接、漏接之处；检查导线压接是否牢固，接触是否良好。

2）断开断路器，用万用表检查电路有无短路和断路情况，并将检测结果填入表 1-12 中。

表1-12　电路检测

测 量 点	电 阻	备　注
测量 U11 与 V11、V11 与 W11、U11 与 W11 之间		如电阻为无穷大，说明电源电路没有短路情况
按下接触器的主触点，测量 U11 与 V11、V11 与 W11、U11 与 W11 之间		如 R 接近电动机一相绕组阻值，说明三相主电路没有短路和断路情况
按下接触器的主触点，测量 U11 与 U、V11 与 V、W11 与 W 之间		如电阻接近于零，说明三相主电路导通
按下 SB，测量 0 与 1 之间		电阻为零，说明控制电路导通
松开 SB，测量 0 与 1 之间		电阻为零，说明控制电路没有短路情况

六、通电调试

在指导教师的监督下进行通电调试，并记录调试过程中的现象，填入表1-13中。

1）接通三相电源，合上电源开关QF，用万用表或验电笔检查电源线接线柱、熔断器进出线端子是否有电，电压是否正常。

2）断开主电路进行空操作实验：按下、松开按钮SB，观察接触器KM动作是否符合要求。

3）接通主电路，带负载调试：按下、松开SB，观察电动机运行是否符合控制要求。

4）当电动机运转平稳后，用钳形电流表检测电动机三相电流是否平衡。

5）通电试车完成后，松开按钮SB，待电动机停转后，再断开电源开关QF。然后拆除三相电源线，最后拆除电动机电源线。

表1-13　通电调试

操　作	现　象	是否正常
按下SB		
松开SB		

任务评价

对任务的完成情况进行评价，评价内容、操作要求及评价标准见表1-14。

表1-14　任务评价

评价内容	操作要求	评价标准	配分	扣分
电路图识读	（1）正确识别控制电路中各种电器元件符号及功能 （2）正确分析控制电路工作原理	（1）电器元件符号不认识，每处扣1分 （2）电器元件功能不知道，每处扣1分 （3）电路工作原理分析不正确，每处扣1分	10	
装前准备	（1）器材齐全 （2）电器元件型号、规格符合要求 （3）检查电器元件外观、附件、备件 （4）用仪表检查电器元件质量	（1）器材缺少，每件扣1分 （2）电器元件型号、规格不符合要求，每件扣1分 （3）漏检或错检，每处扣1分	10	
元器件安装	（1）按电器元件布置图安装 （2）元器件安装牢固 （3）元器件安装整齐、匀称、合理 （4）不能损坏元器件	（1）不按布置图安装，该项不得分 （2）元器件安装不牢固，每只扣4分 （3）元器件布置不整齐、不匀称、不合理，每项扣2分 （4）损坏元器件，该项不得分 （5）元器件安装错误，每只扣3分	10	
导线连接	（1）按电路图或接线图接线 （2）布线符合工艺要求 （3）接点符合工艺要求 （4）不损伤导线绝缘或线芯 （5）套装编码套管 （6）软线套线鼻 （7）接地线安装	（1）未按电路图或接线图接线，扣20分 （2）布线不符合工艺要求，每处扣3分 （3）接点有松动、露铜过长、反圈、压绝缘层，每处扣2分 （4）损伤导线绝缘层或线芯，每根扣5分 （5）编码套管套装不正确或漏套，每处扣2分 （6）不套线鼻，每处扣1分 （7）漏接接地线，扣10分	40	
通电试车	在保证人身和设备安全的前提下，通电试验一次成功	（1）主电路、控制电路配错熔体，各扣5分 （2）验电操作不规范，扣10分 （3）一次试车不成功扣5分，二次试车不成功扣10分，三次试车不成功扣15分	20	

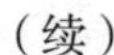（续）

评价内容	操作要求		评价标准			配分	扣分
工具仪表使用	工具、仪表使用规范		（1）工具、仪表使用不规范每次酌情扣1～3分 （2）损坏工具、仪表，扣5分			10	
故障检修	（1）正确分析故障范围 （2）查找故障并正确处理		（1）故障范围分析错误，从总分中扣5分 （2）查找故障的方法错误，从总分中扣5分 （3）故障点判断错误，从总分中扣5分 （4）故障处理不正确，从总分中扣5分				
技术资料归档	技术资料完整并归档		技术资料不完整或不归档，酌情从总分中扣3～5分				
安全文明生产	（1）要求材料无浪费，现场整洁干净 （2）工具摆放整齐，废品清理分类符合要求 （3）遵守安全操作规程，不发生任何安全事故 如违反安全文明生产要求，酌情扣5～40分，情节严重者，可判本次技能操作训练为零分，甚至取消本次实训资格						
定额时间	180min，每超时5min，扣5分						
开始时间		结束时间		实际时间		成绩	

收获体会：

学生签名：　年　月　日

教师评语：

教师签名：　年　月　日

任务三　接触器自锁控制电路的安装与调试

相关知识

一、接触器自锁正转控制电路

接触器自锁正转控制电路如图1-23所示。交流交流接触器KM用于控制电动机，FR为热继电器，对电动机进行过载保护；SB1为起动按钮，SB2为停止按钮；与SB2并联的是接触器KM的辅助常开触点，作用是通过自锁实现电动机的连续运转。

电路的工作原理如下：

（1）起动　先合上电源开关QF，引入电源。按下SB1，SB1常开触点闭合，KM线圈得电，KM主触点闭合，电动机通电起动；同时，KM辅助常开触点闭合。当松开起动按钮SB1时，SB1辅助常开触点虽然断开，但KM辅助常开触点处于闭合状态，KM线圈仍保持通电，电动机能够继续运转。

注意

像这种当松开起动按钮后，接触器通过自身辅助常开触点而使线圈保持得电的作用称为自锁。起自锁作用的接触器辅助常开触点称为自锁触点，使用时，应与起动按钮并联。

（2）停止　按下 SB2，SB2 常闭触点断开，KM 线圈失电，KM 主触点断开，电动机停止运转；同时，KM 自锁触点断开。当松开 SB2 时，SB2 的常闭触点虽然又恢复到闭合状态，但此时 KM 辅助常开触点已断开，KM 线圈不能再依靠自锁触点通电了。

（3）保护

1）短路保护：与点动控制电路相同。

2）过载保护：当电动机出现过载时，热继电器 FR 常闭触点断开，KM 线圈失电，KM 主触点断开，电动机失电停转，实现保护。

3）欠电压保护：当电路电压降到某一数值（一般指低于额定电压 85% 以下）时，KM 线圈两端电压下降，KM 线圈产生的磁场减弱，产生的电磁吸力小于反作用弹簧的作用力，动铁心被迫释放，KM 主触点、自锁触点断开，电动机失电停转，实现保护。

4）失电压（零电压）保护：当线路断电时，KM 线圈失电，接触器主触点和自锁触点断开，电动机失电停转。当电路重新供电时，接触器 KM 线圈不能自行通电，只有重新按下起动按钮时，KM 线圈才能通电使电动机运转，这样就能保证人身及设备的安全。

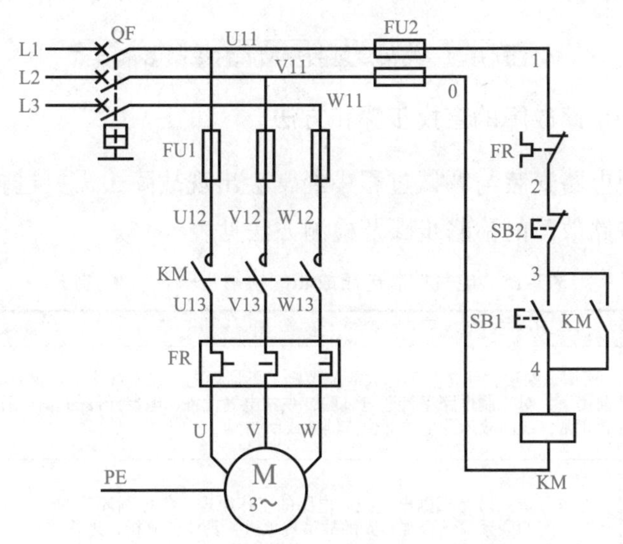

图 1-23　接触器自锁正转控制电路

二、连续与点动混合正转控制电路

在生产实践中，有些机床设备在正常工作时，要求电动机能够连续运行，在试车或调整刀具与工件的相对位置时，要求电动机能够进行点动控制，这就要求电动机的控制电路既能实现连续运转控制又能实现点动控制。

常见的连续与点动混合控制电路图如图 1-24 所示。

图 1-24a 所示电路中，点动控制和连续运转控制共用一个起动按钮，二者之间的切换是利用手动开关 SA 控制的：当 SA 断开时，电路为点动控制，当 SA 闭合时，电

路为连续运转控制电路。

图 1-24b 所示电路中，点动控制和连续运转控制的起动按钮是独立的，SB1 为连续运转控制起动按钮，SB2 为点动控制起动按钮。按下 SB1，起动连续运转控制；按下 SB2，SB2 的常闭触点断开自锁电路，实现点动控制。

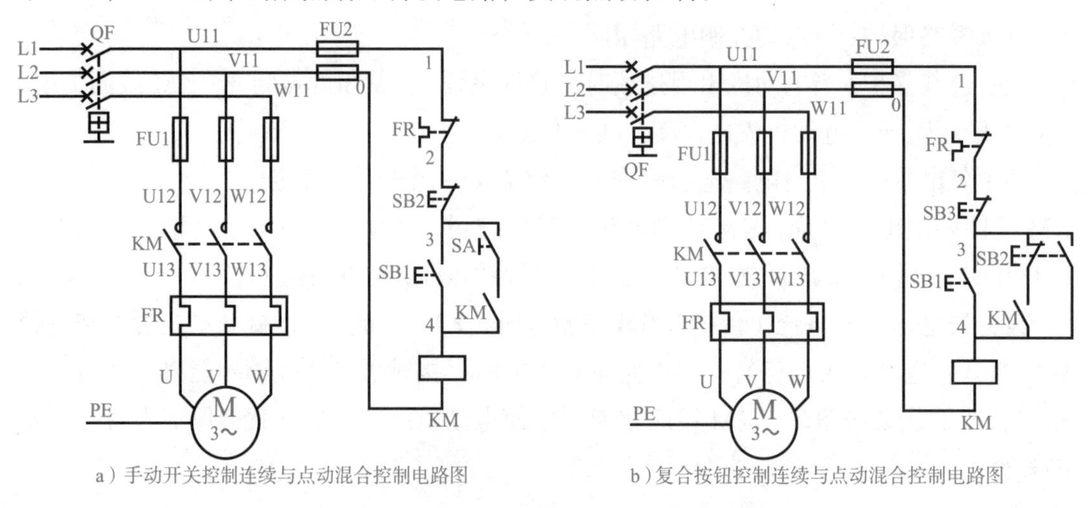

a）手动开关控制连续与点动混合控制电路图

b）复合按钮控制连续与点动混合控制电路图

图 1-24　常见连续与点动混合控制电路图

三、电气控制电路故障的查找步骤和方法

在电动机控制电路安装与调试过程中经常会出现故障，需要进行故障检查和故障排除。电气控制电路故障的检修步骤及检测方法见表 1-15。

表1-15　电气控制电路故障的检修步骤及检测方法

步骤	操　作	说　明	备　注
1	用试验法观察故障现象，初步判定故障范围	所谓试验法，就是在不扩大故障范围、不损坏电气设备和生产机械设备的前提下，对控制电路进行通电试验，观察电气设备、电器元件的动作情况是否正常，找出故障发生的部位、器件或回路	也经常采用看、听、摸等方法初步判断故障范围
2	用逻辑分析法缩小故障范围	逻辑分析法就是根据电气控制电路的工作原理、各控制环节的动作顺序、相互之间的联系，结合观察到的故障现象进行具体的分析，迅速缩小故障的范围，进而判断出故障所在，适用于较复杂控制电路的故障检查	是一种快速、准确的检查方法，适用于较复杂的控制电路故障检查
3	用测量法确定故障点	测量法就是利用电工工具和仪表（如验电笔、万用表等）对控制电路进行带电或断电测量，准确找出故障点或故障元器件。常用的测量法有电压分阶测量法、电阻分阶测量法和电阻分段测量法等。下面以接触器自锁控制电路为例，讲解三种测量法的使用 故障现象：按下 SB1，接触器 KM 不吸合 故障分析：接触器 KM 不吸合，说明 KM 线圈没有得电，控制电路有故障 （1）电压分阶测量法　测量时，像上、下台阶一样依次测量电压，如下图所示	应两人配合进行，注意安全用电操作规程

（续）

步骤	操　作	说　明	备　注
3	用测量法确定故障点	①断开主电路，接通控制电路的电源 ②将万用表的档位置于交流电压 500V 档 ③先测量 0 — 1 两点之间的电压。若电压为 380V，则说明控制电路的电源电压正常。然后按下起动按钮 SB1 不放，依次测量 0 — 2、0 — 3、0 — 4 各点之间电压。具体测量结果及故障点判断见下表，表中符号“×”表示不需要测量	应两人配合进行，注意安全用电操作规程

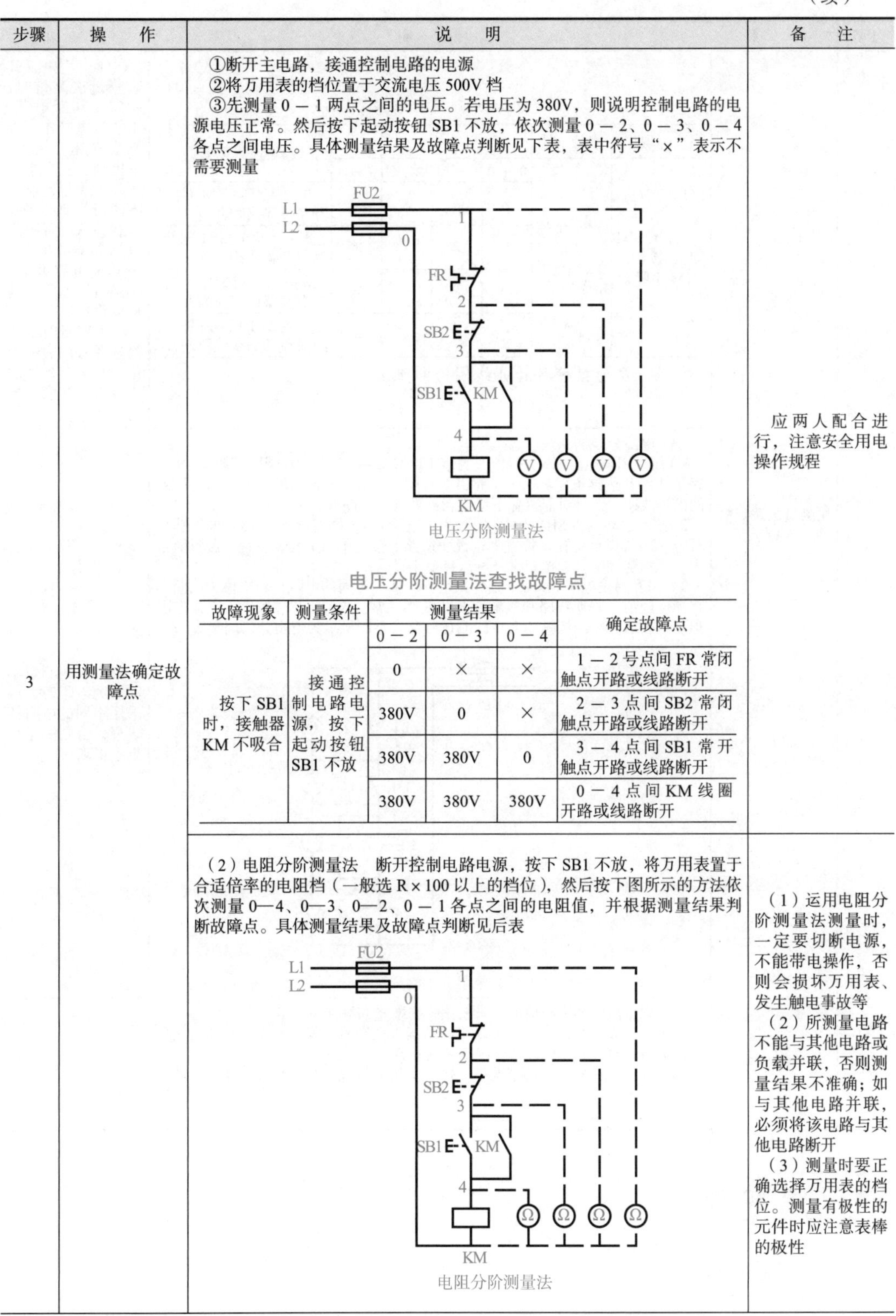

电压分阶测量法

电压分阶测量法查找故障点

故障现象	测量条件	测量结果			确定故障点
		0 — 2	0 — 3	0 — 4	
按下 SB1 时，接触器 KM 不吸合	接通控制电路电源，按下起动按钮 SB1 不放	0	×	×	1 — 2 号点间 FR 常闭触点开路或线路断开
		380V	0	×	2 — 3 点间 SB2 常闭触点开路或线路断开
		380V	380V	0	3 — 4 点间 SB1 常开触点开路或线路断开
		380V	380V	380V	0 — 4 点间 KM 线圈开路或线路断开

（2）电阻分阶测量法　断开控制电路电源，按下 SB1 不放，将万用表置于合适倍率的电阻档（一般选 R×100 以上的档位），然后按下图所示的方法依次测量 0—4、0—3、0—2、0 — 1 各点之间的电阻值，并根据测量结果判断故障点。具体测量结果及故障点判断见后表

电阻分阶测量法

备注：

（1）运用电阻分阶测量法测量时，一定要切断电源，不能带电操作，否则会损坏万用表、发生触电事故等

（2）所测量电路不能与其他电路或负载并联，否则测量结果不准确；如与其他电路并联，必须将该电路与其他电路断开

（3）测量时要正确选择万用表的档位。测量有极性的元件时应注意表棒的极性

（续）

<table>
<tr><th>步骤</th><th>操　作</th><th>说　明</th><th>备　注</th></tr>
<tr><td rowspan="2">3</td><td rowspan="2">用测量法确定故障点</td><td>
电阻分阶测量法查找故障点
<table>
<tr><th rowspan="2">故障现象</th><th rowspan="2">测量条件</th><th colspan="4">测量点</th><th rowspan="2">确定故障点</th></tr>
<tr><th>0 — 4</th><th>0 — 3</th><th>0 — 2</th><th>0 — 1</th></tr>
<tr><td rowspan="4">按下 SB1 时，接触器 KM 不吸合</td><td rowspan="4">断开控制电路电源，按下 SB1 不放</td><td>∞</td><td>×</td><td>×</td><td>×</td><td>0 — 4 点间 KM 线圈开路或线路断开</td></tr>
<tr><td>R</td><td>∞</td><td>×</td><td>×</td><td>3 — 4 点间 SB1 常开触点开路或线路断开</td></tr>
<tr><td>R</td><td>R</td><td>∞</td><td>×</td><td>2 — 3 点间 SB2 常闭触点开路或线路断开</td></tr>
<tr><td>R</td><td>R</td><td>R</td><td>∞</td><td>1 — 2 号点间 FR 常闭触点开路或线路断开</td></tr>
</table>
注：R 为接触器 KM 线圈的电阻值
</td><td>（1）运用电阻分阶测量法测量时，一定要切断电源，不能带电操作，否则会损坏万用表、发生触电事故等
（2）所测量电路不能与其他电路或负载并联，否则测量结果不准确；如与其他电路并联，必须将该电路与其他电路断开
（3）测量时要正确选择万用表的档位。测量有极性的元件时应注意表棒的极性</td></tr>
<tr><td>（3）电阻分段测量法
1）用万用表电阻 R×1 档依次测量 1 — 2、2 — 3 点间的电阻，若阻值为零，表示线路和热继电器 FR 及按钮 SB2 常闭触点正常；若阻值很大表示对应点间的连线或元器件可能接触不良或元器件本身已断开
2）按下起动按钮 SB1 不放，用万用表电阻 R×1 档测量 3 — 4 点间的电阻，若万用表的指针指在零位置上，说明线路和按钮的常开触点正常；若阻值很大，表示连接断开或按钮常开触点接触不良
3）用万用表电阻 R×100 档，测量 0 — 4 号点间的电阻，若阻值为线圈的直流电阻值，说明线路和接触器 KM 线圈正常；若阻值超过线圈的直流电阻很多，表示连线或接触器 KM 线圈已开路。下图所示为电阻分段测量法
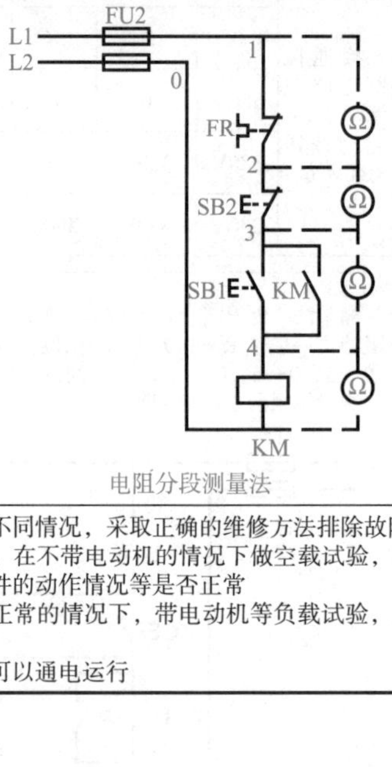

电阻分段测量法</td><td>万用表在测量不同段的电阻时，应采用不同的电阻档量程，否则测量结果不正确</td></tr>
<tr><td>4</td><td>故障处理</td><td>（1）根据故障的不同情况，采取正确的维修方法排除故障
（2）检修完毕后，在不带电动机的情况下做空载试验，操作各按钮，观察电气设备、电器元件的动作情况等是否正常
（3）在空载试验正常的情况下，带电动机等负载试验，观察电动机工作是否正常
（4）校验合格，可以通电运行</td><td></td></tr>
</table>

任务实施

一、识读电路图

指出图 1-23 所示的接触器自锁正转控制电路中各电器元件的作用并分析电路的

工作原理，填入表 1-16 中。

表1-16　电路图识读

符　号	元器件名称	作　用
KM		
FR		
SB1		
SB2		
工作原理：		

二、装前准备

在点动控制电路的基础上，增加热继电器，型号为 JR16—20/3D（热继电器额定电流为 20A、热元件额定电流为 11A，三极带断相保护），并将热继电器的动作电流整定为电动机额定电流 8.8A。起动按钮用三联按钮中的绿色按钮，停止按钮用红色按钮。用万用表检测热继电器的热元件、常闭触点和停止按钮的常闭触点是否正常。

三、安装元器件

接触器自锁控制电路的电器元件布置图如图 1-25 所示，按图将热继电器固定在控制板上，并贴上醒目的符号。

注意

热继电器应安装在接触器下面，一是接线方便，二是可免受其他电器发热造的温度影响而误动作。

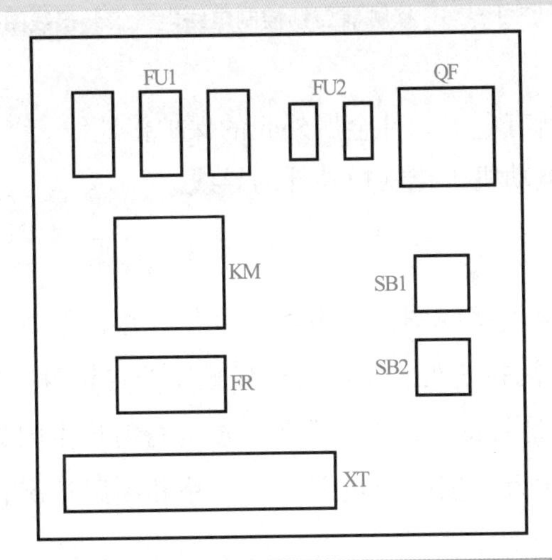

图 1-25　接触器自锁控制电路的电器元件布置图

四、连接导线

1）板前明线布线。接触器自锁控制电路电气安装接线如图 1-26 所示。按图所示的走线方法，在点动控制的主电路中串入热继电器的热元件，控制电路中串入热继电器的常闭触点、按钮 SB2 的常闭触点，在起动按钮 SB1 常开触点两端并联交流接触器 KM 的辅助常开触点。要求：板前明线布线，所有导线套装号码管、软线做轧头。

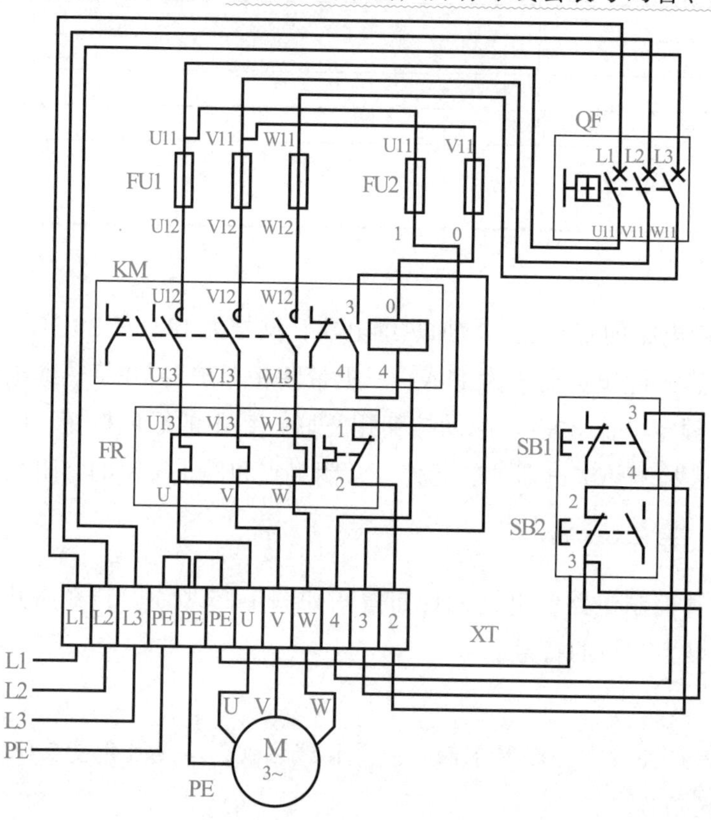

图 1-26　接触器自锁控制电路电气安装接线图

2）安装电动机。

3）连接电动机和所有电器元件金属外壳的保护接地线。

4）连接电源线、电动机等控制板外部的导线。

五、自检

1）根据电路图或电气接线图，从电源端开始，逐段检查接线及接线端子处编码是否正确，有无错接、漏接之处；重点检查接触器的自锁触点接线是否正确；检查导线压接是否牢固，接触是否良好，以免在带负载运行时产生闪弧现象。

2）断开断路器，用万用表检查电路有无短路和断路情况，并将检测结果填入表 1-17 中。

表1-17　电路检测

测　量　点	电　阻　值	是 否 正 常
测量 U11 与 V11、V11 与 W11、W11 与 U11 之间		
按下接触器的主触点，测量 U11 与 V11、V11 与 W11、W11 与 U11 之间		
按下接触器的主触点，测量 U11 与 U、V11 与 V、W11 与 W 之间		
按下 SB1，测量 0 与 1 之间		
松开 SB1，测量 0 与 1 之间		
同时按下 SB1 和 SB2，测量 0 与 1 之间		

六、通电调试

在指导教师的监督下进行通电调试，并记录调试过程中的现象；如果在调试过程中出现故障，请查找、排除故障，并做好记录，填入表 1-18 中。

1）接通三相电源，合上电源开关 QF，用万用表或验电笔检查电源线接线柱、熔断器进出线端子是否有电，电压是否正常。

2）断开主电路进行空操作实验：按下、松开按钮 SB1，观察接触器 KM 是否吸合、自锁；按下 SB2，观察 KM 是否释放。

3）接通主电路，带负载调试：按下 SB1，观察电动机运行是否符合控制要求；按下 SB2，电动机是否停止运转。

4）当电动机运转平稳后，用钳形电流表检测电动机三相电流是否平衡。

5）通电试车完成后，按下 SB2，待电动机停转后，再断开电源开关 QF。然后拆除三相电源线，最后拆除电动机电源线。

表1-18　电路调试

操　　作	现　　象	是 否 正 常	分 析 原 因	查 找 过 程	处 理 方 法
按下 SB1					
松开 SB1					
按下 SB2					

任 务 评 价

对整个任务的完成情况进行评价，评价内容、操作要求及评价标准见表 1-19。

表1-19　任务评价

评 价 内 容	操 作 要 求	评 价 标 准	配分	扣分
电路图识读	（1）正确识别控制电路中各种电器元件符号及功能 （2）正确分析控制电路的工作原理	（1）电器元件符号不认识，每处扣 1 分 （2）电器元件功能不知道，每处扣 1 分 （3）电路工作原理分析不正确，每处扣 1 分	10	
装前准备	（1）器材齐全 （2）电器元件型号、规格符合要求 （3）检查电器元件外观、附件、备件 （4）用仪表检查电器元件质量	（1）器材缺少，每件扣 1 分 （2）电器元件型号、规格不符合要求，每件扣 1 分 （3）漏检或错检，每处扣 1 分	10	

（续）

评价内容	操作要求	评价标准	配分	扣分
元器件安装	（1）按电气布置图安装 （2）元器件安装牢固 （3）元器件安装整齐、匀称、合理 （4）不能损坏元器件	（1）不按布置图安装，该项不得分 （2）元器件安装不牢固，每只扣4分 （3）元器件布置不整齐、不匀称、不合理，每项扣2分 （4）损坏元器件，该项不得分 （5）元器件安装错误，每件扣3分	10	
导线连接	（1）按电路图或接线图接线 （2）布线符合工艺要求 （3）接点符合工艺要求 （4）不损伤导线绝缘或线芯 （5）套装编码套管 （6）软线套线鼻 （7）接地线安装	（1）未按电路图或接线图接线，扣20分 （2）布线不符合工艺要求，每处扣3分 （3）接点有松动、露铜过长、反圈、压绝缘层，每处扣2分 （4）损伤导线绝缘层或线芯，每根扣5分 （5）编码套管套装不正确或漏套，每处扣2分 （6）不套线鼻，每处扣1分 （7）漏接接地线，扣10分	40	
通电试车	在保证人身和设备安全的前提下，通电试验一次成功	（1）热继电器整定值错误或未整定扣5分 （2）主电路、控制电路配错熔体，各扣5分 （3）验电操作不规范，扣10分 （4）一次试车不成功扣5分，二次试车不成功扣10分，三次试车不成功扣15分	20	
工具仪表使用	工具、仪表使用规范	（1）工具、仪表使用不规范，每次酌情扣1～3分 （2）损坏工具、仪表，扣5分	10	
故障检修	（1）正确分析故障范围 （2）查找故障并正确处理	（1）故障范围分析错误，从总分中扣5分 （2）查找故障的方法错误，从总分中扣5分 （3）故障点判断错误，从总分中扣5分 （4）故障处理不正确，从总分中扣5分		
技术资料归档	技术资料完整并归档	技术资料不完整或不归档，酌情从总分中扣3～5分		
安全文明生产	（1）要求材料无浪费，现场整洁干净 （2）工具摆放整齐，废品清理分类符合要求 （3）遵守安全操作规程，不发生任何安全事故 如违反安全文明生产要求，酌情扣5～40分，情节严重者，可判本次技能操作训练为零分，甚至取消本次实训资格			
定额时间	180min，每超时5min，扣5分			
开始时间		结束时间	实际时间	成绩

收获体会：

学生签名：　　年　月　日

教师评语：

教师签名：　　年　月　日

项目二

三相异步电动机正反转控制电路的安装与调试

项目描述

在实际工作中，生产机械往往要求运动部件能够向两个方向运动，如 Z3040 型摇臂钻床摇臂的上升与下降，X62W 型万能铣床工作台的前进与后退、主轴的正转与反转，起重机械吊钩的上升与下降等，这些工作都要求电动机既有正转运行又有反转运行，即需要对电动机进行正转和反转控制。

本项目的要求是：根据给定的电路图，利用指定的低压电器元件，完成三相笼型异步电动机正反转控制电路的安装与调试，具体分成三个任务进行：认识组合开关和倒顺开关、接触器联锁正反转控制电路的安装与调试、双重联锁正反转控制电路的安装与调试。

项目目标

- 知道正反转控制电路的典型应用。
- 知道正反转控制电路中各低压电器的作用，掌握组合开关和倒顺开关的结构、原理、符号、作用及型号含义，并会用万用表检测其好坏。
- 会分析正反转控制电路的工作原理。
- 会识读正反转控制电路电器元件布置图和电气安装接线图。
- 能按照板前明线布线工艺要求正确安装正反转控制电路。
- 会用万用表检测电路。
- 能按要求调试正反转控制电路。
- 会分析电气故障，会用万用表查找故障。
- 会使用常用的电工工具，会剥线、套号码管、做轧头。

任务一　认识组合开关和倒顺开关

相关知识

一、组合开关

组合开关又称转换开关，实质上也是一种特殊的刀开关。它的特点是用动触片的左右旋转来代替闸刀的推合和拉开，结构较为紧凑。

组合开关有单极、双极和多极之分，常用于交流 50Hz、380V 以下及直流 220V 以下的电气线路中，供手动不频繁地接通和断开电路、换接电源和负载以及控制 5kW 以下小容量异步电动机的起动、停止和正反转。

常见组合开关的外形如图 2-1 所示。

HZ5—10

HZ5—20

HZ10—10

HZ10—60

图2-1　常用组合开关的外形

1. 组合开关的常用型号及型号含义

常用的组合开关主要有 HZ5、HZ10 和 HZ15 等系列。组合开关的型号含义为

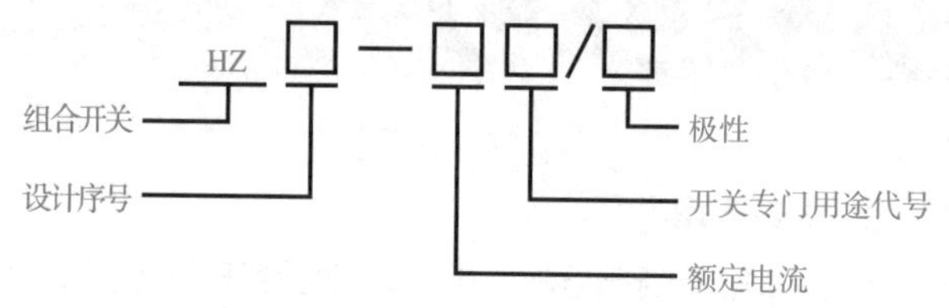

2. 组合开关的结构、原理与符号

HZ10 — 10/3 型组合开关的结构与符号如图 2-2a 所示。

组合开关沿转轴自下而上分别安装了三层开关组件，每层上均有一对动触片、一对静触片及一对接线柱。每层控制一条支路的通与断，形成组合开关的三极。手柄和转轴每转过一定角度，就带动固定在转轴上的三个动触片同时转动至一个新位置，在新位置上分别与各层的静触片接通或断开。

普通类型的组合开关各极是同时通断的，特殊类型的组合开关是各极交替通断，以满足不同的控制要求。

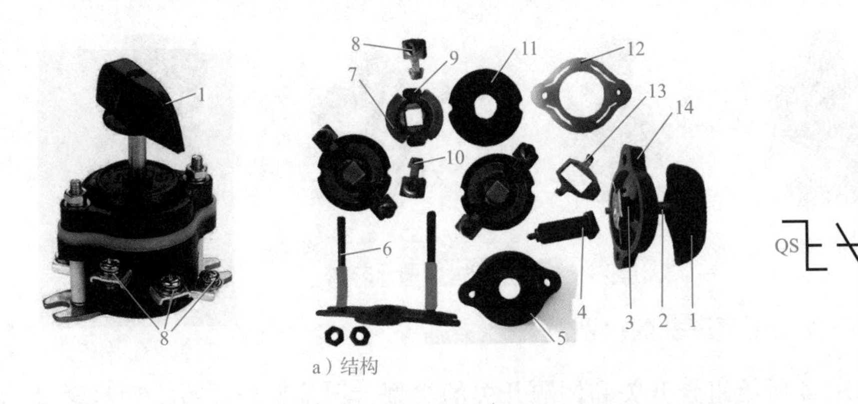

图2-2　HZ10—10/3型组合开关的结构与符号

1—操作手柄　2—转轴　3—弹簧　4—绝缘方轴　5—底盖　6—固定螺栓　7—绝缘垫片　8—接线端　9—动触片　10—静触片　11—绝缘分隔层　12—旋转限位层　13—凸轮　14—顶层端盖

二、倒顺开关

组合开关中有一类是专为控制小容量三相异步电动机的正反转而设计生产的，如HY2—15型组合开关，俗称倒顺开关或可逆转开关，其外形、结构、符号如图2-3所示。

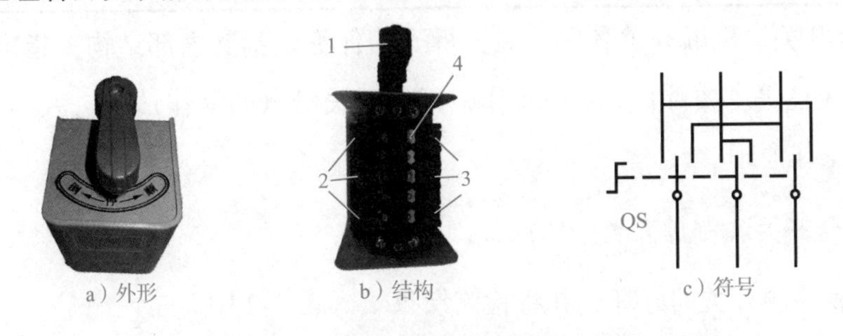

图2-3　HY2—15型倒顺开关的外形、结构、符号

1—操作手柄　2—U2、V2、W2接线端（左静触点接线端）
3—U1、V1、W1接线端（右静触点接线端）　4—动触点

组合开关的两边各装有3个静触点，右边标有符号U1、V1、W1字样，左边标有U2、V2、W2字样。转轴上固定5对动触点，分两组；1、3、5为一组，2、4、5为一组。开关的手柄位置有“倒”“停”“顺”三个位置，手柄只能从“停”位置左转或右转45°。当手柄处于“停”位置时，两组动触点都不能与静触点接触；当手柄处于“顺”位置时，动触点1、3、5与静触点接触；当手柄处于“倒”位置时，动触点2、4、5与静触点接触。

任务实施

一、任务准备

准备万用表和如图2-4所示的组合开关、倒顺开关。

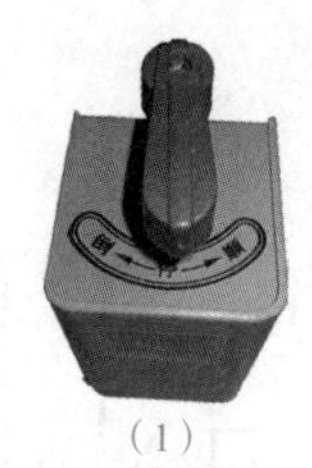
(1)

(2)

(3)

(4)

图2-4　组合开关、倒顺开关

二、组合开关和倒顺开关的识别

1）识别图 2-4 所给组合开关和倒顺开关的类型，记录型号并写出型号含义，填入表 2-1 中。

表2-1　组合开关和倒顺开关的识别

编号	型　号	型号含义	主要参数	复位方式	图形及文字符号
(1)					
(2)					
(3)					
(4)					

2）组合开关、倒顺开关各取一只，拆开，仔细观察其内部结构，指出其动触点、静触点、接线柱等主要部件；手动操作，记录开关触点的动作情况，叙述组合开关和倒顺开关的工作原理。

三、组合开关和倒顺开关的检测

用万用表检测开关的好坏，并将检测结果填入表 2-2 中。

表2-2　组合开关和倒顺开关检测

检测元器件及状态			电　阻	是否正常
组合开关	L1 相	常态		
		动作		
	L2 相	常态		
		动作		
	L3 相	常态		
		动作		
倒顺开关	倒	U1 与 U2		
		V1 与 V2		
		W1 与 W2		
	顺	U1 与 W2		
		V1 与 V2		
		W1 与 U2		
	停	U1 与 U2		
		U1 与 W2		
		V1 与 V2		
		W1 与 U2		
		W1 与 W2		

任务评价

对整个任务的完成情况进行评价，评价内容、操作要求及评价标准见表 2-3。

表2-3　任务评价

评价内容	操作要求	评价标准	配分	扣分
识别组合开关和倒顺开关	（1）正确识别组合开关和倒顺开关的类型 （2）正确说明组合开关和倒顺开关型号的含义 （3）正确画出组合开关和倒顺开关的符号 （4）正确说明组合开关和倒顺开关的主要参数 （5）正确识别组合开关和倒顺开关的主要结构及接线端 （6）能边操作边叙述组合开关和倒顺开关的工作原理	（1）写错或漏写名称，每只扣 5 分 （2）写错或漏写型号，每只扣 5 分 （3）画错符号，每只扣 5 分 （4）写错或漏标文字符号，每处扣 2 分 （5）写错或漏写主要参数，每处扣 5 分 （6）说错主要结构，每处扣 5 分 （7）叙述原理错误，每处扣 5 分	50	
检测组合开关和倒顺开关	（1）规范选择、检查仪表 （2）规范使用仪表 （3）检测方法及结果正确	（1）仪表选择、检查有误，扣 5 分 （2）仪表使用不规范，扣 5 分 （3）漏检或检测结果不正确，每处扣 5 分 （4）检测数据分析错误，每处扣 5 分 （5）损坏仪表或不会检测，该项不得分	50	
安全文明生产	（1）要求现场整洁干净 （2）工具摆放整齐，废品清理分类符合要求 （3）遵守安全操作规程，不发生任何安全事故 如违反安全文明生产要求，酌情扣 5 ~ 40 分，情节严重者，可判本次技能操作训练为零分，甚至取消本次实训资格			
定额时间	180min，每超时 5min，扣 5 分			
开始时间	结束时间	实际时间	成绩	

收获体会：

学生签名：　　年　月　日

教师评语：

教师签名：　　年　月　日

任务二　接触器联锁正反转控制电路的安装与调试

相关知识

对于三相异步电动机，当改变通入电动机定子绕组的三相电源相序（即对调接入电动机的三相电源线中的任意两相对调接线）时，电动机就可以反转。

一、倒顺开关控制电动机正反转电路

利用倒顺开关实现电动机正反转控制的控制电路图如图 2-5 所示。电路的工作原理如下：

操作倒顺开关QS，当手柄处于“停”位置时，QS的动、静触点不接触，电路不通，电动机不转；当手柄扳至“顺”位置时，QS的动触点和左边的静触点相接触，电路按L1—U、L2—V、L3—W接通，输入电动机定子绕组的电源电压相序为L1—L2—L3、电动机正转；当手柄扳至“倒”位置时，QS的动触点和右边的静触点相接触，电路按L1—W、L2—V、L3—U接通，输入电动机定子绕组的电源电压相序为L3—L2—L1，电动机反转。

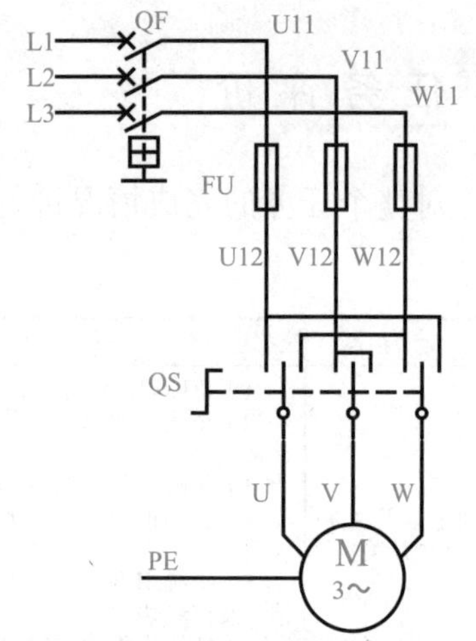

图2-5 倒顺开关正反转控制电路图

注意

当电动机正转和反转进行切换时，必须先将手柄扳到“停”的位置，待电动机停转后，再将手柄扳到“倒”或“顺”的位置。不能将手柄直接由“顺”位置扳到“倒”位置或由“倒”位置直接扳到“顺”位置，因为这样电动机的定子绕组会因为电源突然反接而产生很大的反接电流，易使电动机定子绕组因过热而损坏。

二、接触器联锁正反转控制电路

图2-6为接触器联锁正反转控制电路图。交流接触器KM1用于控制电动机的正转、KM2用于控制电动机的反转。KM1和KM2的主触点不允许同时闭合，否则将造成两相电源（L1相和L3相）短路事故。为了避免KM1和KM2同时得电动作，在正、反转控制电路中分别串接了对方接触器的一对常闭触点，这样，当一个接触器得电动作时，通过其辅助常闭触点使另一个接触器不能得电动作。接触器间这种相互制约的作用叫接触器联锁（或互锁），实现联锁作用的辅助常闭触点称为联锁触点（或互锁触点），联锁符号用“▽”表示。

电路的工作原理如下：合上电源开关QF，引入电源。

（1）正转起动控制　按下正转起动按钮SB1，KM1线圈得电，其主触点闭合，电动机M起动正转。同时，KM1辅助常闭触点断开，分断KM2控制回路，实现对KM2联锁控制；KM1辅助常开触点闭合进行自锁。

（2）反转起动控制　按下反转起动按钮SB2，KM2线圈得电，其主触点闭合，电动机M起动反转。同时，KM2辅助常闭触点断开，分断KM1控制回路，实现对

KM1 联锁控制；KM2 辅助常开触点闭合进行自锁。

（3）停止　按下停止按钮 SB3，KM1 或 KM2 线圈失电，其主触点复位，电动机停转。

（4）正反转切换控制　正、反转进行切换时，必须先按下停止按钮，再按下相应的正转起动按钮或反转起动按钮。

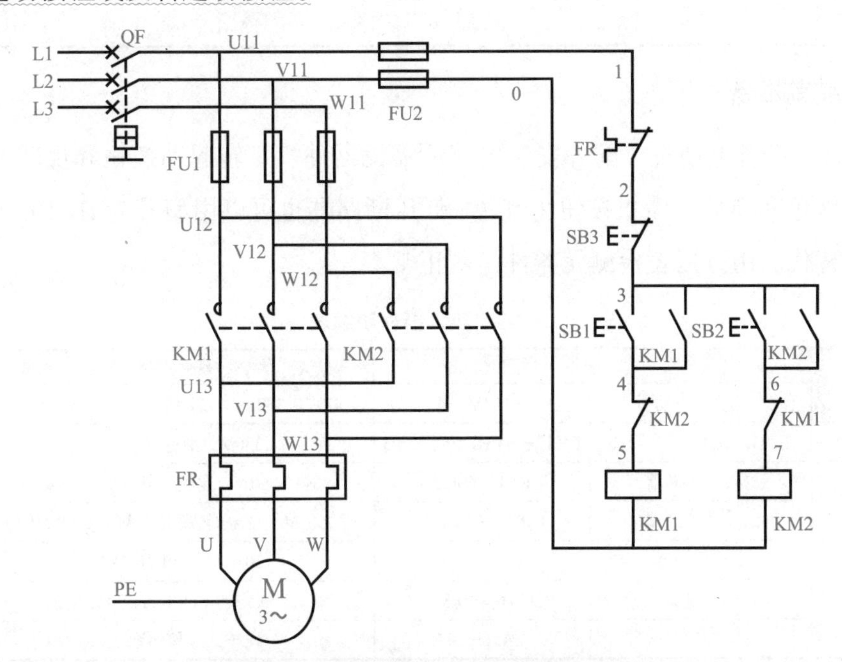

图2-6　接触器联锁正反转控制电路图

任务实施

一、识读电路图

指出图 2-6 所示的接触器联锁正反转控制电路中各电器元件的作用并分析电路的工作原理，填入表 2-4 中。

表2-4　电路图识读

符　号	元器件名称	作　用
KM1	主触点	
	辅助常开触点	
	辅助常闭触点	
KM2	主触点	
	辅助常开触点	
	辅助常闭触点	
SB1	常开触点	

（续）

符　号	元器件名称	作　用
SB2	常开触点	
SB3	常闭触点	

工作原理：

二、装前准备

按表2-5准备电动机，配齐安装电路所需元器件。正转起动按钮和反转起动按钮可分别用绿色和黑色，停止按钮用红色；低压断路器也可以用型号为HZ10－25/3的组合开关替代。用万用表检测元器件是否正常。

表2-5　实训器材明细表

代　号	名　称	型　号	规　格	数量
M	三相交流电动机	Y112M—4	4kW、380V、△联结、8.8A、1440r/min	1
QF	低压断路器 / 组合开关	DZ47—63/HZ10 － 25/3	380V、额定电流25A	1
FU1	螺旋式熔断器	RL1—60/25	500V、60A、配额定电流25A的熔体	3
FU2	螺旋式熔断器	RL1—15/2	500V、15A、配额定电流2A的熔体	2
KM1、KM2	交流接触器	CJT1—20	20A、线圈电压380V	2
FR	热继电器	JR16—20/3D	三极、20A、热元件11A、整定电流8.8A	1
SB1 ~ SB3	按钮	LA10—3H	保护式、按钮数3只	1

三、安装元器件

接触器联锁正反转控制电器元件布置如图2-7所示，按图将元器件安装在控制板上，并贴上醒目的符号。注意，两个交流接触器应并排安装。

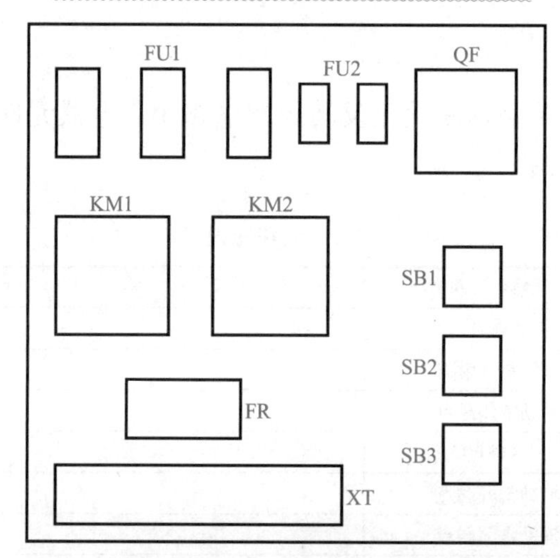

图2-7　接触器联锁正反转控制电器元件布置图

四、连接导线

1）板前明线布线：接触器联锁正反控制电气安装接线如图 2-8 所示，按图所示的走线方法进行板前明线布线，要求所有导线套装号码管、软线做轧头。

2）安装电动机，并将定子绕组按三角形联结。

3）连接电动机和所有电器元件金属外壳的保护接地线。

4）连接电源线、电动机等控制板外部的导线。

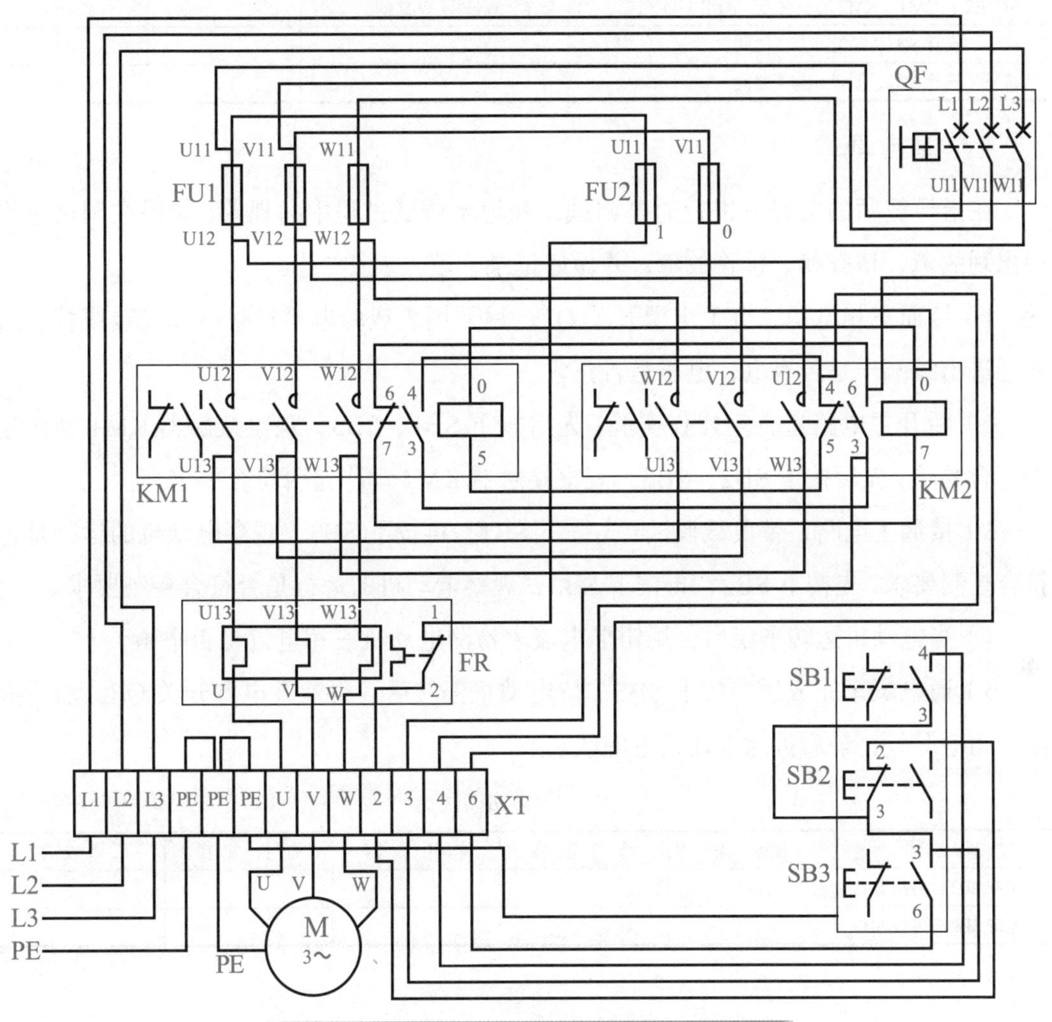

图2-8　接触器联锁正反转控制电气安装接线图

五、自检

1）根据电路图或电气接线图，从电源端开始，逐段检查接线及接线端子处编码是否正确，有无错接、漏接之处；重点检查主电路中接触器 KM2 主触点的输出端是否换相，控制电路中 KM1 和 KM2 的自锁触点和互锁触点接线是否正确；检查导线压接是否牢固，接触是否良好，以免在带负载运行时产生闪弧现象。

2）断开断路器，用万用表检查电路有无短路和断路情况，并将检测结果填入表 2-6 中。

表2-6　电路检测

测量点	电阻	是否正常
测量 U11 与 V11、V11 与 W11、W11 与 U11 之间		
分别按下 KM1、KM2 的主触点，测量 U11 与 V11、V11 与 W11、W11 与 U11 之间		
分别按下 KM1、KM2 的主触点，测量 U11 与 U、V11 与 V、W11 与 W 之间		
按下、松开 SB1，测量 0 与 1 之间		
按下、松开 SB2，测量 0 与 1 之间		

六、通电调试

在指导教师的监督下进行通电调试，并记录调试过程中的现象；如果在调试过程中出现故障，请查找、排除故障，并做好记录，填入表 2-7 中。

1）接通三相电源，合上电源开关 QF，用万用表或验电笔检查电源线接线柱、熔断器进出线端子是否有电，电压是否正常。

2）断开主电路进行空操作实验：先后按下 SB1、SB3，观察接触器 KM1 动作是否符合要求；先后按下 SB2、SB3，观察接触器 KM2 动作是否符合要求。

3）接通主电路，带负载调试：先按下 SB1，再按下 SB3，观察电动机的运行是否符合控制要求；先按下 SB2，再按下 SB3，观察电动机的运行是否符合控制要求。

4）当电动机运转平稳后，用钳形电流表检测电动机三相电流是否平衡。

5）通电试车完成后，按下 SB3，待电动机停转后，再断开电源开关 QF。然后拆除三相电源线，最后拆除电动机电源线。

表2-7　电路调试

操作	现象	是否正常	分析原因	查找过程	处理方法
先按 SB1、再按 SB3					
先按 SB2、再按 SB3					

任务评价

对任务的完成情况进行评价，评价内容、操作要求及评价标准见表 2-8。

表2-8　任务评价

评价内容	操作要求	评价标准	配分	扣分
电路图识读	（1）正确识别控制电路中各种电气图形符号及功能 （2）正确分析控制电路工作原理	（1）电气图形符号不认识，每处扣 1 分 （2）电器元件功能不知道，每处扣 1 分 （3）电路工作原理分析不正确，每处扣 1 分	10	

（续）

评价内容	操 作 要 求	评 价 标 准	配分	扣分
装前准备	（1）器材齐全 （2）电器元件型号、规格符合要求 （3）检查电器元件外观、附件、备件 （4）用仪表检查电器元件质量	（1）元器材缺少，每件扣1分 （2）电器元件型号、规格不符合要求，每件扣1分 （3）漏检或错检，每处扣1分	10	
元器件安装	（1）按电气布置图安装 （2）元器件安装牢固 （3）元器件安装整齐、匀称、合理 （4）不能损坏元器件	（1）不按布置图安装，该项不得分 （2）元器件安装不牢固，每只扣4分 （3）元器件布置不整齐、不匀称、不合理，每项扣2分 （4）损坏元器件，该项不得分 （5）元器件安装错误，每件扣3分	10	
导线连接	（1）按电路图或接线图接线 （2）布线符合工艺要求 （3）接点符合工艺要求 （4）不损伤导线绝缘或线芯 （5）套装编码套管 （6）软线套线鼻 （7）接地线安装	（1）未按电路图或接线图接线，扣20分 （2）布线不符合工艺要求，每处扣3分 （3）接点有松动、露铜过长、反圈、压绝缘层，每处扣2分 （4）损伤导线绝缘层或线芯，每根扣5分 （5）编码套管套装不正确或漏套，每处扣2分 （6）不套线鼻，每处扣1分 （7）漏接接地线，扣10分	40	
通电试车	在保证人身和设备安全的前提下，通电试验一次成功	（1）热继电器整定值错误或未整定，扣5分 （2）主电路、控制电路配错熔体，各扣5分 （3）验电操作不规范，扣10分 （4）一次试车不成功扣5分，二次试车不成功扣10分，三次试车不成功扣15分	20	
工具仪表使用	工具、仪表使用规范	（1）工具、仪表使用不规范，每次酌情扣1～3分 （2）损坏工具、仪表，扣5分	10	
故障检修	（1）正确分析故障范围 （2）查找故障并正确处理	（1）故障范围分析错误，从总分中扣5分 （2）查找故障的方法错误，从总分中扣5分 （3）故障点判断错误，从总分中扣5分 （4）故障处理不正确，从总分中扣5分		
技术资料归档	技术资料完整并归档	技术资料不完整或不归档，酌情从总分中扣3～5分		
安全文明生产	（1）要求材料无浪费，现场整洁干净 （2）工具摆放整齐，废品清理分类符合要求 （3）遵守安全操作规程，不发生任何安全事故 如违反安全文明生产要求，酌情扣5～40分，情节严重者，可判本次技能操作训练为零分，甚至取消本次实训资格			
定额时间	180min，每超时5min，扣5分			
开始时间	结束时间	实际时间	成绩	

收获体会：

学生签名：　　年　月　日

教师评语：

教师签名：　　年　月　日

任务三　双重联锁正反转控制电路的安装与调试

相关知识

一、按钮联锁正反转控制电路

接触器联锁正反转控制电路采用接触器常闭触点进行联锁，工作安全可靠；但电动机在进行正、反转换接时，必须先按下停止按钮，才能按下相应的起动按钮，所以

操作不方便。为了缩短操作辅助时间，可以用按钮 SB1、SB2 的常闭触点代替接触器 KM1、KM2 的常闭触点，形成按钮联锁的正反转控制电路，如图 2-9 所示。

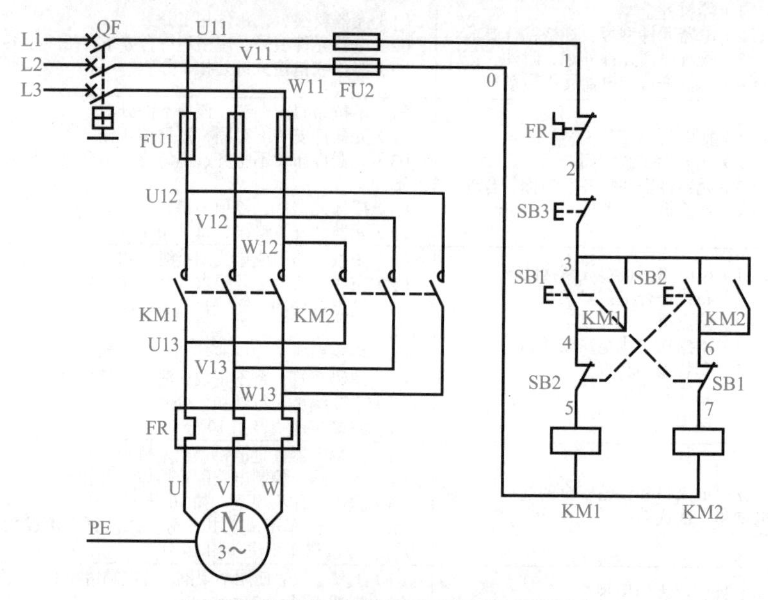

图2-9　按钮联锁正反转控制电路

按钮联锁正反转控制电路可以对电动机直接进行换向操作，但电路在运行时一旦出现接触器的主触点熔焊故障，且无法在电动机运行时判断出来，此时若再进行直接正反向换接操作，将引起主电路电源短路。

二、双重联锁正反转控制电路

接触器联锁正反转控制电路和按钮联锁的正反转控制电路均存在一定的不足，可以将接触器联锁、按钮联锁结合在一起，构成接触器、按钮双重联锁的正反转控制电路，如图 2-10 所示。

接触器、按钮双重联锁控制电路采用接触器联锁，保证了两个接触器线圈不能同时通电，

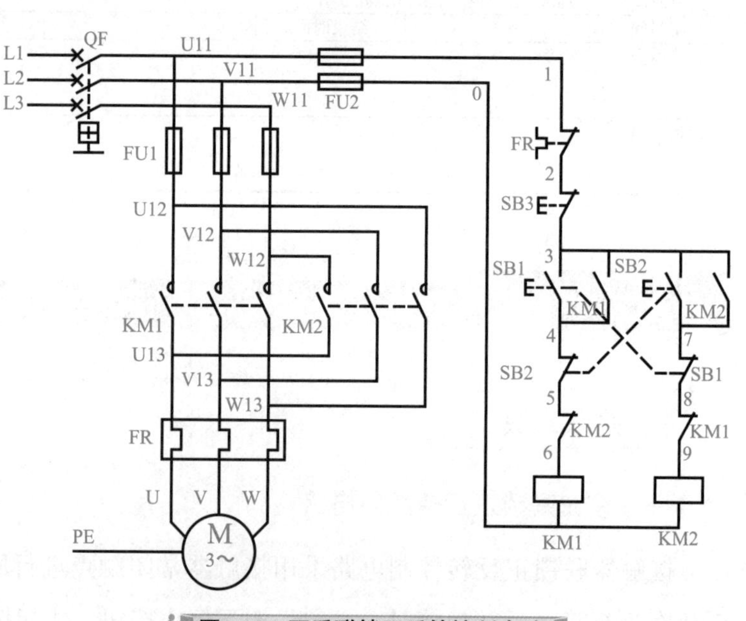

图2-10　双重联锁正反转控制电路

使电路的可靠性和安全性增加；采用按钮联锁，可以直接进行正反转操作，因而使用广泛。

任务实施

一、识读电路图

指出图 2-10 所示的双重联锁正反转控制电路中各电器元件的作用并分析电路的工作原理，填入表 2-9 中。

表2-9　电路图识读

符　号	元器件名称	作　用
KM1	主触点	
	辅助常开触点	
	辅助常闭触点	
KM2	主触点	
	辅助常开触点	
	辅助常闭触点	
SB1	常开触点	
	常闭触点	
SB2	常开触点	
	常闭触点	
工作原理：		

二、连接导线

1）板前明线布线：双重联锁正反转控制电路电气安装接线如图 2-11 所示，按图所示的走线方法，在接触器联锁正反转控制电路的基础上，接入 SB1 和 SB2 的常闭触点，要求：板前明线布线，导线套装号码管、软线做轧头。

2）安装电动机。

3）连接电动机和所有电器元件金属外壳的保护接地线。

4）连接电源线、电动机等控制板外部的导线。

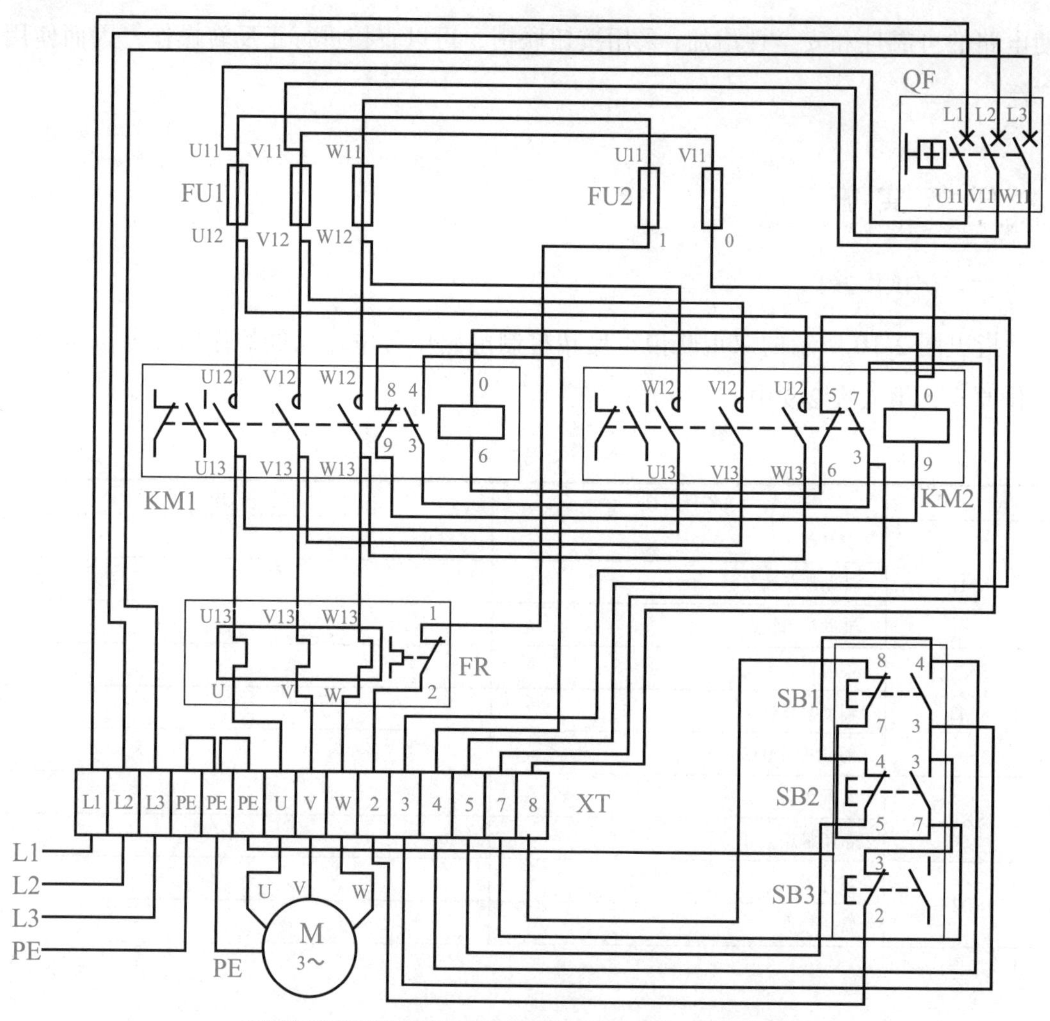

图2-11　双重联锁正反转控制电路电气安装接线图

三、自检

1）根据电路图或电气安装接线图，从电源端开始，逐段检查接线及接线端子处编码是否正确，有无错接、漏接之处，重点检查 SB1、SB2 的常闭触点接线是否正确；检查导线压接是否牢固，接触是否良好。

2）断开断路器，用万用表检查电路有无短路和断路情况，并将检测结果填入表2-10 中。

表2-10　电路检测

测 量 点	电　阻	是 否 正 常
测量 U11 与 V11、V11 与 W11、W11 与 U11 之间		
分别按下 KM1、KM2 主触点，测量 U11 与 V11、V11 与 W11、W11 与 U11 之间		
分别按下 KM1、KM2 的主触点，测量 U11 与 U、V11 与 V、W11 与 W 之间		
按下、松开 SB1，测量 0 与 1 之间		
按下、松开 SB2，测量 0 与 1 之间		

四、通电调试

在指导教师的监督下进行通电调试，并记录调试过程中的现象；如果在调试过程中出现故障，请查找、排除故障，并做好记录，填入表 2-11 中。

表2-11　电路调试

操　　作	现　　象	是否正常	分析原因	查找过程	处理方法
先按下 SB1、再按下 SB3					
先按下 SB2、再按下 SB3					
先按下 SB1、再按下 SB2、再按下 SB1					

1）接通三相电源，合上电源开关 QF，用万用表或验电笔检查电源线接线柱、熔断器进出线端子是否有电，电压是否正常。

2）断开主电路进行空操作实验：先后按下 SB1、SB2，SB1、SB3，观察接触器 KM1、KM2 的动作是否符合要求。

3）接通主电路，带负载调试：先后按下 SB1、SB3，观察电动机的运行是否符合控制要求；先后按下 SB2、SB3，观察电动机的运行是否符合控制要求；先后按下 SB1、SB2、SB1，观察电动机的转向切换是否符合控制要求。

4）当电动机运转平稳后，用钳形电流表检测电动机三相电流是否平衡。

5）通电试车完成后，按下停止按钮 SB3，待电动机停转后，再断开电源开关 QF。然后拆除三相电源线，最后拆除电动机电源线。

任务评价

对任务的完成情况进行评价，评价内容、操作要求及评价标准见表 2-12。

表2-12　任务评价

评价内容	操作要求	评价标准	配分	扣分
识读电路图	（1）正确识别控制电路中各种电气图形符号及功能 （2）正确分析控制电路工作原理	（1）电气图形符号不认识，每处扣 1 分 （2）电器元件功能不知道，每处扣 1 分 （3）线路工作原理分析不正确，每处扣 1 分	30	
布线接线	（1）按电路图或接线图接线 （2）布线符合工艺要求 （3）接点符合工艺要求 （4）不损伤导线绝缘或线芯 （5）套装编码套管 （6）软线套线鼻 （7）接地线安装	（1）未按电路图或接线图接线，扣 20 分 （2）布线不符合工艺要求，每处扣 3 分 （3）接点有松动、露铜过长、反圈、压绝缘层，每处扣 2 分 （4）损伤导线绝缘层或线芯，每根扣 5 分 （5）编码套管套装不正确或漏套，每处扣 2 分 （6）不套线鼻，每处扣 1 分 （7）漏接接地线，扣 10 分	40	
通电试车	在保证人身和设备安全的前提下，通电试验一次成功	（1）热继电器整定值错误或未整定，扣 5 分 （2）主电路、控制电路配错熔体，各扣 5 分 （3）验电操作不规范，扣 10 分 （4）一次试车不成功扣 5 分，二次试车不成功扣 10 分，三次试车不成功扣 15 分	25	

（续）

<table>
<tr><th>评价内容</th><th colspan="3">操作要求</th><th colspan="2">评价标准</th><th>配分</th><th>扣分</th></tr>
<tr><td>工具仪表使用</td><td colspan="3">工具、仪表使用规范</td><td colspan="2">（1）工具、仪表使用不规范每次酌情扣 1~3 分
（2）损坏工具、仪表，扣 5 分</td><td>5</td><td></td></tr>
<tr><td>故障检修</td><td colspan="3">（1）正确分析故障范围
（2）查找故障并正确处理</td><td colspan="2">（1）故障范围分析错误，从总分中扣 5 分
（2）查找故障的方法错误，从总分中扣 5 分
（3）故障点判断错误，从总分中扣 5 分
（4）故障处理不正确，从总分中扣 5 分</td><td></td><td></td></tr>
<tr><td>技术资料归档</td><td colspan="3">技术资料完整并归档</td><td colspan="2">技术资料不完整或不归档，酌情从总分中扣 3 ~ 5 分</td><td></td><td></td></tr>
<tr><td>安全文明生产</td><td colspan="5">（1）要求材料无浪费，现场整洁干净
（2）工具摆放整齐，废品清理分类符合要求
（3）遵守安全操作规程，不发生任何安全事故
如违反安全文明生产要求，酌情扣 5 ~ 40 分，情节严重者，可判本次技能操作训练为零分，甚至取消本次实训资格</td><td></td><td></td></tr>
<tr><td>定额时间</td><td colspan="5">180min，每超时 5min，扣 5 分</td><td></td><td></td></tr>
<tr><td>备注</td><td colspan="5">除定额时间外，各项目的最高扣分不应超过配分数</td><td></td><td></td></tr>
<tr><td>开始时间</td><td></td><td>结束时间</td><td colspan="2"></td><td>实际时间</td><td>成绩</td><td></td></tr>
</table>

学生自评：

学生签名：　　年　月　日

教师评语：

教师签名：　　年　月　日

项目三

位置控制与自动往返控制电路的安装与调试

项目描述

在生产过程中，很多生产机械运动部件的行程或位置必须受到限制，或者需要其运动部件在一定的行程内做自动往返运动，以便实现对工件的连续加工，提高生产效率，如在摇臂钻床、万能铣床、镗床、桥式起重机及各种自动或半自动控制机床设备中经常有这种控制要求。这就要求电气控制电路能对电动机实现自动起停及转换正反转控制。

本项目的要求是：根据给定的电路图，利用指定的低压电器元件，完成位置控制和自动往返控制电路的安装与调试。具体分成三个任务进行：行程开关的认识、位置控制电路的安装与调试、自动往返控制电路的安装与调试。

项目目标

- 知道位置控制、自动往返控制电路的典型应用。
- 认识位置控制、自动往返控制电路中的低压电器及作用，掌握行程开关的结构、原理、符号、作用及型号含义，并会用万用表检测其好坏。
- 会分析位置控制、自动往返控制电路的工作原理。
- 会识读位置控制、自动往返控制电路的电器元件布置图和电气安装接线图。
- 能按照板前明线布线工艺要求正确安装自动往返控制电路。
- 会用万用表检测电路。
- 能按要求调试位置控制、自动往返控制电路。
- 会分析电气故障，会用万用表查找故障。
- 会使用常用的电工工具，会剥线、套号码管、做轧头。

任务一 认识行程开关

相关知识

行程开关又叫限位开关或位置开关，是依据生产机械的行程发出命令，以控制其运动方向和行程大小的主令电器。

1. 行程开关的分类

行程开关种类很多，按结构可分为直动式和滚轮式，其中滚轮式又可分为单轮旋转式和双轮旋转式；按触点动作方式可分为蠕动型和瞬动型；按触点复位方式可分为自动复位式和非自动复位式；按外壳形式可分为开启式和防护式；按触点性质可分为有触点式和无触点式。

常见行程开关的外形如图 3-1 所示。

a）LX19 — 111　b）LX19 — 232　c）JLXK1 — 311

d）JLXK1 — 211　e）JLXK1 — 411　f）JLXK1 — 511

图 3-1　常见行程开关的外形

2. 行程开关的常用型号及型号含义

常用的有触点行程开关有 LX19、JLXK1 等系列。行程开关的型号含义为

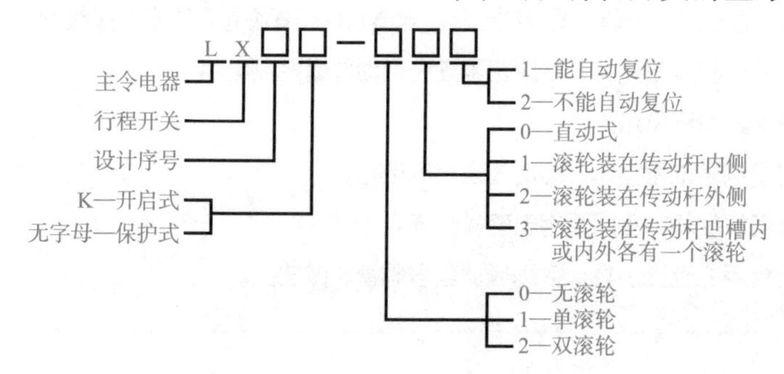

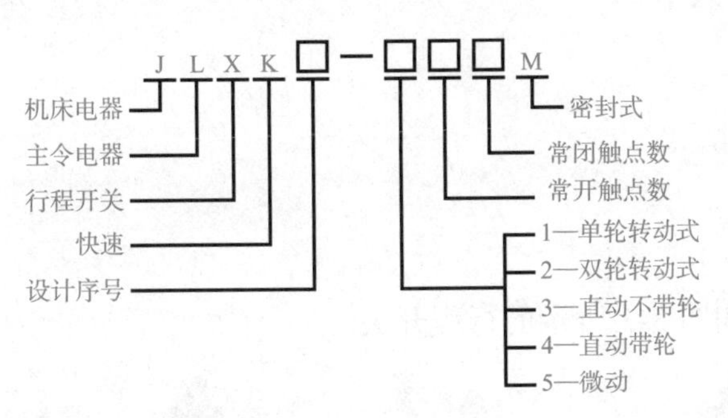

3. 行程开关的结构、原理与符号

各系列行程开关的基本结构大体相同，都是由触点系统、操作机构和外壳组成。LX19—001 行程开关的结构如图 3-2 所示。

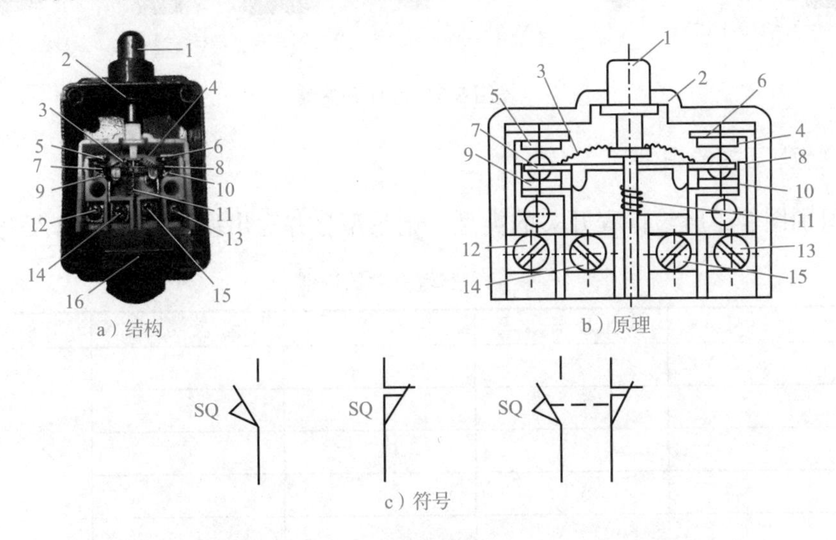

图 3-2　LX19—001 行程开关的外形、结构、原理与符号

1—顶杆　2—外壳　3、4—触点弹簧　5、6—常开触点　7、8—桥式动触点（接触板）
9、10—常闭触点　11—复位弹簧　12、13—常开触点的接线端　14、15—常闭触点的接线端
16—接线进线口

行程开关的工作原理与按钮相似，只是触点的动作不靠手操作，而是利用生产机械某些运动部件的碰撞使其动作，从而实现电路的接通或断开。

行程开关的触点动作方式有蠕动型和瞬动型两种。蠕动型行程开关的触点结构与按钮类似，触点的分合速度取决于生产机械挡铁的移动速度；瞬动型行程开关的触点具有快速换接动作机构，触点的动作速度与挡铁的移动速度无关，性能优于蠕动型。

直动式行程开关和单轮旋转式行程开关是自动复位式的，即在挡铁移开后可以自动复原；而双滚轮（羊角式）行程开关是非自动复位式的，即在挡铁移开后不能自动复原，必须依靠运动机械反向移动时，挡铁碰撞另一滚轮将其复原。

任务实施

一、任务准备

准备万用表和如图 3-3 所示的行程开关。

图 3-3 行程开关

二、行程开关的识别

1）识别图 3-3 所给行程开关的类型，记录型号并写出型号含义，填入表 3-1 中。

表3-1 行程开关的识别

编号	型 号	型号含义	主要参数	复位方式	图形及文字符号
(1)					
(2)					
(3)					
(4)					
(5)					
(6)					

2）取一只行程开关，拆开，仔细观察其内部结构，指出其常开触点、常闭触点、接线柱等主要部件；手动操作，观察行程开关触点的动作情况，叙述行程开关的工作原理。

三、行程开关的检测

用万用表检测行程开关的好坏，并将检测结果填入表 3-2 中。

表3-2 行程开关检测

检测元器件及状态			电 阻	是否正常
行程开关	常开触点	常态		
		动作		
	常闭触点	常态		
		动作		

任务评价

对整个任务的完成情况进行评价，评价内容、操作要求及评价标准见表3-3。

表3-3　任务评价

<table>
<tr><th>评价内容</th><th colspan="2">操作要求</th><th colspan="3">评价标准</th><th>配分</th><th>扣分</th></tr>
<tr><td>识别行程开关</td><td colspan="2">（1）正确识别行程开关的类型
（2）正确说明行程开关型号的含义
（3）正确画出行程开关的符号
（4）正确说明行程开关的主要参数
（5）正确识别行程开关的主要结构及接线端
（6）能边操作边叙述行程开关的工作原理</td><td colspan="3">（1）写错或漏写名称，每只扣5分
（2）写错或漏写型号，每只扣5分
（3）画错符号，每只扣5分
（4）写错或漏标文字符号，每处扣2分
（5）写错或漏写主要参数，每处扣5分
（6）说错主要结构，每处扣5分
（7）叙述原理错误，每处扣5分</td><td>50</td><td></td></tr>
<tr><td>检测行程开关</td><td colspan="2">（1）规范选择、检查仪表
（2）规范使用仪表
（3）检测方法及结果正确</td><td colspan="3">（1）仪表选择、检查有误，扣5分
（2）仪表使用不规范，扣5分
（3）漏检或检测结果不正确，每处扣5分
（4）检测数据分析错误，每处扣5分
（5）损坏仪表或不会检测，该项不得分</td><td>50</td><td></td></tr>
<tr><td>安全文明生产</td><td colspan="5">（1）要求现场整洁干净
（2）工具摆放整齐，废品清理分类符合要求
（3）遵守安全操作规程，不发生任何安全事故
如违反安全文明生产要求，酌情扣5～40分，情节严重者，可判本次技能操作训练为零分，甚至取消本次实训资格</td><td></td><td></td></tr>
<tr><td>定额时间</td><td colspan="5">180min，每超时5min，扣5分</td><td></td><td></td></tr>
<tr><td>开始时间</td><td></td><td>结束时间</td><td></td><td>实际时间</td><td></td><td>成绩</td><td></td></tr>
<tr><td colspan="8">收获体会：
学生签名：　　年　月　日</td></tr>
<tr><td colspan="8">教师评语：
教师签名：　　年　月　日</td></tr>
</table>

任务二　位置控制电路的安装与调试

相关知识

一、板前线槽配线的工艺要求

1）所有导线的截面积在等于或大于0.5mm^{2}时，必须采用软线。考虑机械强度原因，所用导线最小截面积在控制箱外为1mm^2，在控制箱内为0.75mm^2。但对控制箱内很小电流的电路连线，如电子逻辑电路，可用0.2mm^2，并且可以采用硬线，但只能用于不移动又无振动的场合。

2）布线时，严禁损伤线芯和导线绝缘。

3）各电器元件接线端子引出导线的走向，以元器件的水平中心线为界线，在水平中心线以上接线端子引出的导线，必须进入元器件上面的走线槽；在水平中心线以下接线端子引出的导线，必须进入元器件下面的走线槽。任何导线都不允许从水平方向进入走线槽内。

4）各电器元件接线端子上的引出或引入的导线，除间距很小或元器件机械强度很差，允许直接架空敷设外，其他导线必须经过走线槽进行连接。

5）进入走线槽内的导线要完全置于走线槽内，并应尽可能避免交叉，装线不要超过其容量的 70%，以便于盖上行线槽盖及以后的装配及检修。

6）各电器元件与走线槽之间的外露导线，应走线合理，并应尽可能做到横平竖直，变换走向要垂直。同一电器元件上位置一致的端子和同型号电器元件中位置一致的端子上引出或引入的导线，要敷设在同一平面上，并应做到高低一致或前后一致，不得交叉。

7）所有接线端子、导线线头上都应套有与电路图上相应接点线号一致的编码套管，并按线号进行连接，连接必须牢靠，不得松动。

8）在任何情况下，接线端子必须与导线截面积和材料性质相适应。当接线端子不适合连接软线或较小截面积的软线时，可以在导线端头穿上针形或叉形轧头，并压紧。

9）一般一个接线端子只能连接一根导线，如果采用专门设计的端子，可以连接两根或多根导线，导线的连接方式必须是公认的。在工艺上成熟的各种方式，如夹紧、压接、焊接、绕接等，并应严格按照连接工艺的工序要求进行。

板前线槽配线的工艺展示如图 3-4 所示。

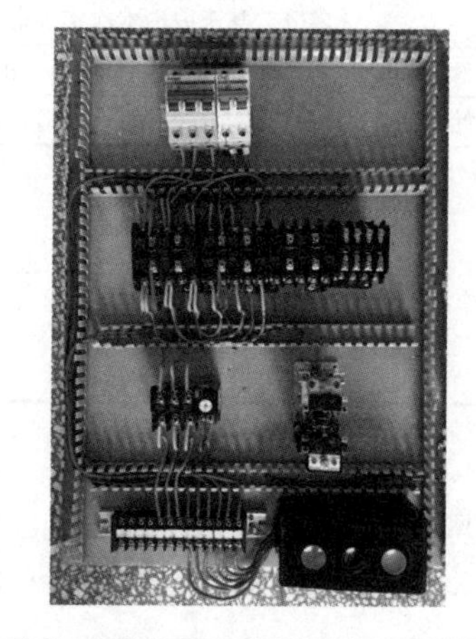

图 3-4　板前线槽配线的工艺展示图

二、位置控制电路

位置控制又称行程控制或限位控制，是利用生产机械运动部件上的挡铁与行程开关碰撞，使其触点动作，来接通或断开电路，以实现对生产机械运动部件的位置或行程的自动控制。工厂车间里的行车、升降机常采用位置控制。图 3-5 所示为行车运动示意图。在行车轨道两头终点处各安装一个位置开关 SQ1 和 SQ2，并将这两个位置开关的常闭触点分别串接在正转和反转控制电路中。行车前后各装有挡铁 1 和挡铁 2，用来碰撞位置开关，使其触点动作，从而切断电动机正转或反转电路，使行车停止运

动。行车的行程和位置可通过改变位置开关 SQ1 和 SQ2 的安装位置来调节。

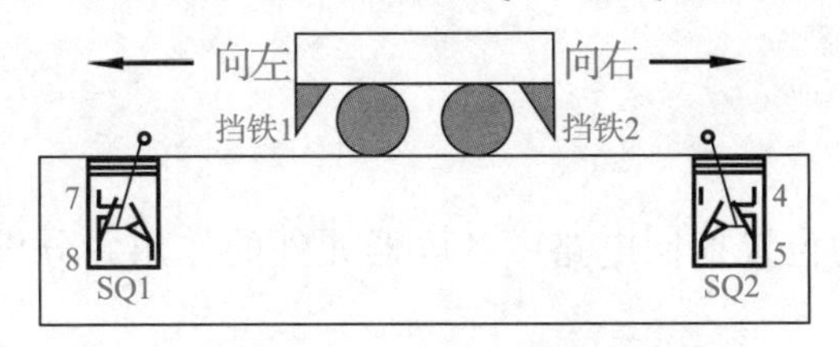

图 3-5　行车运动示意图

图 3-6 所示为位置控制电路，电路的工作原理如下：先合上电源开关 QF，引入电源。

（1）工作台向右移动控制　按下 SB1，KM1 线圈得电，KM1 主触点闭合，电动机 M 起动正转，拖动工作台向右移动；同时，KM1 辅助常闭触点断开，断开 KM2 线圈控制回路，实现对 KM2 联锁控制；KM1 辅助常开触点闭合进行自锁。

当工作台移动到右限定位置，挡铁 2 碰撞位置开关 SQ2，SQ2 常闭触点断开，KM1 线圈失电，电动机停止正转，工作台停止向右移动。

（2）工作台向左移动控制　按下 SB2，KM2 线圈得电，KM2 主触点闭合，电动机 M 起动反转，拖动工作台向左移动；同时，KM2 辅助常闭触点断开，断开 KM1 线圈控制回路，实现对 KM1 联锁控制；KM2 辅助常开触点闭合进行自锁。

当工作台运动到左限定位置，挡铁 1 碰撞位置开关 SQ1，SQ1 常闭触点断开，KM2 线圈失电，电动机停止反转，行车停止向左移动。

（3）停止控制　行车需要停止时，按下停止按钮 SB3 即可。

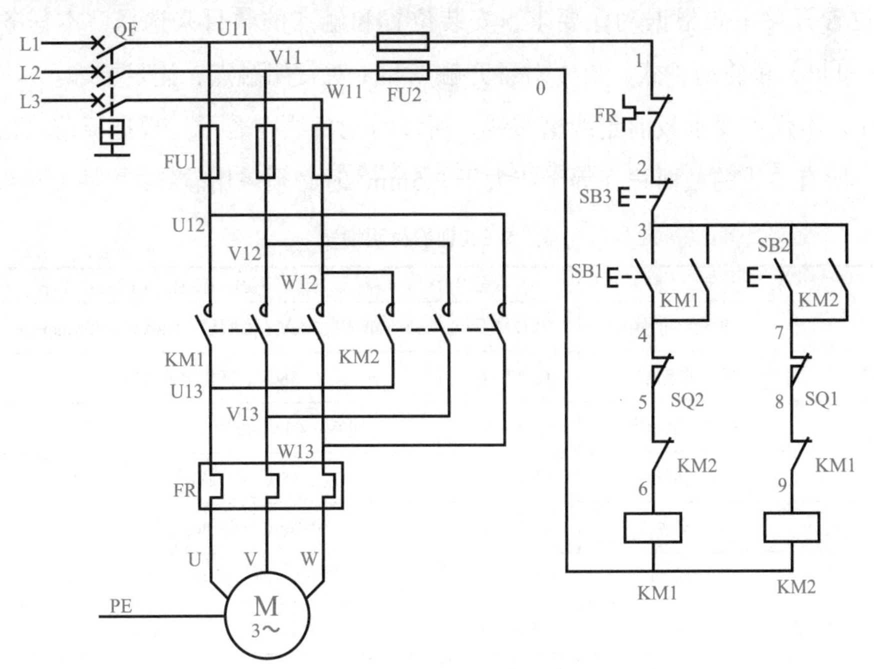

图 3-6　位置控制电路图

任务实施

一、识读电路图

指出图 3-6 所示的位置控制电路中各电器元件的作用并分析电路的工作原理，填入表 3-4 中。

表3-4　低压电器识别

符　号	元器件名称	作　用
KM1	主触点	
	辅助常闭触点	
KM2	主触点	
	辅助常闭触点	
SQ1	常闭触点	
SQ2	常闭触点	
工作原理：		

二、装前准备

按表 3-5 准备电动机，配齐安装电路所需元器件，并用万用表检测元器件是否正常。位置开关主要根据动作要求、安装位置和触点的数目来选择，本任务可选择 JLXK1—111，单轮防护式，有 1 对常开触点和 1 对常闭触点，满足要求。

另外，本任务要求板前走线槽布线，所以需配备线槽若干。根据板前线槽布线工艺要求，所有导线的截面积在等于或大于 $0.5mm^2$ 时必须采用软线。

表3-5　实训器材明细表

代　号	名　称	型　号	规　格	数量
M	三相交流电动机	Y112M—4	4kW、380V、△联结、8.8A、1440r/min	1
QF	低压断路器	DZ47—63	380V、额定电流 25A	1
FU1	螺旋式熔断器	RL1—60/25	500V、60A、配额定电流 25A 的熔体	3
FU2	螺旋式熔断器	RL1—15/2	500V、15A、配额定电流 2A 的熔体	2
KM1、KM2	交流接触器	CJT1—20	20A、线圈电压 380V	2
FR	热继电器	JR16—20/3D	三极、20A、热元件 11A、整定电流 8.8A	1
SB1 ~ SB3	按钮	LA10—3H	保护式、按钮数 3 只	1
SQ1、SQ2	行程开关	JLXK1—111	交流 380V/5A、单轮防护式、1 对常闭、1 对常开	2

三、安装元器件

位置控制电器元件布置如图 3-7 所示，按图所示安装电器元件、走线槽和端子排，并贴上醒目的文字符号。安装走线槽时，应做到横平竖直、排列整齐匀称、安装牢固和便于走线；走线槽对接时采用 45° 角对接。

位置开关必须牢固安装在合适的位置上。训练中若无条件进行实际机械安装试验时，可将位置开关安装在控制板下方两侧，进行模拟手控操作试验。

注意

位置开关、按钮等主令电器不能安装在端子排以上的控制板内，否则不符合设备的实际使用情况。

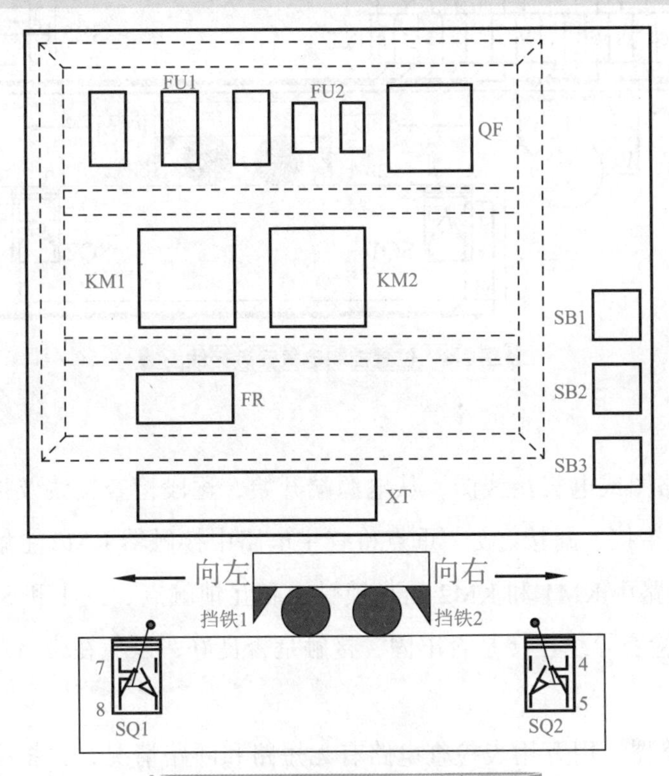

图 3-7 位置控制电器元件布置图

四、连接导线

1）板前线槽布线：位置控制电气安装接线如图 3-8 所示，按图所示的走线方法进行板前线槽配线，要求所有导线套装号码管、软线做轧头。

2）安装电动机，并将定子绕组按要求联结成三角形。

3）连接电动机和所有电器元件金属外壳的保护接地线。

4）连接电源线、电动机等控制板外部的导线。

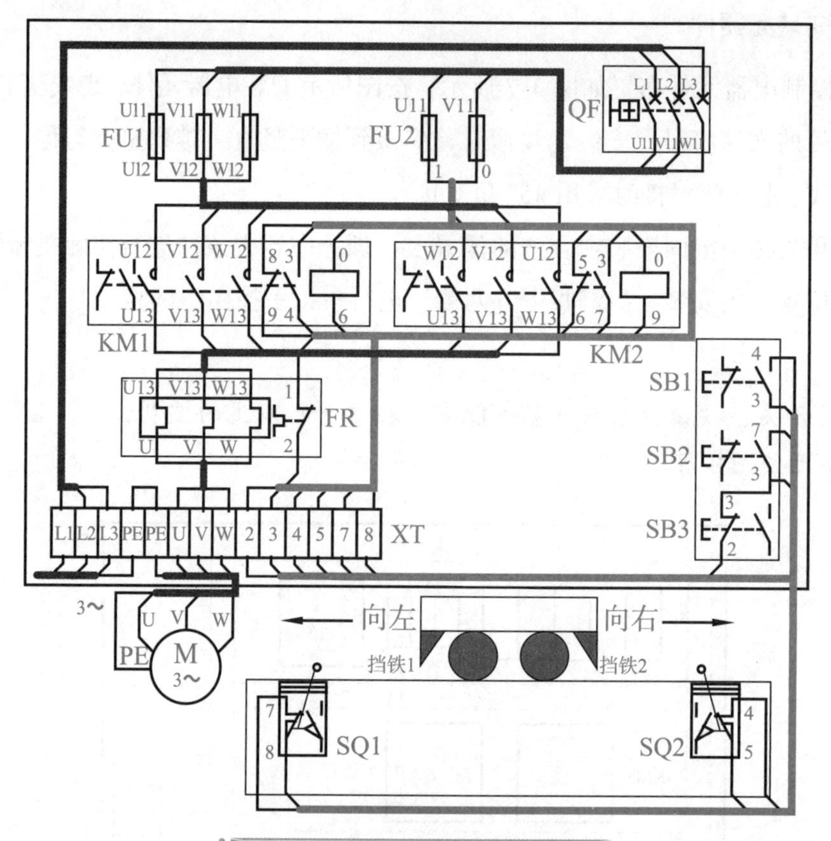

图 3-8 位置控制电气安装接线图

五、自检

1）根据电路图或电气接线图，从电源端开始，逐段检查接线及接线端子处编码是否正确，有无错接、漏接之处；重点检查主电路中接触器 KM2 主触点的输出端是否换相，控制电路中 KM1 和 KM2 的自锁触点和互锁触点、SQ1 和 SQ2 的常闭触点接线是否正确；检查导线压接是否牢固，接触是否良好，以免在带负载运行时产生闪弧现象。

2）断开断路器，用万用表检查电路有无短路和断路情况，并将检测结果填入表 3-6 中。

表3-6 电路检测

测 量 点	电 阻	是否正常
测量 U11 与 V11、V11 与 W11、W11 与 U11 之间		
分别按下 KM1、KM2 的主触点，测量 U11 与 V11、V11 与 W11、W11 与 U11 之间		
分别按下 KM1、KM2 的主触点，测量 U11 与 U、V11 与 V、W11 与 W 之间		
按下、松开 SB1，测量 0 与 1 之间		
按下、松开 SB2，测量 0 与 1 之间		

六、通电调试

在指导教师的监督下进行通电调试，并记录调试过程中的现象；如果在调试过程中出现故障，请查找、排除故障，并做好记录，填入表3-7中。

接通三相电源，合上电源开关QF，用万用表或验电笔检查电源线接线柱、熔断器进出线端子是否有电，电压是否正常。

断开主电路进行空操作实验：先按下SB1、再按下SB3或手动模拟使SQ2动作，观察KM1动作是否符合要求；先按下SB2、再按下SB3或手动模拟使SQ1动作，观察KM2动作是否符合要求。

接通主电路，带负载调试：分别先后按下SB1、SQ2，SB1、SB3，SB2、SQ1，SB2、SB3，观察电动机运行是否符合要求。

当电动机运转平稳后，用钳形电流表检测电动机三相电流是否平衡。

通电试车完成后，按下SB3，待电动机停转后，再断开电源开关QF。然后拆除三相电源线，最后拆除电动机电源线。

表3-7　电路调试

操　作	现　象	是否正常	分析原因	查找过程	处理方法
先后按下SB1、SQ2					
先后按下SB1、SB3					
先后按下SB2、SQ1					
先后按下SB2、SB3					

任务评价

对整个任务的完成情况进行评价，评价内容、操作要求及评价标准见表3-8。

表3-8　任务评价

评价内容	操作要求	评价标准	配分	扣分
电路图识读	（1）正确识别控制电路中各种电气图形符号及功能 （2）正确分析控制电路工作原理	（1）电气图形符号不认识，每处扣1分 （2）电器元件功能不知道，每处扣1分 （3）电路工作原理分析不正确，每处扣1分	10	
装前准备	（1）器材齐全 （2）电器元件型号、规格符合要求 （3）检查电器元件外观、附件、备件 （4）用仪表检查电器元件质量	（1）器材缺少，每件扣1分 （2）电器元件型号、规格不符合要求，每件扣1分 （3）漏检或错检，每处扣1分	10	
元器件安装	（1）按电气布置图安装 （2）元器件安装牢固 （3）元器件安装整齐、匀称、合理 （4）不能损坏元器件	（1）不按布置图安装，扣10分 （2）元器件安装不牢固，每只扣4分 （3）元器件布置不整齐、不匀称、不合理，每项扣2分 （4）损坏元器件，每只扣10分 （5）元器件安装错误，每件扣3分	10	

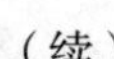
（续）

<table>
<tr><th>评价内容</th><th colspan="3">操 作 要 求</th><th colspan="2">评 价 标 准</th><th>配分</th><th>扣分</th></tr>
<tr><td>导线连接</td><td colspan="3">（1）按电路图或接线图接线
（2）布线符合工艺要求
（3）接点符合工艺要求
（4）不损伤导线绝缘或线芯
（5）套装编码套管
（6）软线套线鼻
（7）接地线安装</td><td colspan="2">（1）未按电路图或接线图接线，扣 20 分
（2）布线不符合工艺要求，每处扣 3 分
（3）接点有松动、露铜过长、反圈、压绝缘层，每处扣 2 分
（4）损伤导线绝缘层或线芯，每根扣 5 分
（5）编码套管套装不正确或漏套，每处扣 2 分
（6）不套线鼻，每处扣 1 分
（7）漏接接地线，扣 10 分</td><td>40</td><td></td></tr>
<tr><td>通电试车</td><td colspan="3">在保证人身和设备安全的前提下，通电试验一次成功</td><td colspan="2">（1）热继电器整定值错误或未整定，扣 5 分
（2）主电路、控制电路配错熔体，各扣 5 分
（3）验电操作不规范，扣 10 分
（4）一次试车不成功扣 5 分，二次试车不成功扣 10 分，三次试车不成功扣 15 分</td><td>20</td><td></td></tr>
<tr><td>工具仪表使用</td><td colspan="3">工具、仪表使用规范</td><td colspan="2">（1）工具、仪表使用不规范，每次酌情扣 1 ~ 3 分
（2）损坏工具、仪表，扣 5 分</td><td>10</td><td></td></tr>
<tr><td>故障检修</td><td colspan="3">（1）正确分析故障范围
（2）查找故障并正确处理</td><td colspan="2">（1）故障范围分析错误，从总分中扣 5 分
（2）查找故障的方法错误，从总分中扣 5 分
（3）故障点判断错误，从总分中扣 5 分
（4）故障处理不正确，从总分中扣 5 分</td><td></td><td></td></tr>
<tr><td>技术资料归档</td><td colspan="3">技术资料完整并归档</td><td colspan="2">技术资料不完整或不归档，酌情从总分中扣 3 ~ 5 分</td><td></td><td></td></tr>
<tr><td>安全文明生产</td><td colspan="5">（1）要求材料无浪费，现场整洁干净
（2）工具摆放整齐，废品清理分类符合要求
（3）遵守安全操作规程，不发生任何安全事故
如违反安全文明生产要求，酌情扣 5 ~ 40 分，情节严重者，可判本次技能操作训练为零分，甚至取消本次实训资格</td><td></td><td></td></tr>
<tr><td>定额时间</td><td colspan="5">180min，每超时 5min，扣 5 分</td><td></td><td></td></tr>
<tr><td>开始时间</td><td></td><td>结束时间</td><td colspan="2"></td><td>实际时间</td><td>成绩</td><td></td></tr>
<tr><td colspan="8">收获体会：

学生签名：　年　月　日</td></tr>
<tr><td colspan="8">教师评语：

教师签名：　年　月　日</td></tr>
</table>

任务三 自动往返控制电路的安装与调试

相关知识

一、自动往返控制电路

要实现生产机械运动部件在一定行程内能做自动往返运动，就是要对电动机进行正反转自动转换控制。利用行程开关进行自动往返控制的原理示意图如图 3-9 所示。位置开关 SQ1、SQ2 用于自动换接电动机正反转控制电路，实现工作台的自动往返行

程控制；SQ3、SQ4 被用来做终端保护，以防止 SQ1、SQ2 失灵时工作台越过限定位置而造成事故。

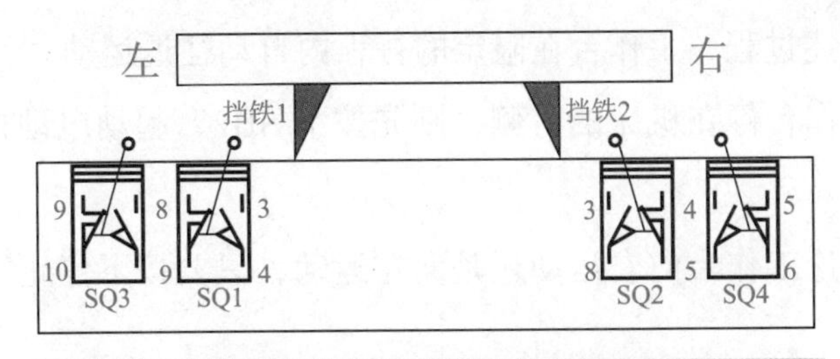

图 3-9　利用行程开关进行自动往返控制原理示意图

图 3-10 所示为自动往返控制电路，电路的工作原理如下：

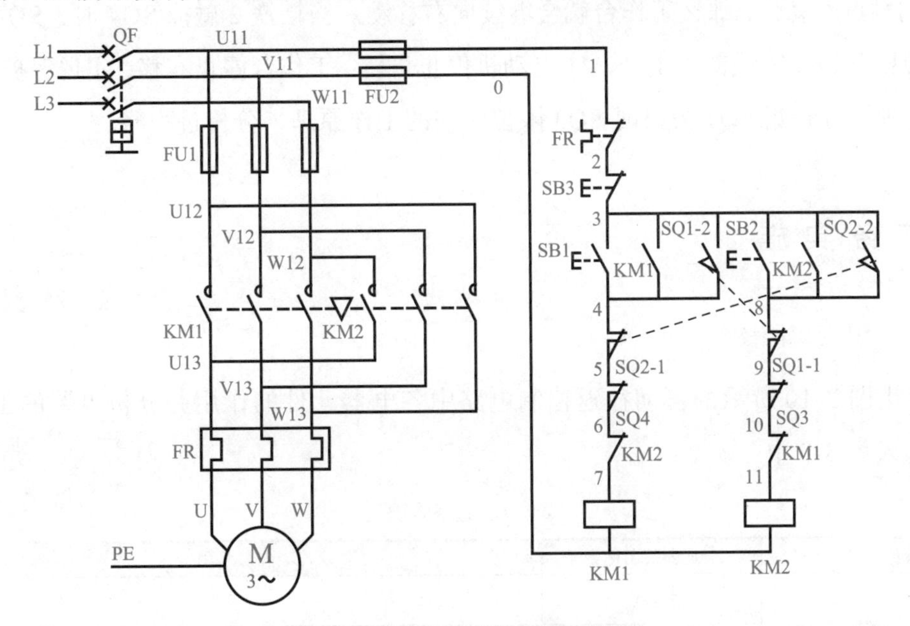

图 3-10　自动往返控制电路图

先合上电源开关 QF，引入电源。

（1）起动　若起动时，工作台停在机床的左侧：按下 SB1，KM1 线圈得电，KM1 主触点闭合，电动机起动正转，工作台向右运动；同时，KM1 辅助常闭触点断开，切断 KM2 线圈的控制电路，实现联锁；KM1 辅助常开触点闭合，进行自锁。

当工作台移动到右限定位置时，挡铁 2 碰撞行程开关 SQ2，SQ2 的常闭触点先断开，切断 KM1 线圈电路，电动机停止正转，工作台停止右移；接着，SQ2 的常开触点闭合，KM2 线圈得电，KM2 主触点闭合，电动机起动反转，工作台向左运动；同时，KM2 辅助常闭触点断开，实现对 KM1 线圈的联锁；KM2 辅助常开触点闭合，进行自锁。

当工作台移动到左限定位置时，挡铁 1 碰撞行程开关 SQ1，SQ1 的常闭触点先断开，切断 KM2 线圈电路，电动机停止反转，工作台停止左移；接着，SQ1 的常开触点闭合，KM1 线圈得电，KM1 主触点闭合，电动机起动正转，工作台向右运动……以后工作台重复上述过程，工作台在限定的行程内自动往返运动。

若起动时，工作台停在机床的右侧，则先按下 SB2，起动电动机的反转……，分析过程略。

（2）停止　无论工作台向右运动还是向左运动，只要按下停止按钮 SB3，工作台就会停止。

（3）限位保护　当工作台移动到右限位时，若 SQ2 失灵，挡铁 2 碰撞 SQ2 时，SQ2 的触点不动作，那么工作台就会继续向右移动。当挡铁 2 碰撞 SQ4 时，SQ4 的常闭触点断开，KM1 线圈失电，KM1 电动机停止正转，工作台停止右移，实现保护作用。

同理可分析当 SQ1 失灵时 SQ3 限位保护的工作原理，分析过程略。

任务实施

一、识读电路图

指出图 3-10 所示的自动往返控制电路中各电器元件的作用并分析电路的工作原理，填入表 3-9 中。

表3-9　电路图识读

符　号	元器件名称	作　用
KM1	主触点	
	辅助常闭触点	
KM2	主触点	
	辅助常闭触点	
SQ1	常闭触点	
	常开触点	
SQ2	常闭触点	
	常开触点	
SQ3	常闭触点	
SQ4	常闭触点	
工作原理：		

二、装前准备

在位置控制电路的基础上，增加两个同型号的限位开关，并用万用表检测限位开关触点的好坏。

三、安装元器件

图 3-11 所示为工作台自动往返控制电器元件布置图，按图所示安装好限位开关 SQ3 和 SQ4。

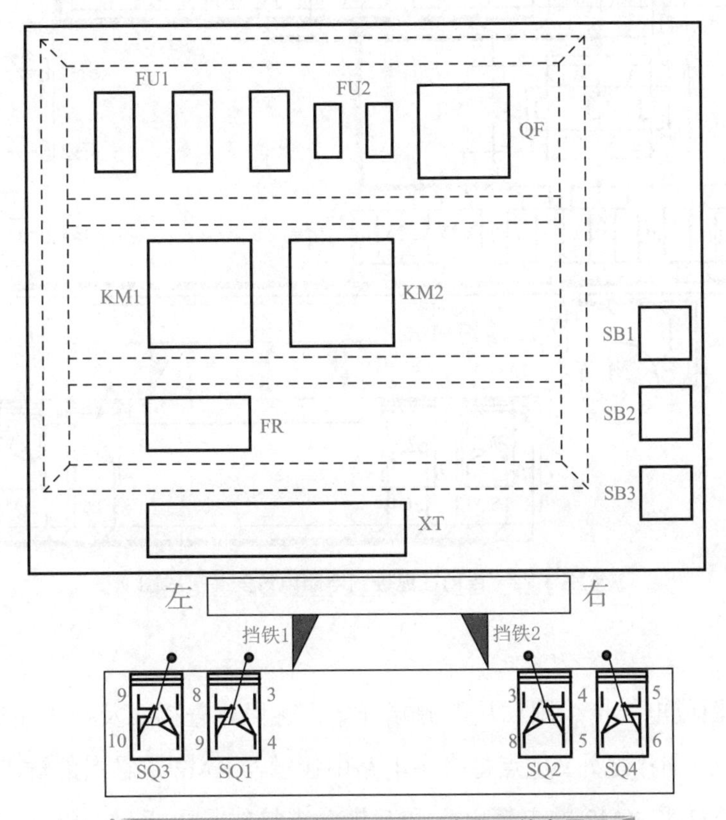

图 3-11　工作台自动往返控制电器元件布置图

四、连接导线

1）板前线槽布线：自动往返控制电路电气安装接线如图 3-12 所示，按图所示的走线方法，在位置控制电路的基础上，接入 SQ1 和 SQ2 的常开触点，SQ3 和 SQ4 的常闭触点。要求：板前线槽布线，导线套装号码管、软线做线鼻。

2）安装电动机。

3）连接电动机和所有电器元件金属外壳的保护接地线。

4）连接电源线、电动机等控制板外部的导线。

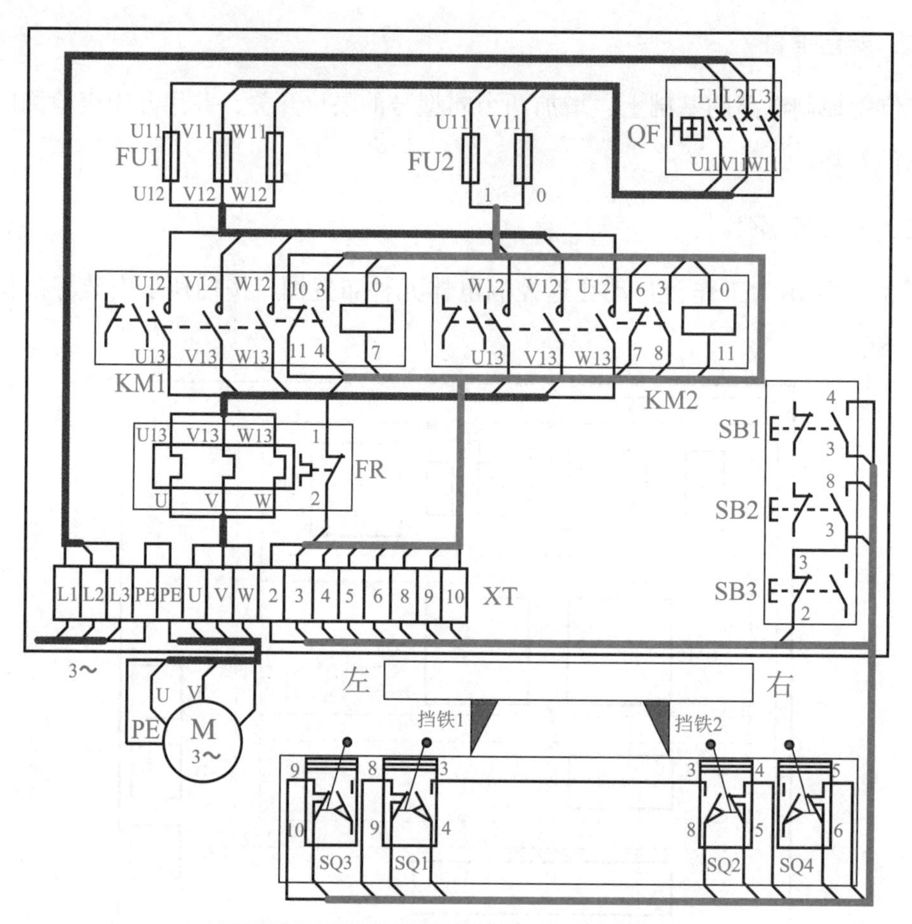

图 3-12 自动往返控制电路电气安装接线图

五、自检

根据电路图或电气接线图，从电源端开始，逐段检查接线及接线端子处编码是否正确，有无错接、漏接之处；重点检查主电路中接触器 KM2 主触点的输出端是否换相，控制电路中 KM1 和 KM2 的自锁触点和互锁触点接线是否正确，SQ1、SQ2 的常开、常闭触点，SQ3 和 SQ4 的常闭触点接线是否正确；检查导线压接是否牢固，接触是否良好，以免在带负载运行时产生闪弧现象。

断开断路器，用万用表检查电路有无短路和断路情况，并将检测结果填入表 3-10 中。

表3-10 电路检测

测 量 点	电 阻	是否正常
测量 U11 与 V11、V11 与 W11、W11 与 U11 之间		
分别按下 KM1、KM2 的主触点，测量 U11 与 V11、V11 与 W11、W11 与 U11 之间		
分别按下 KM1、KM2 的主触点，测量 U11 与 U、V11 与 V、W11 与 W 之间		
按下、松开 SB1，测量 0 与 1 之间		
按下、松开 SB2，测量 0 与 1 之间		

六、通电调试

在指导教师的监督下进行通电调试，并记录调试过程中的现象；如果在调试过程中出现故障，请查找、排除故障，并做好记录，填入表 3-11 中。

1）接通三相电源，合上电源开关 QF，用万用表或验电笔检查电源线接线柱、熔断器进出线端子是否有电，电压是否正常。

2）断开主电路进行空操作实验：先按下 SB1、手动模拟使 SQ2 动作，再按下 SB3 或手动模拟使 SQ4 动作，观察 KM1 动作是否符合要求；先按下 SB2、手动模拟使 SQ1 动作，再按下 SB3 或手动模拟使 SQ3 动作，观察 KM2 动作是否符合要求。

3）接通主电路，带负载调试：分别按下 SB1、SQ2、SB3 或 SQ4，观察电动机的运行情况；分别按下 SB2、SQ1、SB3 或 SQ3，观察电动机的运行情况。

4）当电动机运转平稳后，用钳形电流表检测电动机三相电流是否平衡。

5）通电试车完成后，按下 SB3，待电动机停转后，再断开电源开关 QF。然后拆除三相电源线，最后拆除电动机电源线。

表3-11　电路调试

操　作	现　象	是否正常	分析原因	查找过程	处理方法
先后按下 SB1、SQ2，再按下 SB3					
先后按下 SB1、SQ2，再按下 SQ4					
先后按下 SB2、SQ1，再按下 SB3					
先后按下 SB2、SQ1，再按下 SQ3					

任务评价

对任务的完成情况进行评价，评价内容、操作要求及评价标准见表 3-12。

表3-12　任务评价

评价内容	操作要求	评价标准	配分	扣分
电路图识读	（1）正确识别控制电路中各种电气图形符号及功能 （2）正确分析控制电路的工作原理	（1）电气图形符号不认识，每处扣 1 分 （2）电器元件功能不知道，每处扣 1 分 （3）电路工作原理分析不正确，每处扣 1 分	10	
装前准备	（1）器材齐全 （2）电器元件型号、规格符合要求 （3）检查电器元件外观、附件、备件 （4）用仪表检查电器元件质量	（1）器材缺少，每件扣 1 分 （2）电器元件型号、规格不符合要求，每件扣 1 分 （3）漏检或错检，每处扣 1 分	10	
元器件安装	（1）按电气布置图安装 （2）元器件安装牢固 （3）元器件安装整齐、匀称、合理 （4）不能损坏元器件	（1）不按布置图安装，该项不得分 （2）元器件安装不牢固，每只扣 4 分 （3）元器件布置不整齐、不匀称、不合理，每项扣 2 分 （4）损坏元器件，该项不得分 （5）元器件安装错误，每件扣 3 分	10	

（续）

评价内容	操作要求	评价标准	配分	扣分
导线连接	（1）按电路图或接线图接线 （2）布线符合工艺要求 （3）接点符合工艺要求 （4）不损伤导线绝缘或线芯 （5）套装编码套管 （6）软线套线鼻 （7）接地线安装	（1）未按电路图或接线图接线，扣 20 分 （2）布线不符合工艺要求，每处扣 3 分 （3）接点有松动、露铜过长、反圈、压绝缘层，每处扣 2 分 （4）损伤导线绝缘层或线芯，每根扣 5 分 （5）编码套管套装不正确或漏套，每处扣 2 分 （6）不套线鼻，每处扣 1 分 （7）漏接接地线，扣 10 分	40	
通电试车	在保证人身和设备安全的前提下，通电试验一次成功	（1）热继电器整定值错误或未整定，扣 5 分 （2）主电路、控制电路配错熔体，各扣 5 分 （3）验电操作不规范，扣 10 分 （4）一次试车不成功扣 5 分，二次试车不成功扣 10 分，三次试车不成功扣 15 分	20	
工具仪表使用	工具、仪表使用规范	（1）工具、仪表使用不规范，每次酌情扣 1 ~ 3 分 （2）损坏工具、仪表，扣 5 分	10	
故障检修	（1）正确分析故障范围 （2）查找故障并正确处理	（1）故障范围分析错误，从总分中扣 5 分 （2）查找故障的方法错误，从总分中扣 5 分 （3）故障点判断错误，从总分中扣 5 分 （4）故障处理不正确，从总分中扣 5 分		
技术资料归档	技术资料完整并归档	技术资料不完整或不归档，酌情从总分中扣 3 ~ 5 分		
安全文明生产	（1）要求材料无浪费，现场整洁干净 （2）工具摆放整齐，废品清理分类符合要求 （3）遵守安全操作规程，不发生任何安全事故 如违反安全文明生产要求，酌情扣 5 ~ 40 分，情节严重者，可判本次技能操作训练为零分，甚至取消本次实训资格			
定额时间	180min，每超时 5min，扣 5 分			
开始时间		结束时间　　　　实际时间	成绩	

收获体会：

学生签名：　　年　月　日

教师评语：

教师签名：　　年　月　日

项目四 顺序控制控制电路的安装与调试

项目描述

在装有多台电动机的生产机械上，各电动机所起的作用不同，有时需按一定的顺序起动或停止，才能保证操作过程的合理和工作的安全可靠，例如：X62 型卧式万能铣床上要求主轴电动机起动后，进给电动机才能起动；M7120 型平面磨床的冷却泵电动机，要求在砂轮电动机起动后才能起动。像这种要求几台电动机的起动或停止必须按一定的先后顺序来完成的控制方式，称为电动机的顺序控制。

本项目的要求是：根据给定的电路图，利用指定的低压电器元件，完成两台三相笼型异步电动机顺序起动控制电路的安装与调试，具体分成三个任务进行：认识时间继电器、按钮手动控制顺序起动逆序停止电路的安装与调试、时间继电器自动控制顺序起动电路的安装与调试。

项目目标

- 知道顺序控制控制电路的典型应用。
- 认识顺序控制电路中的低压电器及作用，掌握时间继电器的结构、原理、符号、作用及型号含义，并会用万用表检测其好坏。
- 会分析顺序控制电路的工作原理。
- 会识读顺序控制电器元件布置图和电气安装接线图。
- 能按照板前明线布线工艺要求正确安装顺序控制控制电路。
- 会用万用表检测电路。
- 能按要求调试顺序控制控制电路。
- 会分析电气故障，会用万用表查找故障。
- 会使用常用的电工工具，会剥线、套号码管、做轧头。

任务一　认识时间继电器

相关知识

时间继电器是一种按时间原则进行控制的继电器，即当继电器的感测机构接收到外界动作信号后，要经过一段时间延时后触点才动作。它主要用于需要按时间顺序进行控制的电气控制电路中。

时间继电器按动作原理可分为电磁式、电动式、晶体管式和空气阻尼式；按延时方式可分为通电延时型和断电延时型。目前在电力拖动控制电路中应用较多的是空气阻尼式时间继电器和晶体管式时间继电器。

常见时间继电器的外形如图 4-1 所示。

a）JS7 — A 系列（通电延时）　b）JS7 — A 系列（断电延时）

c）JS20 系列　d）ST3P 系列　c）JS11 系列

图 4-1　常见时间继电器的外形

1. 时间继电器的常用型号及型号含义

常用的时间继电器有 JS7 — A 系列和 JS20 系列。时间继电器的型号含义为

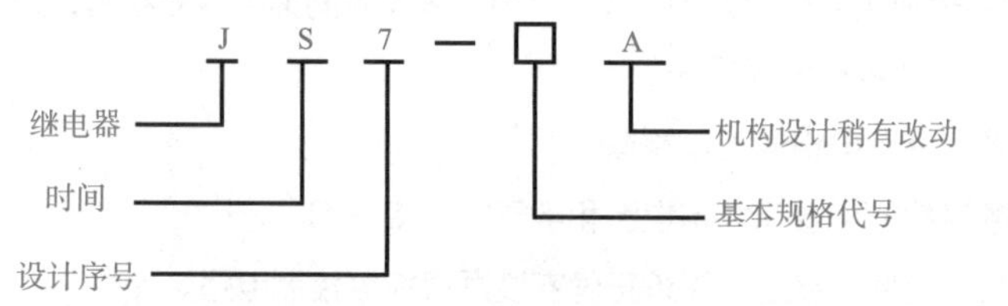

2. 空气阻尼式时间继电器的结构、原理与符号

空气阻尼式时间继电器主要由电磁系统、触点系统、空气室、传动机构、基座等部分组成。JS7 — A 系列通电延时时间继电器的结构、原理如图 4-2 所示。

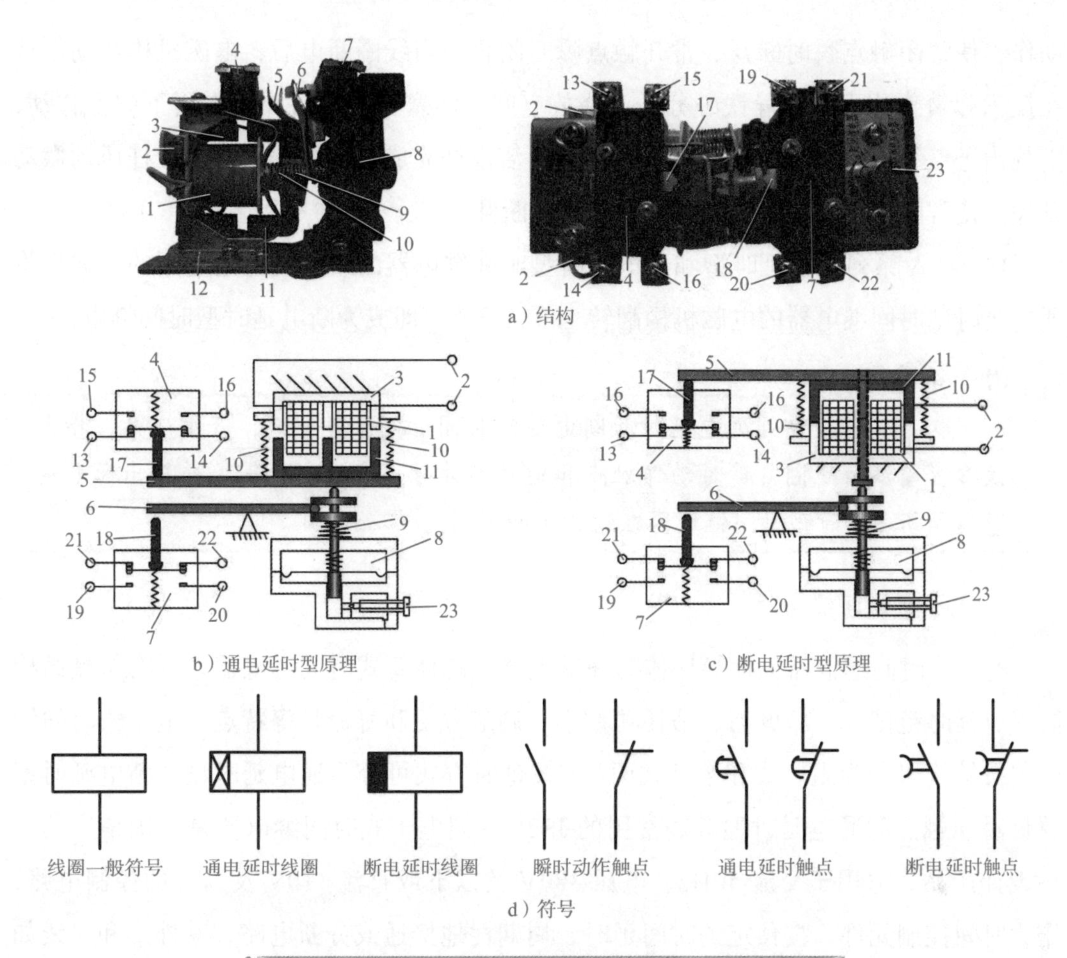

图 4-2　JS7 — A 系列时间继电器的结构、原理与符号

1—线圈　2—线圈接线端　3—铁心　4—瞬时触点　5—弹簧片　6—杠杆　7—延时触点　8 —气室　9—活塞杆和宝塔弹簧　10 —复位弹簧　11—衔铁　12 —底座　13、14 —瞬时常闭触点接线端　15、16 —瞬时常开触点接线柱　17 —瞬时触点推杆　18 —延时触点推杆　19、20 —延时常开触点接线端　21、22 —延时常闭触点接线端　23—延时时间调节螺钉

（1）通电延时型时间继电器　通电延时型时间继电器的原理如图 4-2b 所示。当线圈得电时，铁心产生吸力，衔铁克服反作用力弹簧的阻力与铁心吸合，带动推板使瞬时动作触点中的常闭触点断开，常开触点闭合。同时活塞杆在宝塔弹簧的作用下移动，带动与活塞相连的橡皮膜移动（运动速度受进气孔进气速度限制），经过一段时间后，活塞完成全部行程而压动微动开关，其延时触点动作（常闭触点断开，常开触点闭合）。

当线圈断电时，衔铁在反作用力弹簧的作用下，通过活塞杆作用，橡皮膜内空气迅速排掉，各对触点均瞬时复位。

（2）断电延时型时间继电器　断电延时型时间继电器的原理如图 4-2c 所示。当线圈通电后，电磁机构活动衔铁克服反力弹簧的阻尼，与静铁心吸合，活动衔铁推动推杆压缩宝塔弹簧，推动活塞杆向下移动至下限位，同时杠杆随着运动，使微动开关动作，使常闭触点瞬时断开、常开触点瞬时闭合。当线圈断电后，电磁机构活动衔铁在反力弹簧作用下，与静铁心分开，释放空间，活塞杆在宝塔弹簧作用下向上移动，空气由进气孔进入气囊，经过一段时间后，活塞杆完成全部行程，通过杠杆压动微动开关，使常闭触点延时闭合、常开触点延时断开。

JS7 — A 系列断电延时型和通电延时型时间继电器的组成元件是通用的。如果将通电延时型时间继电器的电磁机构翻转 180° 安装，即成为断电延时型时间继电器。

说一说

取 JS7 — A 系列通电延时和断电延时时间继电器各一只，仔细观察，指出铁心、衔铁、线圈、瞬时动作触点和延时动作触点及接线柱等，并指出通电延时型和断电延时型时间继电器在结构上的不同。

3. 电子式时间继电器

电子式时间继电器也称半导体时间继电器或晶体管式时间继电器，具有机械结构简单、延时范围广、精度高、消耗功率小、调节方便和寿命长等特点。电子式时间继电器按结构可分为阻容式和数字式两种；按延时方式可分为通电延时型、断电延时型及带瞬动触点的通电延时型等。常用的 JS20 系列电子式时间继电器是全国推广的统一设计产品，适用于交流 50Hz、电压 380V 及以下或直流 110V 及以下的控制电路，作为时间控制元件，按预定的时间延时，周期性地接通或分断电路。其外形和接线如图 4-3 所示。

电子式时间继电器根据其结构特点，安装和接线采用专用的插座，并配有带插脚标记的标牌，其时间整定用旋钮来调节。

a）外形

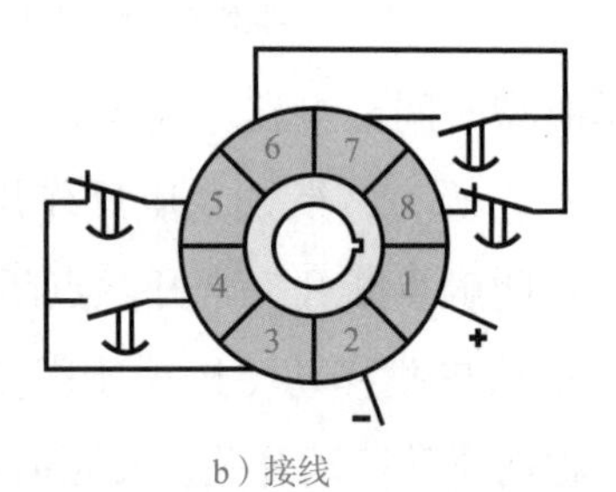

b）接线

图 4-3 JS20 系列电子式时间继电器外形和接线

4. 电动式时间继电器

电动式时间继电器具有延时精度高、延时范围大（可长达数十小时）的优点，缺点是结构复杂、寿命短，受电源频率影响较大，不适合频繁工作。电动式时间继电器主

要用于需要准确延时动作的控制系统中。

电动式时间继电器常用的型号系列有JS11、JS10、JS17、7PR4040和7PR4140等。JS11系列电动式时间继电器外形如图4-4所示。

图4-4　JS11系列电动式时间继电器外形

任务实施

一、准备工作

准备如图4-5所示的低压电器若干及实施任务所需要的电工工具、仪表。

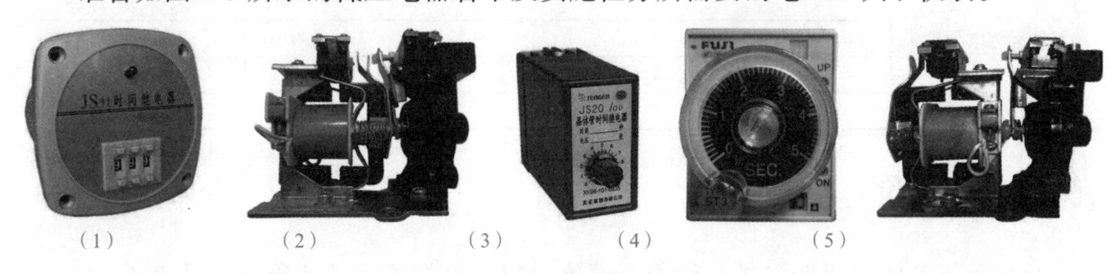

（1）　（2）　（3）　（4）　（5）

图4-5　时间继电器

二、低压电器的识别

识别图4-5所给低压电器的名称，记录型号，读出主要参数，填入表4-1中。

表4-1　低压电器的识别

编　号	种　类	型　号	主要参数	图形及文字符号
（1）				
（2）				
（3）				
（4）				
（5）				

三、延时时间的整定

将JS7－A系列时间继电器的动作时间整定为40s，将JS20系列时间继电器动作时间调整到6s，将ST3系列时间继电器动作时间调整到2min（注意选择延时范围）。

四、时间继电器的改装

动手将通电延时型时间继电器改装成断电延时型时间继电器；手动使衔铁吸合，观察触点的动作，叙述通电延时时间继电器和断电延时时间继电器的工作原理。

五、检测时间继电器

用万用表检测时间继电器的线圈和触点，并将检测结果填入表4-2中。

表 4-2　低压电器检测

检测元器件及状态			电　阻	是否正常
空气阻尼式时间继电器	瞬时动合触点	常态		
		吸合		
	瞬时动断触点	常态		
		吸合		
	延时常开触点	常态		
		吸合		
	延时常闭触点	常态		
		吸合		
JS20 系列电子式	1 — 2			
	3 — 4			
	3 — 5			
	6 — 7			
	6 — 8			

任务评价

对整个任务的完成情况进行评价，评价内容、操作要求及评价标准见表 4-3。

表 4-3　任务评价

评价内容	操作要求	评价标准	配分	扣分
识别时间继电器	（1）正确识别时间继电器的类型 （2）正确说明时间继电器型号的含义 （3）正确画出时间继电器的符号 （4）正确说明时间继电器的主要参数 （5）正确识别时间继电器的主要结构及接线端 （6）能边操作边叙述时间继电器的工作原理	（1）写错或漏写名称，每只扣 5 分 （2）写错或漏写型号，每只扣 5 分 （3）画错符号，每只扣 5 分 （4）写错或漏标文字符号，每处扣 2 分 （5）写错或漏写主要参数，每处扣 5 分 （6）说错主要结构，每处扣 5 分 （7）叙述原理错误，每处扣 5 分	35	
整定延时时间	会按要求整定延时时间	不会整定或整定错误，扣 10 分	20	
改装时间继电器	会改装时间继电器	不会改装或改装错误，扣 20 分	25	
检测时间继电器	（1）规范选择、检查仪表 （2）规范使用仪表 （3）检测方法及结果正确	（1）仪表选择、检查有误，扣 5 分 （2）仪表使用不规范，扣 5 分 （3）漏检或检测结果不正确，每处扣 5 分 （4）检测数据分析错误，每处扣 5 分 （5）损坏仪表或不会检测，该项不得分	20	
安全文明生产	（1）要求现场整洁干净 （2）工具摆放整齐，废品清理分类符合要求 （3）遵守安全操作规程，不发生任何安全事故 如违反安全文明生产要求，酌情扣 5 ~ 40 分，情节严重者，可判本次技能操作训练为零分，甚至取消本次实训资格			
定额时间	180min，每超时 5min，扣 5 分			
开始时间	结束时间	实际时间	成绩	

收获体会：

学生签名：　　年　月　日

教师评语：

教师签名：　　年　月　日

任务二　按钮手动控制顺序起动、逆序停止电路的安装与调试

相关知识

一、主电路实现顺序控制

工厂里的一些机床主电路常采用顺序控制，例如M7120型平面磨床的砂轮电动机和冷却泵电动机。主电路实现两台电动机顺序起动控制电路如图4-6所示，电路的特点是电动机M2的主电路接在控制电动机M1的接触器KM1主触点的下面。

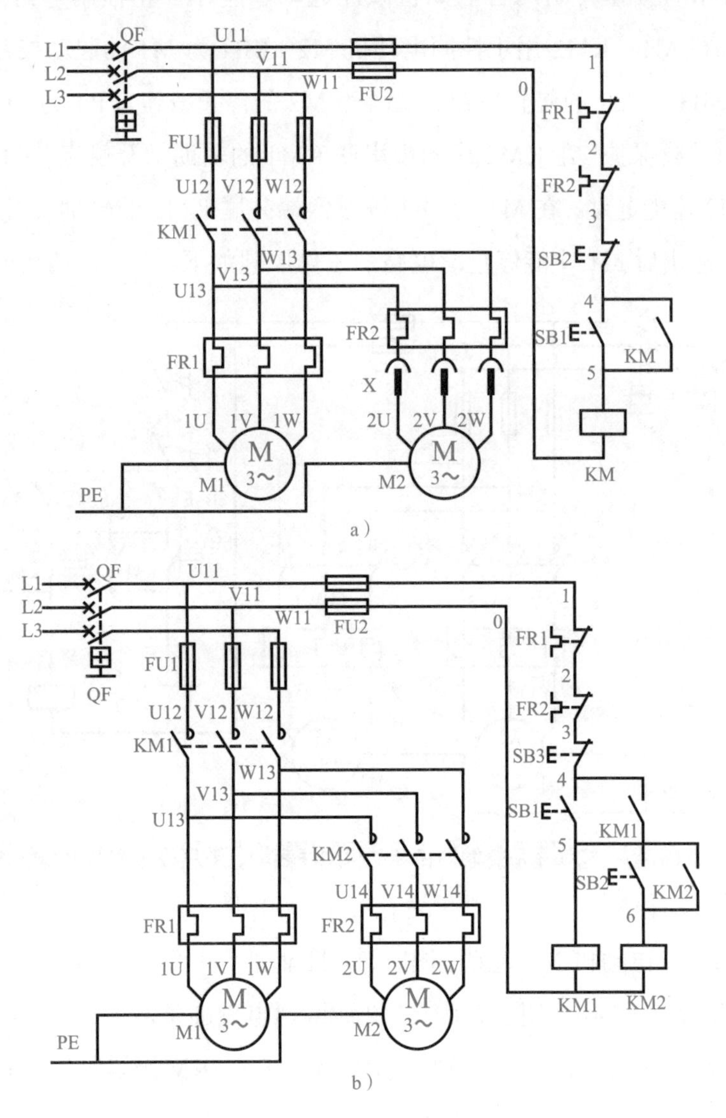

图4-6　主电路实现顺序控制电路图

图 4-6a 所示电路中，电动机 M2 是通过插接器 X 接在接触器 KM 主触点的下面，因此，只有当 KM 主触点闭合、电动机 M1 起动运转后，电动机 M2 才可能接通电源运转。

图 4-6b 所示电路中，电动机 M1、M2 分别通过接触器 KM1、KM2 来控制，接触器 KM2 的主触点接在接触器 KM1 主触点的下面，这样保证了当 KM1 主触点闭合、电动机 M1 起动运转后，M2 才可能接通电源运转。按下 SB3，两台电动机同时停止。

二、按钮手动控制两台电动机顺序起动、逆序停止控制电路

图 4-7 所示为按钮控制两台电动机顺序起动、逆序停止控制电路。接触器 KM1 用于控制电动机 M1，KM2 用于控制电动机 M2；SB1 为 M1 的起动按钮，SB2 为 M2 的起动按钮；SB3 为 M1 的停止按钮，SB4 为 M2 的停止按钮；FR1 为 M1 的过载保护，FR2 为 M2 的过载保护；在 KM2 线圈中串联 KM1 的辅助常开触点，目的是为了控制 M1 起动后 M2 才能起动；在 M1 的停止按钮两端并联 KM2 的辅助常开触点，目的是为了控制 M2 停止后 M1 才能停止。电路的工作原理如下：

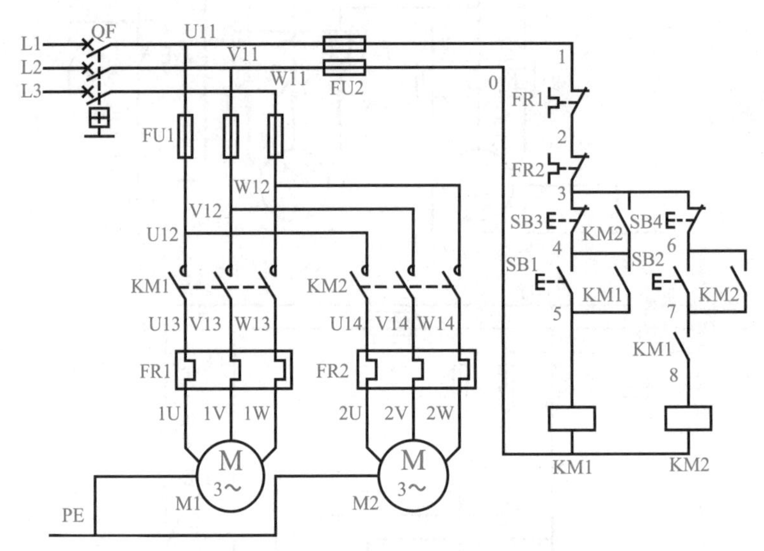

图 4-7　按钮手动控制两台电动机顺序起动、逆序停止控制电路图

（1）顺序起动控制　合上电源开关 QF，引入电源。先按下 SB1，KM1 线圈得电，KM1 主触点闭合，电动机 M1 起动；同时，KM1 辅助常开触点（4–5）闭合，进行自锁；KM1 辅助常开触点（7–8）闭合，为 KM2 线圈通电做准备。

在 M1 起动的情况下，按下 M2 的起动按钮 SB2，KM2 线圈通电并自锁，电动机 M2 起动。

（2）逆序停止控制　当两台电动机 M1 和 M2 同时运转需要停止时，先按下 M2

的停止按钮 SB4，KM2 线圈失电，KM2 主触点断开，电动机 M2 停止转动；同时，KM2 的辅助常开触点（3–4）（6–7）断开。此时如果按下 M1 的停止按钮 SB3，交流接触器 KM1 线圈失电，主触点断开，电动机 M1 停止转动。

如果在 M1 和 M2 同时运行时，先按下 M1 的停止按钮 SB3，虽然 SB3 的常闭触点断开，但与之并联的 KM2 辅助常开触点（3–4）仍处在闭合状态，所以交流接触器 KM1 的线圈仍然得电，电动机 M1 不会停止转动。

（3）保护　FR1 与 FR2 的常闭触点串联在一起，只要有一台电动机出现过载故障，两台电动机都会停止运行。

想一想

如果要求 M1、M2 按顺序起动、顺序停止，电路图应做何改动？

任务实施

一、识读电路图

指出图 4-7 所示电路中各个符号所代表的电器元件及作用，填入表 4-4 中。

表 4-4　电路识读

符　号	元器件名称	作　用
KM1	主触点	
	常开触点 1	
	常开触点 2	
KM2	主触点	
	常开触点	
FR1		
FR2		
SB1		
SB2		
SB3		
SB4		

工作原理：

二、装前准备

按表 4-5 准备电动机，配齐安装电路所需元器件，并用万用表检测质量好坏。

表 4-5　实训器材明细表

代　号	名　称	型　号	规　格	数　量
M 1、M2	三相交流电动机	Y112M－4	4kW、380V、△联结、8.8A、1440r/min	2
QF	低压断路器	DZ47－63	380V、额定电流 25A	1
FU1	螺旋式熔断器	RL1－60/25	500V、60A、配额定电流 25A 的熔体	3
FU2	螺旋式熔断器	RL1－15/2	500V、15A、配额定电流 2A 的熔体	2
KM1、KM2	交流接触器	CJT1－20	20A、线圈电压 380V	2
FR1、FR2	热继电器	JR16－20/3D	三极、20A、热元件 11A、整定电流 8.8A	2
SB1 ~ SB4	按钮	LA10－2H	保护式、按钮数 2 只	2

三、固定元器件

按钮控制两台电动机顺序起动、逆序停止控制电器元件布置如图 4-8 所示，按图所示安装电器元件、走线槽和端子排，并贴上醒目的文字符号。

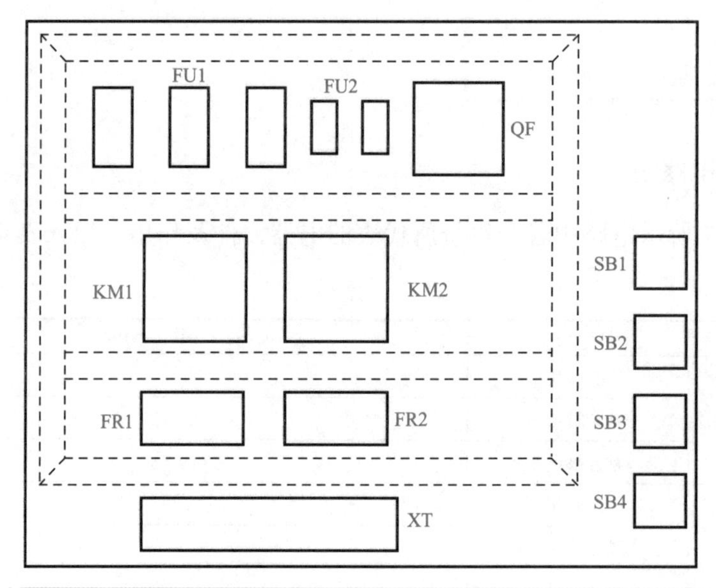

图 4-8　按钮控制两台电动机顺序起动、逆序停止电器元件布置图

四、连接导线

1）板前线槽布线：按钮控制两台电动机顺序起动、逆序停止控制电气安装接线如图 4-9 所示，按图所示的走线方法进行板前线槽配线，要求所有导线套装号码管、软线做轧头。

2）安装电动机，并将定子绕组按要求联结成三角形。

3）连接电动机和所有电器元件金属外壳的保护接地线。

4）连接电源线、电动机等控制板外部的导线。

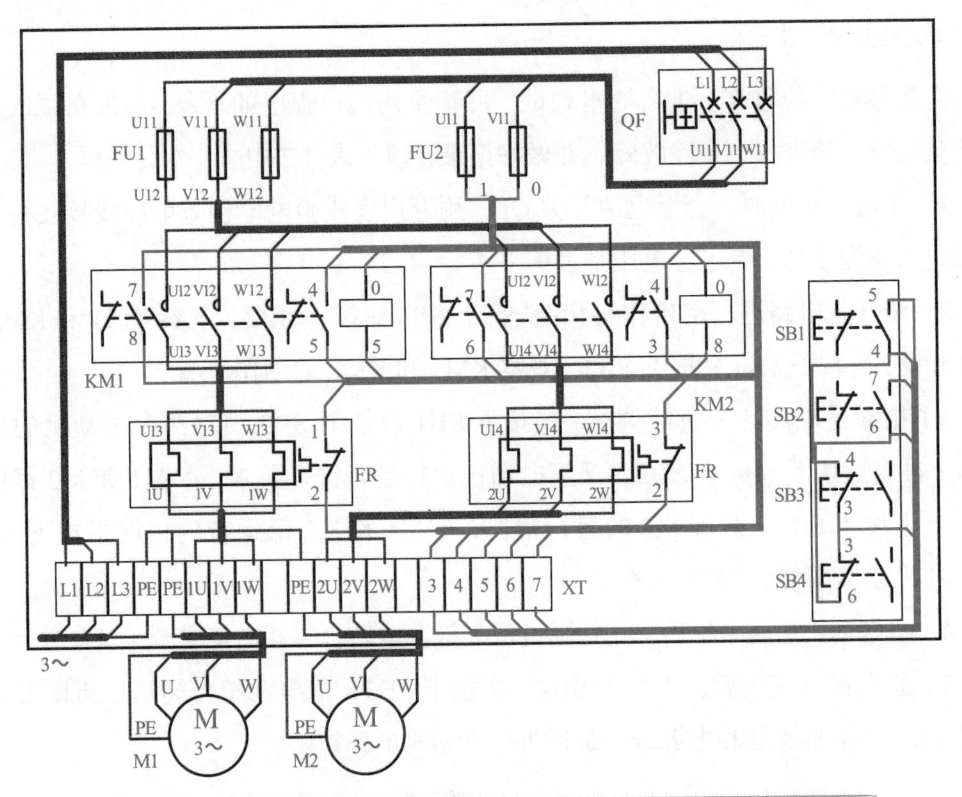

图 4-9 按钮控制两台电动机顺序起动、逆序停止控制电气安装接线图

五、自检

1）根据电路图或电气安装接线图，从电源端开始，逐段检查接线及接线端子处编码是否正确，有无错接、漏接之处；重点检查主电路中接触器 KM1 和 KM2 主触点、控制电路中 KM1 和 KM2 的常开触点、FR1 和 FR2 的常闭触点、SB1 ~ SB4 的常开触点和常闭触点接线是否正确，热继电器的动作电流是否整定；检查导线压接是否牢固，接触是否良好，以免在带负载运行时产生闪弧现象。

2）断开断路器，用万用表检查电路有无短路和断路情况，并将检测结果填入表 4-6 中。

表 4-6 电路检测

测 量 点	电 阻	是 否 正 常
测量 U11 与 V11、V11 与 W11、W11 与 U11 之间		
分别按下 KM1、KM2 的主触点，测量 U11 与 V11、V11 与 W11、W11 与 U11 之间		
按下 KM1 的主触点，测量 U11 与 1U、V11 与 1V、W11 与 1W 之间		
按下 KM2 的主触点，测量 U11 与 2U、V11 与 2V、W11 与 2W 之间		
按下、松开 SB1，测量 0 与 1 之间		
同时按下 KM1 和 SB2、松开 SB2，测量 0 与 1 之间		

六、通电调试

在指导教师的监督下进行通电调试，并记录调试过程中的现象；如果在调试过程中出现故障，请查找、排除故障，并做好记录，填入表 4-7 中。

1）接通三相电源，合上电源开关 QF，用万用表或验电笔检查电源线接线柱、熔断器进出线端子是否有电，电压是否正常。

2）断开主电路进行空操作实验：先按下 SB1 后按下 SB2，观察 KM1 和 KM2 的动作情况；先按下 SB4 后按下 SB3，观察 KM1 和 KM2 的动作情况。

3）接通主电路，带负载调试：先按下 SB1 后按下 SB2 观察两台电动机的运行情况；再先后按下 SB4 和 SB3，观察电动机运行是否符合要求；在 M1 和 M2 都停止的情况下按下 SB2，观察 M2 的运行情况；在 M1 和 M2 都运行的情况下按下 SB3，观察电动机 M1 的运行情况。

4）当电动机运转平稳后，用钳形电流表检测电动机三相电流是否平衡。

5）通电试车完成后，先按下 SB4、再按下 SB3，待电动机停转后，再断开电源开关 QF。然后拆除三相电源线，最后拆除电动机电源线。

表 4-7　电路调试

操　作	现　象	是否正常	分析原因	查找过程	处理方法
先按下 SB1，后按下 SB2					
在 M1 和 M2 都运行的情况下，先按下 SB4、再按下 SB3					
在 M1 和 M2 都停止的情况下按下 SB2					
在 M1 和 M2 都运行的情况下按下 SB3					

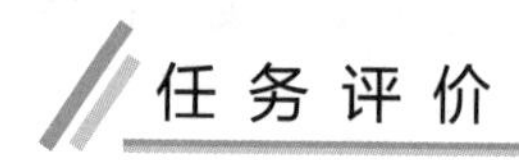

任务评价

对整个任务的完成情况进行评价，评价内容、操作要求及评价标准见表 4-8。

表 4-8　任务评价

评价内容	操作要求	评价标准	配分	扣分
电路图识读	（1）正确识别控制电路中各种电气图形符号及功能 （2）正确分析控制电路工作原理	（1）电气图形符号不认识，每处扣 1 分 （2）电器元件功能不知道，每处扣 1 分 （3）电路工作原理分析不正确，每处扣 1 分	10	
装前准备	（1）器材齐全 （2）电器元件型号、规格符合要求 （3）检查电器元件外观、附件、备件 （4）用仪表检查电器元件质量	（1）器材缺少，每只扣 1 分 （2）电器元件型号、规格不符合要求，每只扣 1 分 （3）漏检或错检，每处扣 1 分	10	

（续）

评价内容	操作要求	评价标准	配分	扣分
元器件安装	（1）按电气布置图安装 （2）元器件安装牢固 （3）元器件安装整齐、匀称、合理 （4）不能损坏元器件	（1）不按布置图安装，扣 10 分 （2）元器件安装不牢固，每只扣 4 分 （3）元器件布置不整齐、不匀称、不合理，每处扣 2 分 （4）损坏元器件，每只扣 10 分 （5）元器件安装错误，每只扣 3 分	10	
导线连接	（1）按电路图或接线图接线 （2）布线符合工艺要求 （3）接点符合工艺要求 （4）不损伤导线绝缘或线芯 （5）套装编码套管 （6）软线套线鼻 （7）接地线安装	（1）未按电路图或接线图接线，扣 20 分 （2）布线不符合工艺要求，每处扣 3 分 （3）接点有松动、露铜过长、反圈、压绝缘层，每处扣 2 分 （4）损伤导线绝缘层或线芯，每根扣 5 分 （5）编码套管套装不正确或漏套，每处扣 2 分 （6）不套线鼻，每处扣 1 分 （7）漏接接地线，扣 10 分	40	
通电试车	在保证人身和设备安全的前提下，通电试验一次成功	（1）热继电器整定值错误或未整定，扣 5 分 （2）主电路、控制电路配错熔体，各扣 5 分 （3）验电操作不规范，扣 10 分 （4）一次试车不成功扣 5 分，二次试车不成功扣 10 分，三次试车不成功扣 15 分	20	
工具仪表使用	工具、仪表使用规范	（1）工具、仪表使用不规范每次酌情扣 1~3 分 （2）损坏工具、仪表，扣 5 分	10	
故障检修	（1）正确分析故障范围 （2）查找故障并正确处理	（1）故障范围分析错误，从总分中扣 5 分 （2）查找故障的方法错误，从总分中扣 5 分 （3）故障点判断错误，从总分中扣 5 分 （4）故障处理不正确，从总分中扣 5 分		
技术资料归档	技术资料完整并归档	技术资料不完整或不归档，酌情从总分中扣 3 ~ 5 分		
安全文明生产	（1）要求材料无浪费，现场整洁干净 （2）工具摆放整齐，废品清理分类符合要求 （3）遵守安全操作规程，不发生任何安全事故 如违反安全文明生产要求，酌情扣 5 ~ 40 分，情节严重者，可判本次技能操作训练为零分，甚至取消本次实训资格			
定额时间	180min，每超时 5min，扣 5 分			
开始时间		结束时间	实际时间	成绩

收获体会：

学生签名：　年　月　日

教师评语

教师签名：　年　月　日

任务三　时间继电器自动控制顺序起动电路的安装与调试

相关知识

一、时间继电器自动控制两台电动机顺序起动电路

时间继电器自动控制两台电动机顺序起动电路如图 4-10 所示。

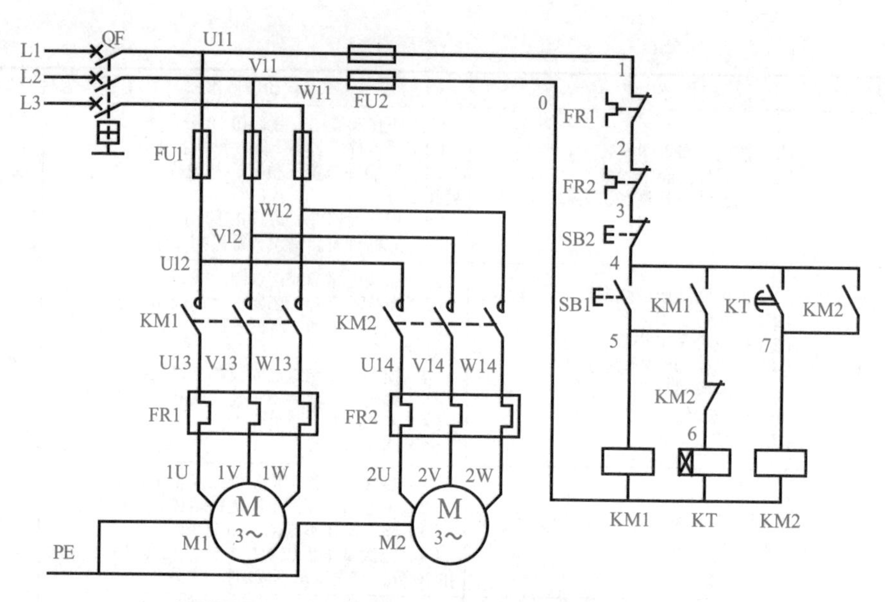

图 4-10　时间继电器自动控制顺序起动电路图

电路的工作原理如下：先合上电源开关 QF，引入电源。

（1）顺序起动控制　按下 M1 的起动按钮 SB1，KM1 线圈得电，KM1 主触点闭合，M1 起动；KM1 辅助常开触点闭合，进行自锁；同时，时间继电器 KT 线圈得电，开始延时。

延时时间一到，KT 延时闭合常开触点闭合，KM2 线圈得电，KM2 主触点闭合，M2 起动；KM2 辅助常开触点闭合，进行自锁；同时，KM2 辅助常闭触点断开，KT 线圈断电。

（2）停止控制　按下停止按钮 SB2，KM1 和 KM2 线圈同时失电，M1 和 M2 同时停止。

想一想

如果要求 M1、M2 按顺序起动、逆序停止，电路图应做何改动？

任务实施

一、识读电路图

指出图 4-10 所示的控制电路中各电器元件的作用并分析电路的工作原理，填入表 4-9 中。

表 4-9　电路图识读

符　号	元器件名称	作　用
KM1	主触点	
	常开触点	
KM2	主触点	
	常开触点	
	常闭触点	
KT	线圈	
	常开触点	

工作原理：

二、装前准备

在按钮手动控制电路的基础上，增加型号为 ST3P A-A 的时间继电器，规格：通电延时，有两对延时闭合触点和两对延时常闭触点，延时范围有 0.05~0.5s/5s/30s/3min，线圈电压为 380V，触点额定电流为 5A。

用万用表检测时间继电器的常闭触点和常开触点是否正常。

时间继电器的动作时间，按照教师要求或自行整定，和热继电器一样，应在不通电时预先整定好，并在通电试车时校正。

三、安装元器件

时间继电器自动控制顺序起动电器元件布置如图 4-11 所示，按图所示安装电器元件、走线槽和端子排，并贴上醒目的文字符号。

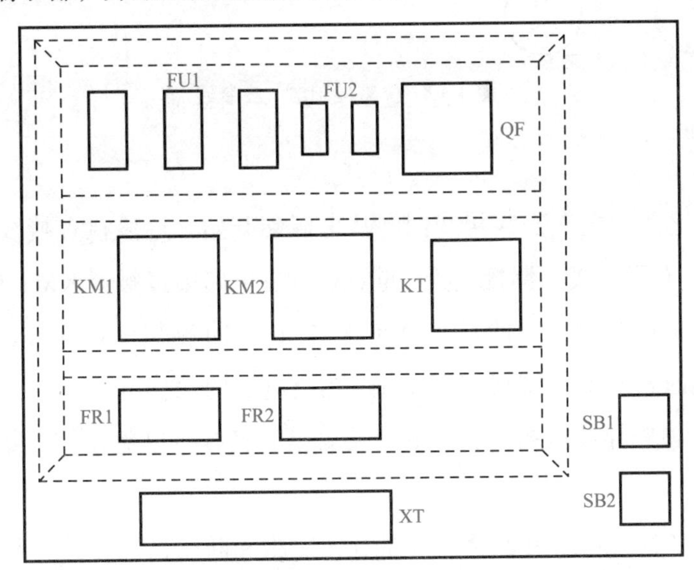

图 4-11　时间继电器自动控制顺序起动电器元件布置图

四、连接导线

1）板前线槽布线：位置控制电气安装线如图 4-12 所示，按图所示的走线方法进行板前线槽配线，要求所有导线套装号码管、软线做轧头。

2）安装电动机，并将定子绕组按要求进行三角形联结。

3）连接电动机和所有电器元件金属外壳的保护接地线。

4）连接电源线、电动机等控制板外部的导线。

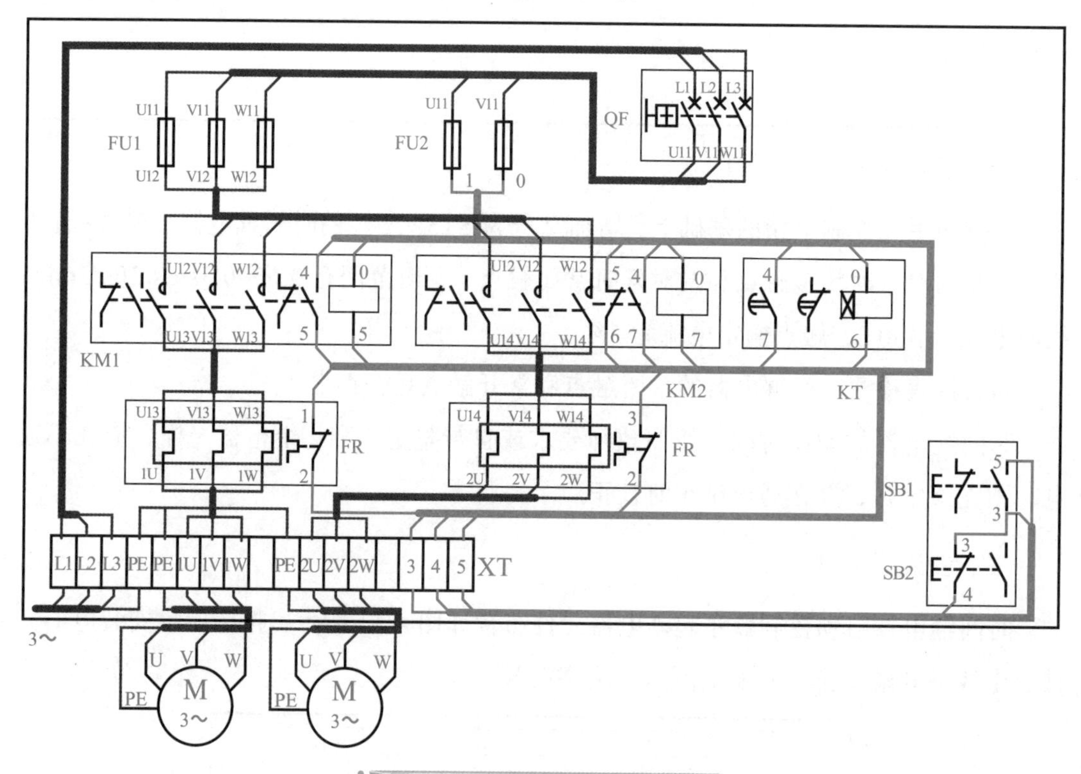

图 4-12　位置控制电气安装线

五、自检

1）根据电路图或电气安装接线图，从电源端开始，逐段检查接线及接线端子处编码是否正确，有无错接、漏接之处；重点检查主电路中接触器 KM1 和 KM2 的主触点、控制电路中 KM1 和 KM2 的常开触点、KM2 的常闭触点、FR1 和 FR2 的常闭触点、KT 的线圈和延时常开触点接线是否正确；热继电器的动作电流和时间继电器的动作时间是否整定；检查导线压接是否牢固，接触是否良好，以免在带负载运行时产生闪弧现象。

2）断开断路器，用万用表检查电路有无短路和断路情况，并将检测结果填入表 4-10 中。

表 4-10　电路检测

测量点	电阻	是否正常
测量 U11 与 V11、V11 与 W11、W11 与 U11 之间		
分别按下 KM1、KM2 的主触点，测量 U11 与 V11、V11 与 W11、W11 与 U11 之间		
按下 KM1 的主触点，测量 U11 与 1U、V11 与 1V、W11 与 1W 之间		
按下 KM2 的主触点，测量 U11 与 2U、V11 与 2V、W11 与 2W 之间		
按下、松开 SB1，测量 0 与 1 之间		

六、通电调试

在指导教师的监督下进行通电调试，并记录调试过程中的现象；如果在调试过程中出现故障，请查找、排除故障，并做好记录，填入表 4-11 中。

1）接通三相电源，合上电源开关 QF，用万用表或验电笔检查电源线接线柱、熔断器进出线端子是否有电，电压是否正常。

2）断开主电路进行空操作实验：先按下 SB1，观察时间继电器 KT、KM1 和 KM2 的动作情况；按下 SB2，观察 KM1 和 KM2 的动作情况。

3)接通主电路，带负载调试：先按下 SB1，观察 M1 是否按要求运行、KT 是否吸合；整定时间到达后，观察电动机 M2 的运行情况；M2 起动后，观察 KT 是否断电；按下 SB2，观察电动机是否停止。

4）当电动机运转平稳后，用钳形电流表检测电动机三相电流是否平衡。

5）通电试车完成后，按下 SB2，待电动机停转后，再断开电源开关 QF。然后拆除三相电源线，最后拆除电动机电源线。

表 4-11　电路调试

操　作	现　象	是否正常	分析原因	查找过程	处理方法
先按下 SB1					
整定时间到达后					
在 M1 和 M2 都运行的情况下按下 SB2					

任务评价

对整个任务的完成情况进行评价，评价内容、操作要求及评价标准见表 4-12。

表 4-12 任务评价

评价内容	操作要求	评价标准	配分	扣分
电路图识读	（1）正确识别控制电路中各种电气图形符号及功能 （2）正确分析控制电路工作原理	（1）电气图形符号不认识，每处扣 1 分 （2）电器元件功能不知道，每处扣 1 分 （3）电路工作原理分析不正确，每处扣 1 分	10	
装前准备	（1）器材齐全 （2）电器元件型号、规格符合要求 （3）检查电器元件外观、附件、备件 （4）用仪表检查电器元件质量	（1）器材缺少，每只扣 1 分 （2）电器元件型号、规格不符合要求，每只扣 1 分 （3）漏检或错检，每处扣 1 分	10	
元器件安装	（1）按电气布置图安装 （2）元器件安装牢固 （3）元器件安装整齐、匀称、合理 （4）不能损坏元器件	（1）不按布置图安装，该项不得分 （2）元器件安装不牢固，每只扣 4 分 （3）元器件布置不整齐、不匀称、不合理每处扣 2 分 （4）损坏元器件，该项不得分 （5）元器件安装错误，每只扣 3 分	10	
导线连接	（1）按电路图或接线图接线 （2）布线符合工艺要求 （3）接点符合工艺要求 （4）不损伤导线绝缘或线芯 （5）套装编码套管 （6）软线套线鼻 （7）接地线安装	（1）未按电路图或接线图接线，扣 20 分 （2）布线不符合工艺要求，每处扣 3 分 （3）接点有松动、露铜过长、反圈、压绝缘层，每处扣 2 分 （4）损伤导线绝缘层或线芯，每根扣 5 分 （5）编码套管套装不正确或漏套，每处扣 2 分 （6）不套线鼻，每处扣 1 分 （7）漏接接地线，扣 10 分	40	
通电试车	在保证人身和设备安全的前提下，通电试验一次成功	（1）热继电器整定值错误或未整定，扣 5 分 （2）时间继电器的延时时间未整定或整定错误，扣 5 分 （3）主电路、控制电路配错熔体，各扣 5 分 （4）验电操作不规范，扣 10 分 （5）一次试车不成功扣 5 分，二次试车不成功扣 10 分，三次试车不成功扣 15 分	20	
工具仪表使用	工具、仪表使用规范	（1）工具、仪表使用不规范，每次酌情扣 1 ~ 3 分 （2）损坏工具、仪表，扣 5 分	10	
故障检修	（1）正确分析故障范围 （2）查找故障并正确处理	（1）故障范围分析错误，从总分中扣 5 分 （2）查找故障的方法错误，从总分中扣 5 分 （3）故障点判断错误，从总分中扣 5 分 （4）故障处理不正确，从总分中扣 5 分		
技术资料归档	技术资料完整并归档	技术资料不完整或不归档，酌情从总分中扣 3 ~ 5 分		
安全文明生产	（1）要求材料无浪费，现场整洁干净 （2）工具摆放整齐，废品清理分类符合要求 （3）遵守安全操作规程，不发生任何安全事故 如违反安全文明生产要求，酌情扣 5 ~ 40 分，情节严重者，可判本次技能操作训练为零分，甚至取消本次实训资格			
定额时间	180min，每超时 5min，扣 5 分			
开始时间		结束时间	实际时间	成绩

收获体会：

学生签名： 年 月 日

教师评语：

教师签名： 年 月 日

项目五

减压起动控制电路的安装与调试

项目描述

起动是指电动机通电后转速从零开始逐渐加速到正常运转的过程。三相笼型异步电动机的起动方式有两类：直接起动（全压起动）和减压起动。

直接起动是指在电动机起动时将电动机的额定电压直接加在电动机定子绕组上使电动机起动。电动机在直接起动时，起动电流一般为额定电流的 4 ~ 7 倍，因此较大容量的电动机在工业现场需要减压起动。

减压起动是利用减压起动设备，使电压适当降低后再加到电动机定子绕组上进行起动，待电动机正常运转，转速达到一定值时，再使电动机上的电压恢复到额定值正常运转。减压起动只能在电动机空载或轻载下起动。

在工业应用中，一般规定：电源容量在 180kV · A 以上，电动机容量在 7kW 以下的三相异步电动机可采用直接起动，否则均需要采用减压起动。常用的减压起动方式有：定子绕组串接电阻减压起动、星形 - 三角形（Y - △）减压起动、自耦变压器（补偿器）减压起动，近年来软起动器起动已被迅速推广，获得大量采用。

本项目的要求是：根据给定的电路图，利用指定的低压电器元件，完成一台笼型异步电动机 Y - △减压起动控制电路的安装与调试。

项目目标

- 知道常用减压起动控制电路的典型应用。
- 认识 Y - △减压起动控制电路中的低压电器元件，并会用万用表检测其好坏。
- 会分析常用减压起动控制电路的工作原理。
- 会识读 Y - △减压起动控制电路电器元件布置图和电气安装接线图。
- 能按照板前明线布线工艺要求正确安装 Y - △减压起动控制电路。
- 会用万用表检测电路。
- 能按要求调试 Y - △减压起动控制电路。
- 会分析电气故障，会用万用表查找故障。
- 会使用常用的电工工具，会剥线、套号码管、做轧头。

任　务　Y-△减压起动控制电路的安装与调试

相关知识

一、定子串电阻减压起动控制电路

定子串电阻减压起动是指在电动机起动时，在定子绕组与电源之间串入适当的电阻，利用电阻的分压作用来降低定子绕组上的起动电压，使电动机减压起动；当电动机起动结束后，再通过手动或自动切除定子绕组中串接的电阻，使电动机在额定电压下正常运行。

图 5-1 所示为定子串电阻减压起动控制电路。接触器 KM1 用于控制电动机减压起动，KM2 用于控制电动机全压运行；电阻 R 起分压作用。因为要求电动机先减压起动，减压起动结束后才能起动全压运行，所以在 KM2 线圈回路中串入 KM1 的辅助常开触点进行控制；另外，KM2 线圈得电后，KM1 线圈必须断电，所以在 KM1 线圈中串入 KM2 的辅助常闭触点进行控制。

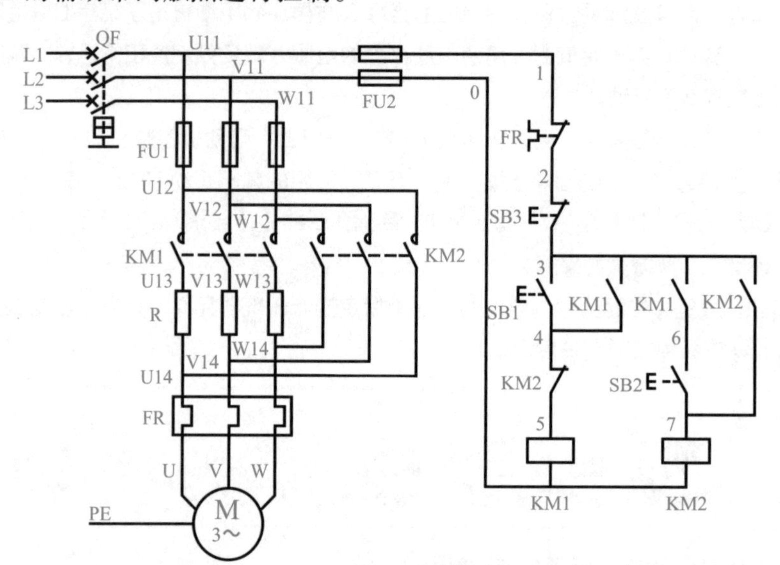

图 5-1　定子串电阻减压起动控制电路

控制电路的工作原理如下：先合上电源开关 QF，引入电源。

（1）减压起动控制　按下 SB1，KM1 线圈得电，KM1 主触点闭合，电动机定子绕组串入电阻进行减压起动；同时，KM1 辅助常开触点（3–4）闭合，进行自锁；KM1 辅助常开触点（3–6）闭合，为 KM2 线圈的通电做准备。

（2）全压运行控制　当电动机转速上升到一定值时，按下 SB2，KM2 线圈得电，

KM2 辅助常闭触点断开，切断 KM1 控制电路，KM1 主触点断开，切除起动电阻；KM2 辅助常开触点闭合并自锁 KM2 主触点闭合，电动机进入全压运行。

（3）停止控制　按下停止按钮 SB3，KM1 或 KM2 线圈失电，主触点断开，电动机停止运行。

串电阻减压起动不受电动机定子绕组联结的限制，具有起动平稳、工作可靠、起动时功率因数高等优点，另外，通过改变所串入的电阻值就可改变起动时加在电动机上的电压，从而调整电动机的起动转矩。但由于其所需设备多，投资相应较大，同时电阻上有功率损耗，故不适用于频繁起动的场合。

二、Y－△减压起动控制电路

电动机定子绕组做星形联结（Y联结）时，加在每相定子绕组的电压是三角形联结（△联结）时的 $1/\sqrt{3}$，起动电流是三角形联结时的 1/3。Y－△减压起动是指起动时，将定子绕组联结成星形，以降低起动电压，限制起动电流，待电动机起动结束后，再将定子绕组联结成三角形，使电动机在额定电压下正常运行。

图 5-2 所示为Y－△减压起动控制电路。KM1 作引入电源用，KM2 和 KM3 分别用于控制电动机定子绕组做星形联结和三角形联结，KM2 和 KM3 不能同时得电；时间继电器 KT 用作控制星形联结减压起动时间并完成Y－△自动切换。电动机进入全压运行后，时间继电器不再起作用。

电路的工作原理如下：

（1）减压起动控制　按下起动按钮 SB1，KM1 线圈、KM2 线圈和 KT 线圈通电，KM1 主触点和 KM2 主触点闭合，电动机定子绕组联结成星形减压起动；同时，KM2 常闭触点断开，保证 KM3 线圈不能通电，实现互锁；KM1 辅助常开触点闭合进行自锁；时间继电器 KT 开始延时。

（2）全压运行控制　当时间继电器 KT 延时时间一到，KT 常闭触点先断开，KM2 线圈失电，KM2 主触点断开，定子绕组星形联结解除；接着，KT 常开触点闭合，KM3 线圈通电，KM3 主触点闭合，定子绕组联结成三角形，电动机进入全压运行；同时，KM3 辅助常闭触点断开，切断 KT 线圈，并保证 KM2 不能通电，实现互锁；KM3 辅助常开触点闭合进行自锁。

（3）停止　当按下停止按钮 SB2 时，KM1 和 KM3 线圈失电，KM1 和 KM3 主触点断开，电动机定子绕组解除三角形联结并停止运行。

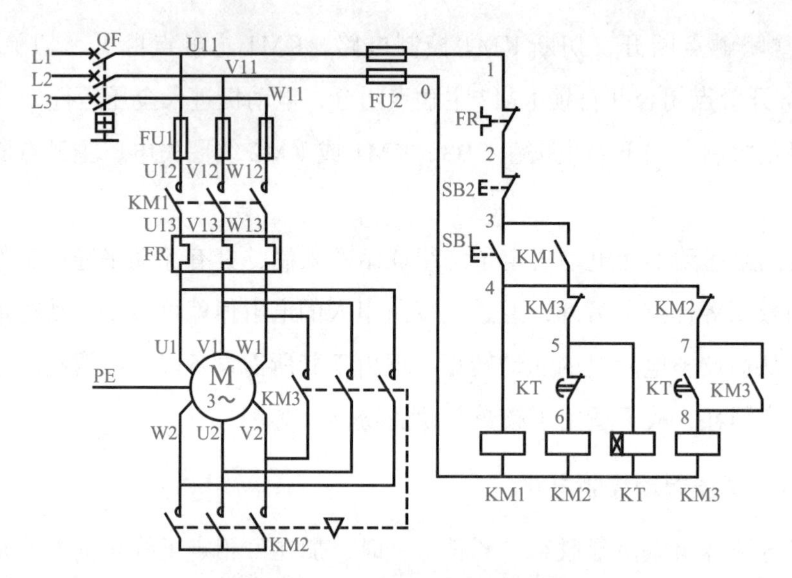

图 5-2　Y－△减压起动控制电路图

与串电阻减压起动相比，Y－△减压起动由于所需设备较少，价格低，因此在这两种减压起动方法中，应优先选用 Y－△减压起动。由于此法只能用于正常运行时为三角形联结的电动机，因此我国生产的 JO2 系列、Y 系列、Y2 系列三相笼型异步电动机，凡功率在 4kW 及以上者，正常运行时都采用三角形联结。

由于做星形联结时起动转矩只有三角形联结的 1/3，所以Y－△减压起动只适用于轻载或空载下的电动机。

任务实施

一、识读电路图

指出图 5-2 所示电路中各个元器件的功能及作用，填入表 5-1 中。

表 5-1　电路图识读

符　号	元器件名称	作　用
KM1	主触点	
KM2	主触点	
	常闭触点	
KM3	主触点	
	常闭触点	
KT	常闭触点	
	常开触点	

工作原理：

二、装前准备

按表5-2准备电动机，配齐安装电路所需元器件，并用万用表检测元器件是否正常。

表 5-2　实训器材明细表

代　号	名　称	型　号	规　格	数　量
M	三相笼型异步电动机	Y132M—4	7.5kW、380V、△联结、15.4A、1440r/min	1
QF	低压断路器	DZ47—63	380V、额定电流 25A	1
FU1	主电路熔断器	RL1—60/25	500V、60A、配额定电流 25A 的熔体	3
FU2	控制电路熔断器	RL1—15/2	500V、15A、配额定电流 2A 的熔体	2
KM1 ~ KM3	交流接触器	CJT1—20	20A、线圈电压 380V	3
FR	热继电器	JR16—20/3D	三极带断相保护、热继电器额定电流 20A、热元件额定电流 11A、整定电流 8.8A	1
KT	时间继电器	ST3P A—A	额定电压 380V、延时常闭触点和延时常开触点各 2 对，额定电流 5A	1
SB1、SB2	按钮	LA10—3H	保护式、按钮数 3 只，380V、5A	1

三、安装元器件

Y－△减压起动控制电器元件布置如图 5-3 所示，按图将元器件安装在控制板上，并贴上醒目的符号。

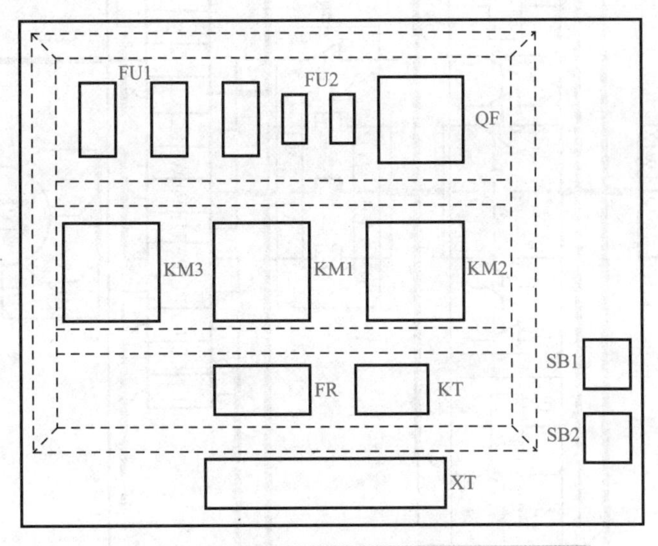

图 5-3　Y－△减压起动控制电器元件布置图

四、连接导线

1）板前线槽布线：Y－△减压起动控制电气安装接线如图 5-4 所示，按图所示的方法走线，进行板前线槽布线，导线套装号码管、软线做轧头。

2）安装电动机，并将电动机定子绕组按要求联结成三角形。

3）连接电动机和所有电器元件金属外壳的保护接地线。

4）连接电源线、电动机等控制板外部的导线。

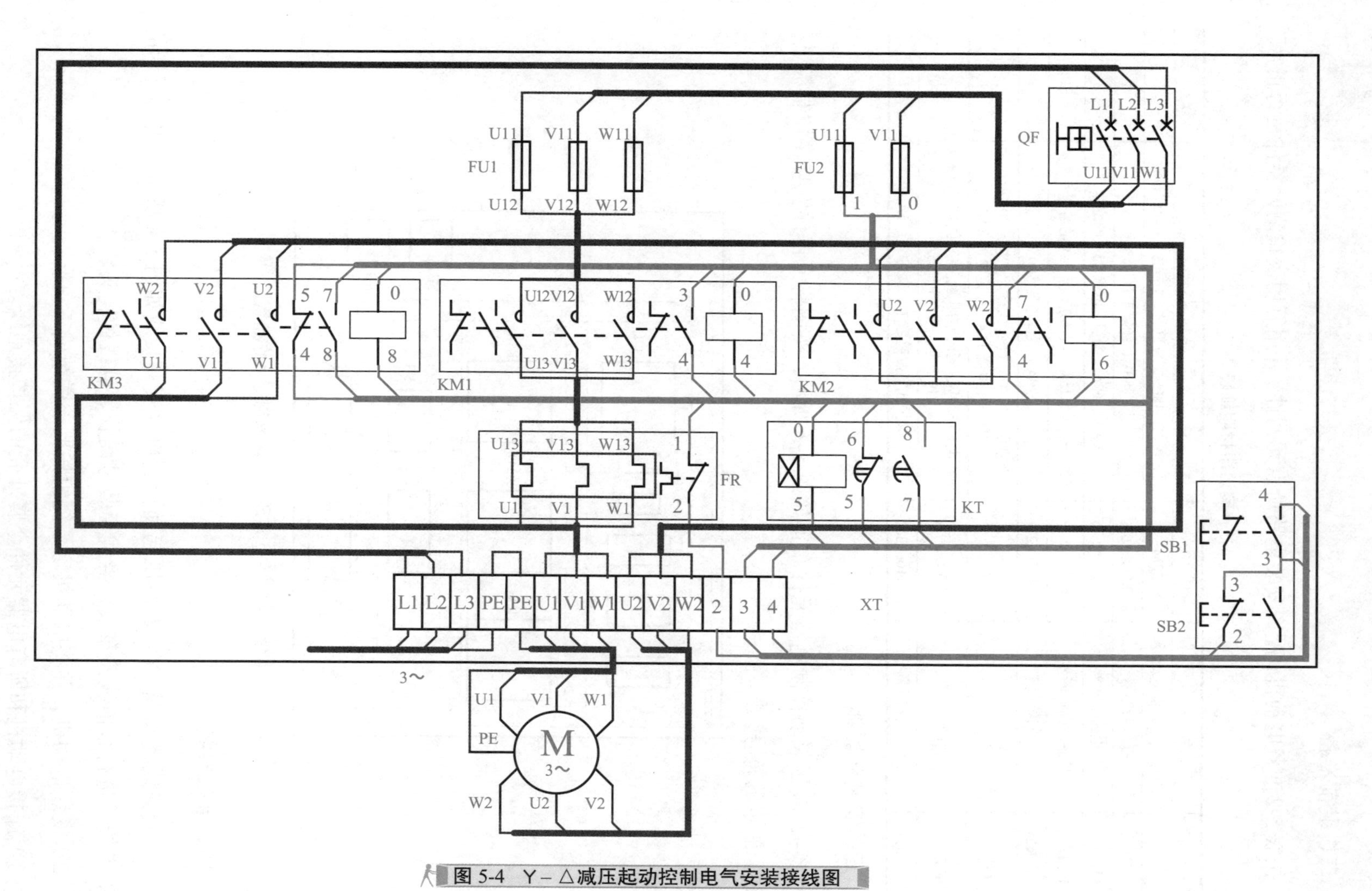

图 5-4 Y－△减压起动控制电气安装接线图

五、自检

1）根据电路图或电气接线图，从电源端开始，逐段检查接线及接线端子处编码是否正确，有无错接、漏接之处；重点检查接触器 KM2 主触点的进线是否从三相定子绕组的末端引入、KM2 主触点的输出端是否短接，KM3 主触点的输出端和输入端相序是否正确，KM2 和 KM3 的互锁触点和自锁触点接线是否正确，KT 线圈和 KT 的延时闭合常开触点、延时断开常闭触点接线是否正确；检查热继电器的动作电流和时间继电器的动作时间是否整定；检查导线压接是否牢固，接触是否良好，以免在带负载运行时产生闪弧现象。

2）断开断路器，用万用表检查电路有无短路和断路情况，并将检测结果填入表 5-3 中。

表 5-3　电路检测

测量点	电阻	是否正常
测量 U11 与 V11、V11 与 W11、W11 与 U11 之间		
分别按下 KM1、KM2 的主触点，测量 U11 与 V11、V11 与 W11、W11 与 U11 之间，测量 U11 与 U、V11 与 V、W11 与 W 之间		
分别按下 KM1、KM3 的主触点，测量 U11 与 V11、V11 与 W11、W11 与 U11 之间，测量 U11 与 U、V11 与 V、W11 与 W 之间		
按下、松开 SB1，测量 0 与 1 之间		

六、通电调试

在指导教师的监督下进行通电调试，并记录调试过程中的现象；如果在调试过程中出现故障，请查找、排除故障，并做好记录，填入表 5-4 中。

1）接通三相电源，合上电源开关 QF，用万用表或验电笔检查电源线接线柱、熔断器进出线端子是否有电，电压是否正常。

2）断开主电路进行空操作实验：按下 SB1，观察接触器 KM1、KM2 和 KT 动作是否符合要求；整定时间到达后，观察 KM2 和 KM3 的动作情况。

3）接通主电路，带负载调试：按下 SB1，观察电动机的运行是否符合控制要求。

4）当电动机运转平稳后，用钳形电流表检测电动机三相电流是否平衡。

5）通电试车完成后，按下 SB2，待电动机停转后，再断开电源开关 QF。然后拆除三相电源线，最后拆除电动机电源线。

表 5-4　电路调试

操作	现象	是否正常	分析原因	查找过程	处理方法
按下 SB1					
按下 SB2					

任务评价

对整个任务的完成情况进行评价，评价内容、操作要求及评价标准见表5-5。

表5-5　任务评价

评价内容	操作要求	评价标准	配分	扣分
电路图识读	（1）正确识别控制电路中各种电器图形符号及功能 （2）正确分析控制电路工作原理	（1）电器图形符号不认识，每处扣1分 （2）电器元件功能不知道，每处扣1分 （3）电路工作原理分析不正确，每处扣1分	10	
装前准备	（1）器材齐全 （2）电器元件型号、规格符合要求 （3）检查电器元件外观、附件、备件 （4）用仪表检查电器元件质量	（1）器材缺少，每只扣1分 （2）电器元件型号、规格不符合要求，每只扣1分 （3）漏检或错检，每处扣1分	10	
元器件安装	（1）按电气布置图安装 （2）元器件安装牢固 （3）元器件安装整齐、匀称、合理 （4）不能损坏元器件	（1）不按布置图安装，该项不得分 （2）元器件安装不牢固，每只扣4分 （3）元器件布置不整齐、不匀称、不合理，每处扣2分 （4）损坏元器件，该项不得分 （5）元器件安装错误，每只扣3分	10	
导线连接	（1）按电路图或接线图接线 （2）布线符合工艺要求 （3）接点符合工艺要求 （4）不损伤导线绝缘或线芯 （5）套装编码套管 （6）软线套线鼻 （7）接地线安装	（1）未按电路图或接线图接线，扣20分 （2）布线不符合工艺要求，每处扣3分 （3）接点有松动、露铜过长、反圈、压绝缘层，每处扣2分 （4）损伤导线绝缘层或线芯，每根扣5分 （5）编码套管套装不正确或漏套，每处扣2分 （6）不套线鼻，每处扣1分 （7）漏接接地线，扣10分	40	
通电试车	在保证人身和设备安全的前提下，通电试验一次成功	（1）热继电器整定值错误或未整定扣5分 （2）时间继电器的延时时间未整定或整定错误扣5分 （3）主电路、控制电路配错熔体，各扣5分 （4）验电操作不规范，扣10分 （5）一次试车不成功扣5分，二次试车不成功扣10分，三次试车不成功扣15分	20	
工具仪表使用	工具、仪表使用规范	（1）工具、仪表使用不规范每次酌情扣1～3分 （2）损坏工具、仪表，扣5分	10	
故障检修	（1）正确分析故障范围 （2）查找故障并正确处理	（1）故障范围分析错误，从总分中扣5分 （2）查找故障的方法错误，从总分中扣5分 （3）故障点判断错误，从总分中扣5分 （4）故障处理不正确，从总分中扣5分		
技术资料归档	技术资料完整并归档	技术资料不完整或不归档，酌情从总分中扣3～5分		
安全文明生产	（1）要求材料无浪费，现场整洁干净 （2）工具摆放整齐，废品清理分类符合要求 （3）遵守安全操作规程，不发生任何安全事故 如违反安全文明生产要求，酌情扣5～40分，情节严重者，可判本次技能操作训练为零分，甚至取消本次实训资格			
定额时间	180min，每超时5min，扣5分			
开始时间		结束时间	实际时间	成绩

收获体会：

学生签名：　　年　月　日

教师评语：

教师签名：　　年　月　日

项目六

制动控制电路的安装与调试

项目描述

电动机断电后，由于惯性作用电动机不会马上停止运转，因此受电动机拖动的机械设备也会在电动机的拖动下继续运行，这种现象在工业生产要求较高的机械装置中是不允许存在的，如起重机的吊钩、万能铣床的主轴等，这就需要对电动机进行制动控制。

电动机的制动是指在电动机的轴上加一个与其旋转方向相反的转矩，使电动机减速或停转，对位能性负载（起重机上的重物），制动运行可获得稳定的下降速度。

电动机的制动方法有机械制动和电气制动两种。

机械制动是利用机械装置，使电动机在切断电源后快速停转的方法。常用的机械制动设备是电磁制动器。

电气制动是在电动机断电后，让电动机产生一个与原来旋转方向相反的电磁转矩，迫使电动机立即停车。电气制动的常用方法有反接制动、能耗制动、电容制动和回馈制动等。

本项目的要求是：根据给定的电路图，利用指定的低压电器元件，完成三相笼型异步电动机制动控制电路的安装与调试，具体分成两个任务进行：认识速度继电器和电磁抱闸制动器、单向起动反接制动控制电路的安装与调试。

项目目标

- 认识速度继电器和电磁抱闸制动器，掌握其结构、原理、符号、作用及型号含义，并会用万用表检测其好坏。
- 会分析反接制动控制电路的工作原理。
- 会识读反接制动电器元件布置图和电气安装接线图。
- 能按照板前线槽配线工艺要求正确安装、调试单向起动反接制动控制电路。
- 会用万用表检测电路及查找电气故障。
- 会使用常用的电工工具，会剥线、套号码管、做轧头。

任务一　认识速度继电器和电磁抱闸制动器

相关知识

一、速度继电器

速度继电器是根据转速的高低来接通和分断电路的电器，主要用于电动机反接制动控制电路中，当反接制动的转速下降到接近零时能自动地及时切断电源，又称反接制动继电器；也可用在异步电动机能耗制动电路中，作为电动机停转后，自动切断直流电源；有时也用于绕线转子异步电动机起动中（当电动机速度升高到快接近额定转速时，速度继电器动作，把频敏变阻器从转子回路中切除）、电动机的超速保护（当电动机超速时发出报警并加以限速或切断电源）和检测零速（即判断转动机械或电动机是否已停止）。

速度继电器有两种，一种是机械式，直接将机器轴或电机轴的转速取出来，以推动触点的动作，它是用离心力使触点动作的；还有电子式速度继电器，它能将反映机器轴或电机轴转速的电平取出，以推动触点的离合，与霍尔传感器类似。

常见速度继电器的外形如图 6-1 所示。

JY1

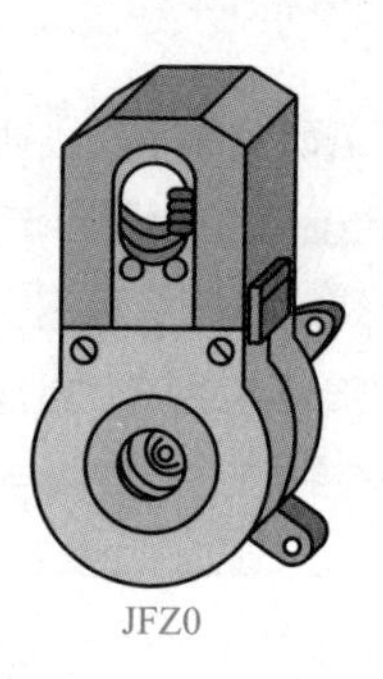
JFZ0

图 6-1　常见速度继电器的外形

1. 速度继电器的常用型号及型号含义

机床控制线路中常用的速度继电器为 JY1 系列和 JFZ0 系列。速度继电器的型号含义为

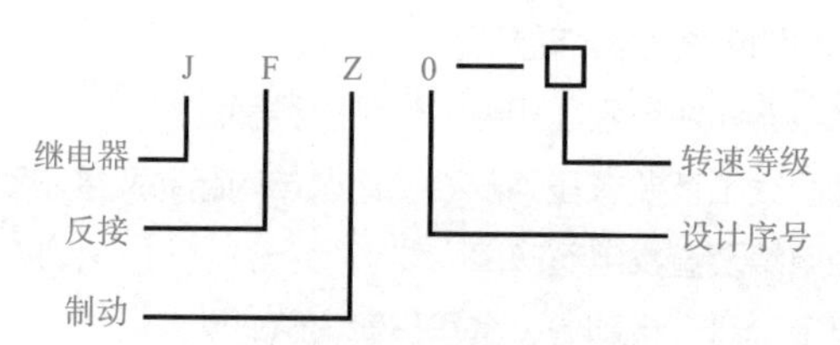

2. 速度继电器的结构、原理与符号

JY1 系列速度继电器的结构如图 6-2a 所示。它主要由定子、转子、可动支架、触点系统、端盖等组成。定子由硅钢片叠成并装有笼子形状的短路绕组（与笼型电动机的转子绕组相似），能做小范围偏转；转子用一块永久磁铁制成，固定在转轴上；触点系统由两组转换触点组成，一组在转子正转时动作，另一组在转子反转时动作。

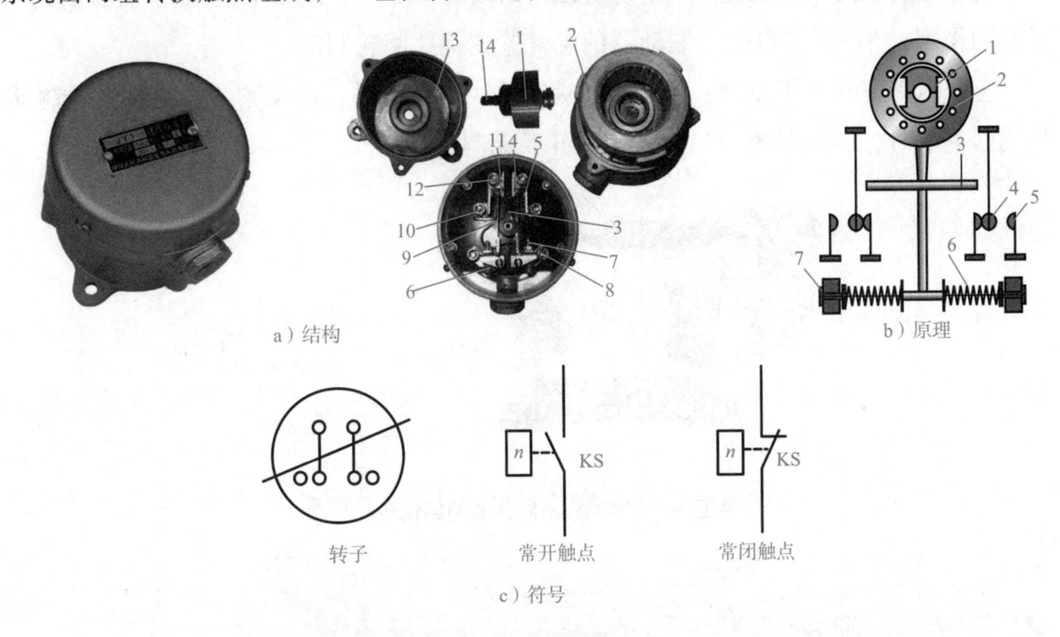

图 6-2　JY1 型速度继电器的结构、原理与符号

1 —转子　2 —定子　3 —胶木杆　4 —动触点　5 —常开触点的静触点　6—反力弹簧　7 —调节螺母
8 —动触点接线端子　9 —簧片　10 —常开触点接线端子 11 —常闭触点的静触点
12 —常闭触点接线端子　13 —端盖　14 —转轴

速度继电器的原理如图 6-2b 所示。使用时，将速度继电器的轴与电动机的轴相连，外壳固定在电动机的端盖上。当电动机旋转时，带动与电动机同轴的速度继电器的转子旋转，相当于在空间产生一个旋转磁场，从而在定子笼型短路绕组中产生感应电流，感应电流与永久磁铁的旋转磁场相互作用，产生电磁转矩，使定子随永久磁铁转动的方向偏转，与定子相连的胶木杆偏转。当偏转到一定角度时，胶木杆推动簧片，使继电器的触点动作。当电动机转速减小到接近零时，使胶木杆恢复原状态，触点随即复位。

速度继电器的触点通常在 120 ~ 3000r/min 范围内动作，在速度低于 100r/min 时复位。速度继电器的动作值和返回值可以调节。

二、电磁抱闸制动器

电磁抱闸制动器是利用电磁吸力来操纵机械装置，以完成预期的动作，是将电能转化为机械能的一种低压电器。

电磁抱闸制动器的结构和符号如图 6-3 所示。它主要由制动电磁铁和闸瓦制动器组成。制动电磁铁由铁心、衔铁和线圈三部分组成。闸瓦制动器包括闸轮、闸瓦和弹簧等，闸轮与电动机装在同一根转轴上。

电磁抱闸制动器分为断电制动型和通电制动型两种。

断电制动型的工作原理：当制动电磁铁的线圈得电时，制动器的闸瓦与闸轮分开，无制动作用；当线圈失电时，制动器的闸瓦紧紧抱住闸轮制动。

通电制动型的工作原理：当制动电磁铁的线圈得电时，闸瓦紧紧靠抱住闸轮制动；当线圈失电时，制动器的闸瓦与闸轮分开，无制动作用。

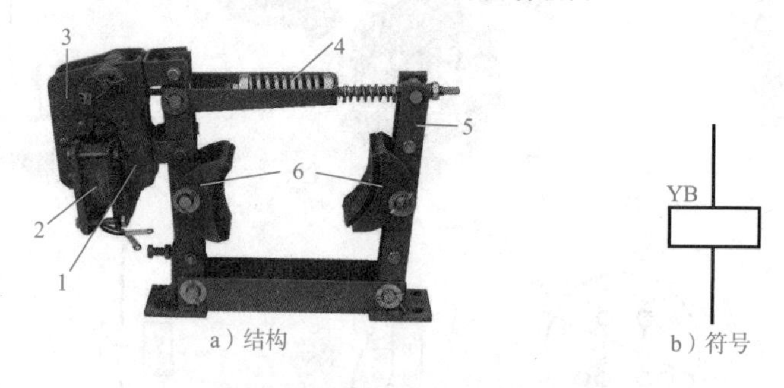

a）结构　　b）符号

图 6-3　电磁抱闸制动器的结构和符号

1 —铁心　2 —线圈　3 —衔铁　4 —弹簧　5 —杠杆　6 —闸瓦

任务实施

一、任务准备

准备电磁抱闸制动器、万用表和图 6-4 所示的速度继电器。

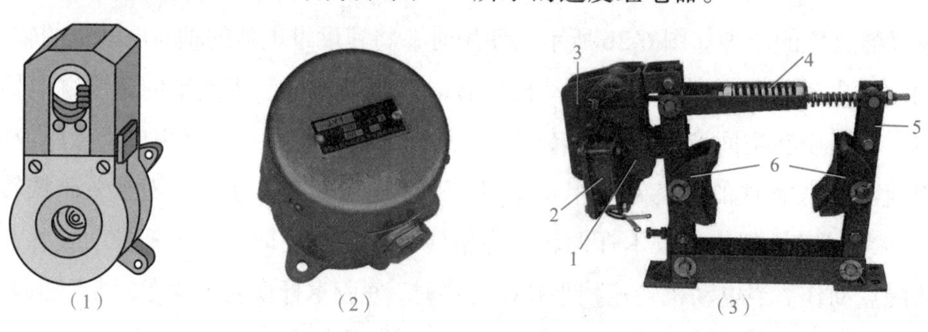

（1）　（2）　（3）

图 6-4　速度继电器

1 —铁心　2 —线圈　3 —衔铁　4 —弹簧　5 —杠杆　6 —闸瓦

二、速度继电器的识别

1）识别图 6-3 所给速度继电器和电磁抱闸制动器的类型，记录型号并写出型号含义，填入表 6-1 中。

表 6-1　速度继电器的识别

编　　号	型　　号	型 号 含 义	主 要 参 数	图形及文字符号
（1）				
（2）				
（3）				

2）取一只速度继电器，拆开，仔细观察其内部结构，指出转子、定子及常开、常闭触点；拨动转轴，观察触点的动作情况，叙述速度继电器的动作原理。

3）取一只电磁抱闸制动器，仔细观察其内部结构，指出铁心、线圈、衔铁和闸瓦等主要结构，并叙述电磁抱闸制动器的动作原理。

三、速度继电器的检测

用万用表速度继电器的好坏，并将检测结果填入表 6-2 中。

表 6-2　行程开关检测

检测元器件及状态				电　　阻	是 否 正 常
速度继电器	常态	常开触点左			
		常闭触点左			
		常开触点右			
		常闭触点右			
	胶木杆左摆	常开触点左			
		常闭触点左			
	胶布杆右摆	常开触点右			
		常闭触点右			

任 务 评 价

对整个任务的完成情况进行评价，评价内容、操作要求及评价标准见表 6-3。

表 6-3　任务评价

评 价 内 容	操 作 要 求	评 价 标 准	配分	扣分
速度继电器识别	（1）正确识别速度继电器的类型 （2）正确说明速度继电器型号的含义 （3）正确画出速度继电器的符号 （4）正确说明速度继电器的主要参数 （5）正确识别速度继电器的主要结构及接线端 （6）能边操作边叙述速度继电器的工作原理	（1）写错或漏写名称，每只扣 5 分 （2）写错或漏写型号，每只扣 5 分 （3）画错符号，每只扣 5 分 （4）写错或漏标文字符号，每处扣 2 分 （5）写错或漏写主要参数，每处扣 5 分 （6）说错主要结构，每处扣 5 分 （7）叙述原理错误，每处扣 5 分	50	
速度继电器检测	（1）规范选择、检查仪表 （2）规范使用仪表 （3）检测方法及结果正确	（1）仪表选择、检查有误，扣 5 分 （2）仪表使用不规范，扣 5 分 （3）漏检或检测结果不正确，每处扣 5 分 （4）检测数据分析错误，每处扣 5 分 （5）损坏仪表或不会检测，该项不得分	50	

（续）

评价内容	操作要求			评价标准		配分	扣分
安全文明生产	（1）要求现场整洁干净 （2）工具摆放整齐，废品清理分类符合要求 （3）遵守安全操作规程，不发生任何安全事故 如违反安全文明生产要求，酌情扣 5 ~ 40 分，情节严重者，可判本次技能操作训练为零分，甚至取消本次实训资格						
定额时间	180min，每超时 5min，扣 5 分						
开始时间		结束时间		实际时间		成绩	

收获体会：

学生签名：　　年　月　日

教师评语：

教师签名：　　年　月　日

任务二　单向起动反接制动控制电路的安装与调试

相关知识

一、电磁抱闸制动器制动控制电路

利用电磁抱闸制动器制动的控制电路如图 6-5 所示。

在图 6-5a 中，电磁制动器 YB 的线圈接在电动机的主电路中。当电动机接通电源时，电磁制动器线圈得电，衔铁与铁心吸合，衔铁克服弹簧拉力，迫使制动杠杆向上移动，从而使制动器的闸瓦与闸轮分开，电动机正常运转。

当电动机断电时，电磁制动器线圈失电，衔铁与铁心分开，在弹簧拉力作用下，制动器的闸瓦紧紧抱住闸轮，使电动机被迅速制动而停转。

这种制动方式是在电源切断时才起制动作用，在起重机械上广泛使用。

在图 6-5b 中，电磁制动器的线圈接在控制电路中，由接触器 KM2 控制。当电动机正常工作时，KM2 线圈不得电，电磁制动器 YB 的线圈不得电，衔铁不吸合，闸瓦与闸轮分开，无制动作用。

当按下停止按钮 SB2 时，电动机断电惯性运行，KM2 线圈得电，电磁制动器 YB 的线圈得电，衔铁与铁心吸合，衔铁克服弹簧的拉力，迫使制动杠杆向下移动，闸瓦紧紧抱住闸轮，使电动机迅速被制动停转。松开 SB2 后，KM2 线圈失电，电磁制动器 YB 的线圈失电，在反力弹簧拉力作用下闸瓦与闸轮分开，制动结束。

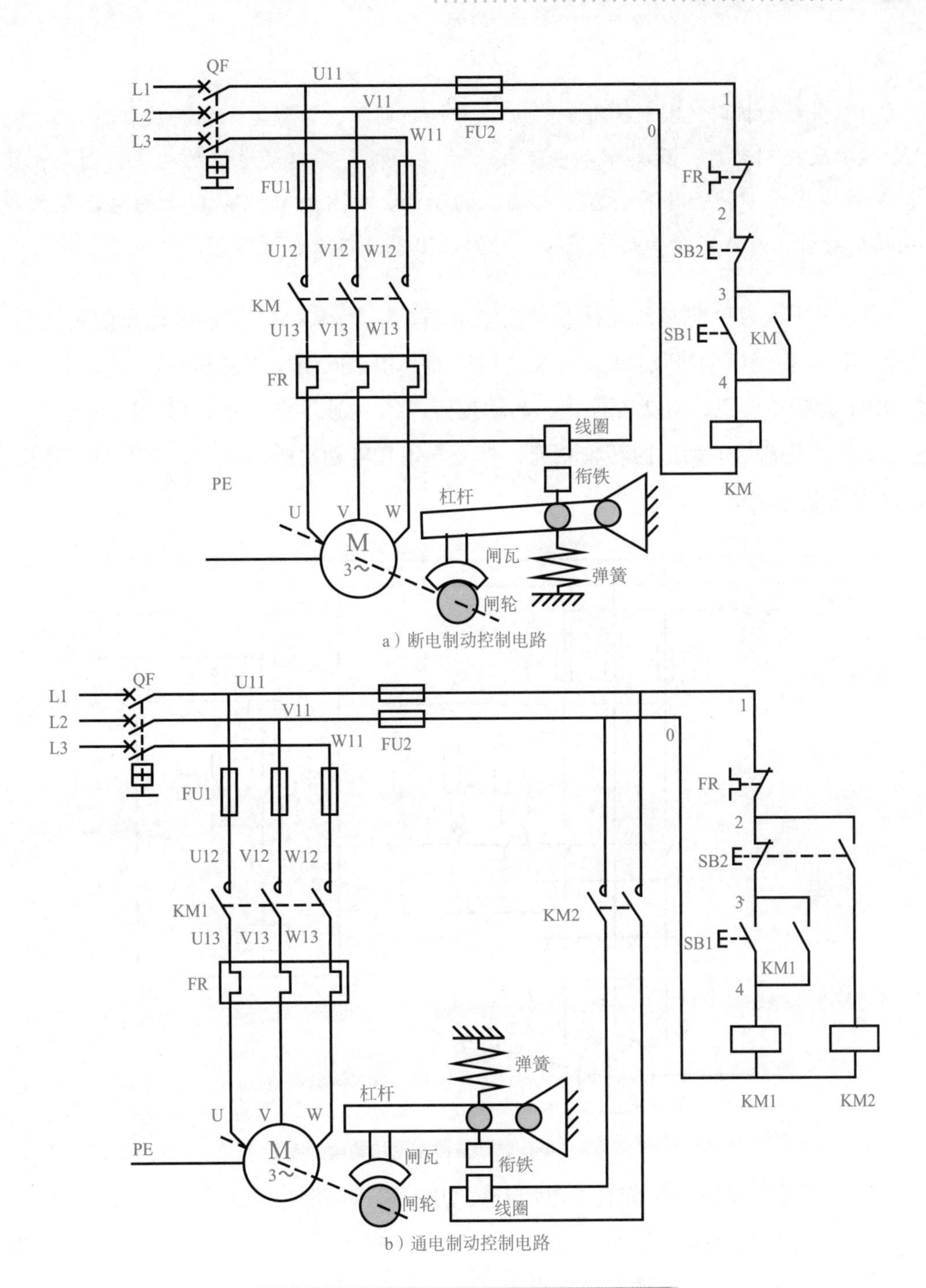

a）断电制动控制电路

b）通电制动控制电路

图 6-5　电磁抱闸制动器制动控制电路图

二、单向起动反接制动控制电路

所谓反接制动，就是在电动机需要停车时，将三相交流电源改变相序，让定子绕组产生相反方向的旋转磁场，从而产生制动转矩使电动机立即停车。

注意

1）当电动机转速接近零值时，应立即切断电源，否则电动机将反转。

2）反接制动时，反接制动电流相当于电动机全压起动电流的两倍，因此，反接制动适用于10kW以下小容量电动机的制动，并且对4.5kW以上的电动机采用反接制动时，应在定子回路中串接一定的电阻器，以限制反接制动电流。

图6-5所示为单向起动反接制动控制电路。接触器KM1控制电动机的正转起动运行，KM2控制电动机反接制动；R为电阻器，用于限制反接制动时定子绕组上的电流；SB1为起动按钮，SB2为停止、制动按钮；KS为速度继电器，用于检测电动机的速度变化，其轴与电动机的转轴相连，外壳固定在电动机的端盖上，常开触点连接在KM2的控制电路中。

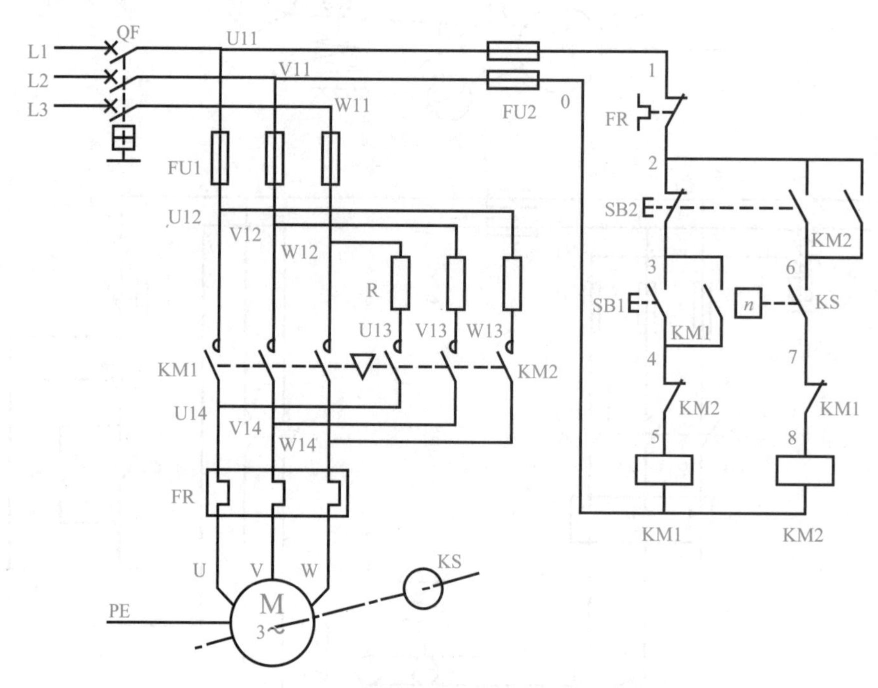

图6-6 单向起动反接制动控制电路图

电路的工作原理如下：先合上电源开关QF，引入电源。

（1）运行控制 按下起动按钮SB1，KM1线圈通电，KM1主触点闭合，电动机开始运行；同时，KM1辅助常闭触点断开，断开KM2线圈，进行互锁；KM1辅助常开触点闭合，进行自锁。

当电动机转速上升到一定值（120r/min）时，速度继电器KS的常开触点闭合，为制动做准备。

（2）反接制动控制 当电动机需要停止时，按下停止按钮SB2，SB2的常闭触点

先断开，切断 KM1 线圈，电动机断电（由于惯性作用电动机不会马上停止）；然后 SB2 的常开触点闭合，KM2 线圈得电，KM2 主触点闭合，电动机定子串电阻进行制动（电动机的转速越来越小）；同时 KM2 常闭触点断开，确保 KM1 线圈不能通电，实现互锁；KM2 常开触点闭合，进行自锁。

当电动机转速接近零值（低于 100r/min）时，速度继电器 KS 的常开触点断开，KM2 线圈断电，KM2 主触点断开，电动机停止反接制动状态。

反接制动的优点是制动力强，制动迅速；缺点是制动准确性差，制动过程中冲击强烈，易损坏传动零件，制动能量损耗大，不宜经常制动。因此，反接制动一般适用于制动要求迅速、系统惯性较大、不经常起动与制动的场合，如铣床、镗床、中型车床等主轴的制动控制。

任务实施

一、识读电路图

指出图 6-5 所示控制电路中各电器元件的作用并分析电路的工作原理，填入表 6-4 中。

表 6-4　低压电器识别

符　号	元器件名称	作　用
KM1	主触点	
	辅助常闭触点	
KM2	主触点	
	辅助常闭触点	
SB1	常开触点	
SB2	常开触点	
	常闭触点	
KS	常开触点	
工作原理：		

二、装前准备

按表 6-5 准备电动机，配齐安装电路所需元器件，并用万用表检测好坏。本项目中电动机的功率只有 4kW，在反接制动时也可不串联限流电阻。如果串联限流电阻，可选择型号为 ZX2—2/1.1，规格为 17.8A、11Ω 的铸铁电阻。速度继电器主要根据所需控制的转速大小、触点数量和触点的电压、电流来选用，可选择型号为 JY1 的速度继电器，触点额定电压为 380V，触点额定电流为 2A，额定工作转速为 100 ~ 3000 r/min，一组正转动作转换触点，一组反转动作转换触点。

表 6-5 安装工具、仪器仪表、电气元件等器材明细表

代 号	名 称	型 号	规 格	数量
M	三相笼型异步电动机	Y112M — 4	4kW、380V、△联结、8.8A、1440r/min	1
QF	低压断路器	DZ47 — 63	380V、额定电流 25A	1
FU1	主电路熔断器	RL1 — 60/25	500V、60A、配额定电流 25A 的熔体	3
FU2	控制电路熔断器	RL1 — 15/2	500V、15A、配额定电流 2A 的熔体	2
KM1、KM2	交流接触器	CJT1 — 20	20A、线圈电压 380V	2
FR	热继电器	JR16 — 20/3D	三极、20A、热元件 11A、整定电流 8.8A	1
KS	速度继电器	JY1	触点额定电压 500V、额定电流 2A、额定工作转速 100 ~ 3000r/min	1
SB1、SB2	按钮	LA4 — 2H	保护式、按钮数 2 只，380V、5A	1
R	制动电阻	ZX2 — 2/1.1	17.8A，11Ω	1

三、安装元器件

单向起动反接制动电器元件布置如图 6-7 所示，按图所示安装电气元件、走线槽和端子排，并贴上醒目的文字符号。

安装速度继电器时，要使其轴与电动机的转轴相连，外壳固定在电动机的端盖上。

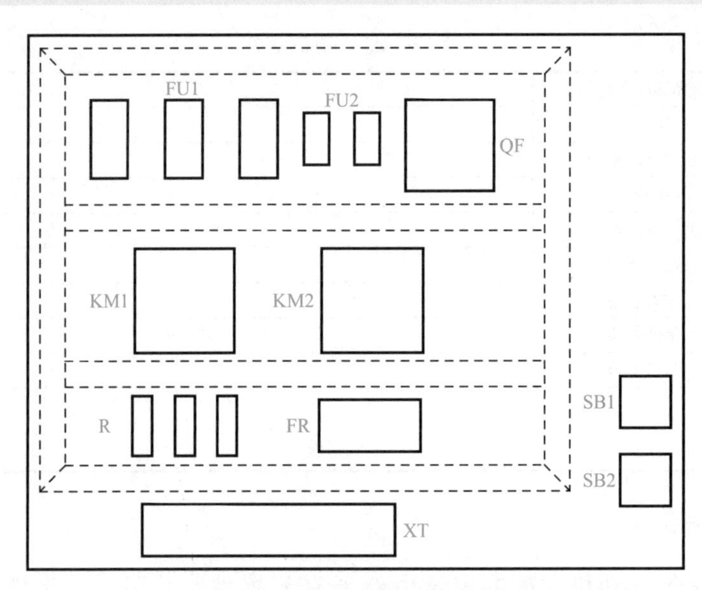

图 6-7 单向起动反接制动控制电器元件布置图

四、连接导线

1）板前线槽布线：单向起动反接制动控制电气安装接线如图 6-8 所示，按图所示的走线方法进行板前线槽配线，要求所有导线套装号码管、软线做轧头。

2）安装电动机，并将定子绕组按要求联结成三角形。

3）连接电动机和所有电器元件金属外壳的保护接地线。

4）连接电源线、电动机等控制板外部的导线。

注意

1）电动机和所有带金属外壳的电器元件必须可靠接地。

2）制动电阻 R 的连接要正确，KM2 主触点出线端要换相。

3）速度继电器的触点动作具有方向性，要正确选择速度继电器的常开触点，并正确连接在电路中。

4）按钮 SB2 的复合触点连接要正确。

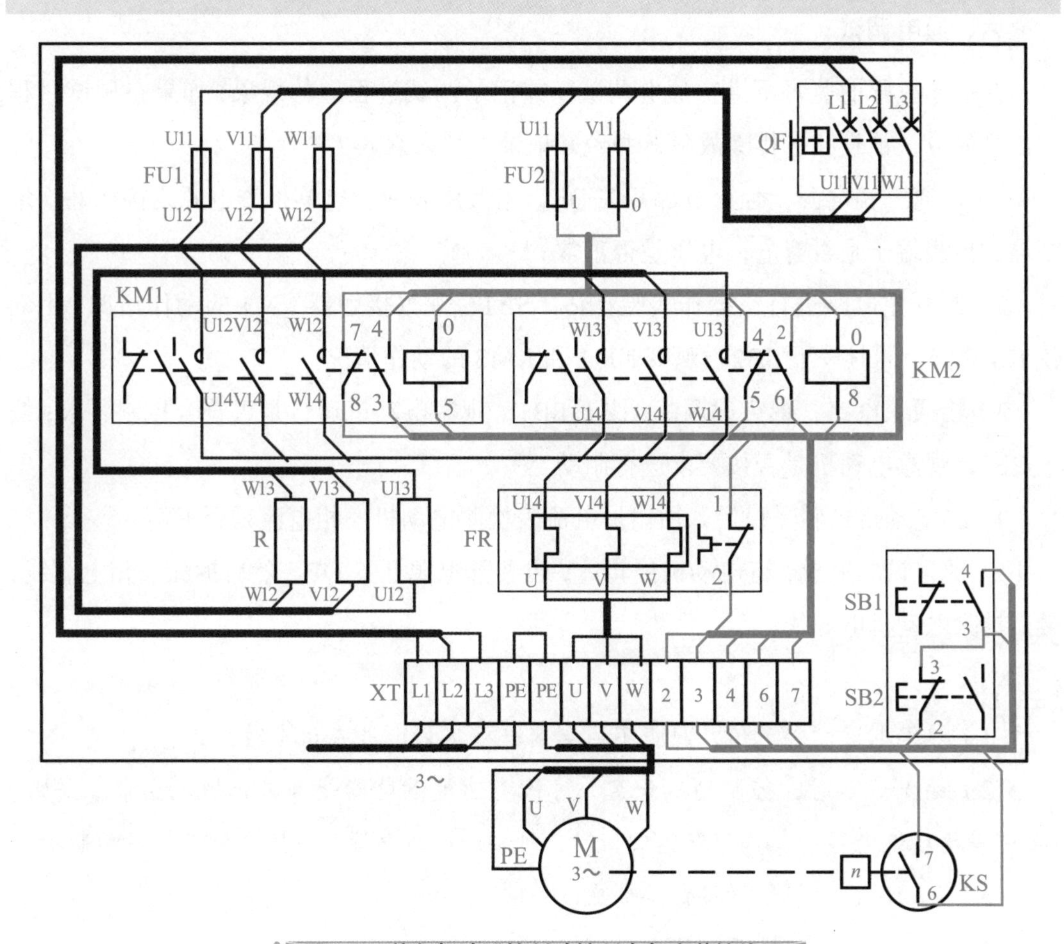

图 6-8　单向起动反接制动控制电气安装接线图

五、自检

1）根据电路图或电气接线图，从电源端开始，逐段检查接线及接线端子处编码是否正确，有无错接、漏接之处；检查导线压接是否牢固，接触是否良好，以免在带负载运行时产生闪弧现象。

2)断开断路器，用万用表检查电路有无短路和断路情况，并将检测结果填入表6-6中。

表6-6 电路检测

测量点	电阻	是否正常
测量U11与V11、V11与W11、W11与U11之间		
分别按下KM1、KM2的主触点，测量U11与V11、V11与W11、W11与U11之间		
分别按下KM1、KM2的主触点，测量U11与U、V11与V、W11与W之间		
按下、松开SB1，测量0与1之间		
手动使KS动作，按下、松开SB2，测量0与1之间		

六、通电调试

在指导教师的监督下进行通电调试，并记录调试过程中的现象；如果在调试过程中出现故障，请查找、排除故障，并做好记录，填入表6-7中。

1）接通三相电源，合上电源开关QF，用万用表或验电笔检查电源线接线柱、熔断器进出线端子是否有电，电压是否正常。

2）断开主电路进行空操作实验：按下SB1，观察接触器KM1的动作情况；手动使KS动作，同时按下SB2，观察KM1和KM2的动作情况。

3）接通主电路，带负载调试：按下SB1，观察电动机运行是否符合控制要求；按下SB2，观察电动机是否按要求进行制动。

4）当电动机运转平稳后，用钳形电流表检测电动机三相电流是否平衡。

5）通电试车完成，待电动机停转后，再断开电源开关QF。然后拆除三相电源线，最后拆除电动机电源线。

1）热继电器的整定值，应在不通电前先整定好，并在试车时校正。

2）通电试车时，若制动不正常，可检查速度继电器是否符合规定要求。若需要调节速度继电器的动作值和返回值时，则必须切断电源，而且要由指导教师监护。

3）制动时，应将制动按钮按到底。

4）制动操作不宜过于频繁。

表6-7 电路调试

操作	现象	是否正常	分析原因	查找过程	处理方法
按下SB1					
按下SB2					

相关知识

对整个任务的完成情况进行评价，评价内容、要素及标准见表6-8。

表6-8　单向反接制动控制线路的安装与调试项目评价表

评价内容	操作要求	评价标准	配分	扣分
识读电路图	（1）正确识别控制线路中各种电器元件符号及功能 （2）正确分析控制线路工作原理	（1）电器元件符号不认识，每处扣1分 （2）电器元件功能不知道，每处扣1分 （3）线路工作原理分析不正确，每处扣1分	5	
器材准备	（1）器材齐全 （2）电器元件型号、规格符合要求	（1）器材缺少，每只扣1分 （2）电器元件型号、规格不符合要求，每只扣1分	5	
装前检查	（1）检查电器元件外观、附件、备件 （2）用仪表检查电器元件质量	漏检或错检，每处扣1分	5	
元器件安装	（1）按电气布置图安装 （2）元器件安装牢固 （3）元器件安装整齐、匀称、合理 （4）不能损坏元器件	（1）不按布置图安装，该项不得分 （2）元器件安装不牢固，每只扣4分 （3）元器件布置不整齐、不匀称、不合理，每处扣2分 （4）损坏元器件，该项不得分 （5）元器件安装错误，每只扣3分	10	
布线接线	（1）按控制线路图或电气安装接线图接线 （2）布线符合工艺要求 （3）接点符合工艺要求 （4）不损伤导线绝缘或线芯 （5）套装编码套管 （6）接地线安装	（1）未按控制线路图或接线图接线，扣20分 （2）布线不符合工艺要求，每处扣3分 （3）接点有松动、露铜过长、反圈、压绝缘层，每处扣1分 （4）损伤导线绝缘层或线芯，每根扣5分 （5）编码套管套装不正确或漏套，每处扣1分 （6）漏接接地线，扣10分	40	
通电试车	在保证人身和设备安全的前提下，通电试验一次成功	（1）热继电器整定值错误或未整定，扣5分 （2）主电路、控制电路配错熔体，各扣5分 （3）验电操作不规范，扣10分 （4）一次试车不成功扣15分，二次试车不成功扣20分，三次试车不成功扣25分	25	
工具仪表使用	工具、仪表使用规范	（1）工具、仪表使用不规范，每次酌情扣1～3分 （2）损坏工具、仪表，扣10分	10	
故障检修	（1）正确分析故障范围 （2）查找故障并正确处理	（1）故障范围分析错误，从总分中扣5分 （2）查找故障的方法错误，从总分中扣5分 （3）故障点判断错误，从总分中扣5分 （4）故障处理不正确，从总分中扣5分		
技术资料归档	技术资料完整并归档	技术资料不完整或不归档，酌情从总分中扣3～5分		
安全文明生产	（1）要求材料无浪费，现场整洁干净 （2）工具摆放整齐，废品清理分类符合要求 （3）遵守安全操作规程，不发生任何安全事故 如违反安全文明生产要求，酌情扣5～40分，情节严重者，可判本次技能操作训练为零分，甚至取消本次实训资格			
定额时间	180min，每超时5min，扣5分			
备注	除定额时间外，各项目的最高扣分不应超过配分数			
开始时间		结束时间	实际时间	成绩

学生自评：

学生签名：年　月　日

教师评语：

教师签名：年　月　日

项目七 双速异步电动机控制电路的安装与调试

项目描述

实际生产中的机械设备常有多种速度输出的要求，如立轴圆台磨床工作台的旋转需要高低速磨削加工；玻璃生产线中，成品玻璃的传输根据玻璃厚度的不同采用不同的速度以提高生产效率等。采用异步电动机配机械变速系统有时可以满足调速要求，但传动系统结构复杂、体积大，实际中常采用对电动机本身进行调速的方法来满足机械设备的调速要求。

根据三相异步电动机的转速公式 $n=(1-s)60f/p$ 可知，可以通过改变磁极对数 p、电源频率 f、转差率 s 等方法来改变电动机的转速。

通过改变电动机的磁极对数来调节电动机转速的方法称为变极调速。一般工业应用中通常采用改变定子绕组的接法来改变磁极对数。若绕组改变一次极对数，可获得两个不同转速，称为双速电动机；若改变两次磁极对数，可获得 3 个转速，称为三速电动机。

本项目的任务是：根据给定的电路图，利用指定的低压电器元件，完成双速电动机电路的安装与调试。具体又可分为两个子任务：按钮控制双速电动机电路的安装与调试、时间继电器控制双速电动机电路的安装与调试。

项目目标

- 知道双速电动机的工作原理。
- 会分析双速电动机控制电路的工作原理。
- 会识读双速电动机控制电器元件布置图和电气安装接线图。
- 能按照板前线槽配线工艺要求正确安装、调试双速电动机控制电路。
- 会用万用表检测电路及查找电气故障。
- 会使用常用的电工工具，会剥线、套号码管、做轧头。

任务一　按钮控制双速电动机电路的安装与调试

相关知识

一、双速电动机的工作原理

双速电动机在制造时把每相绕组分成两个相同的半绕组，使用时通过改变两个半绕组的连接方式（串联或并联）改变磁极对数，从而达到改变电动机转速的目的。在实际应用中，双速电动机常用的联结方式有△/ＹＹ和Ｙ/ＹＹ联结。△/ＹＹ联结如图 7-1 所示，工作原理如下：

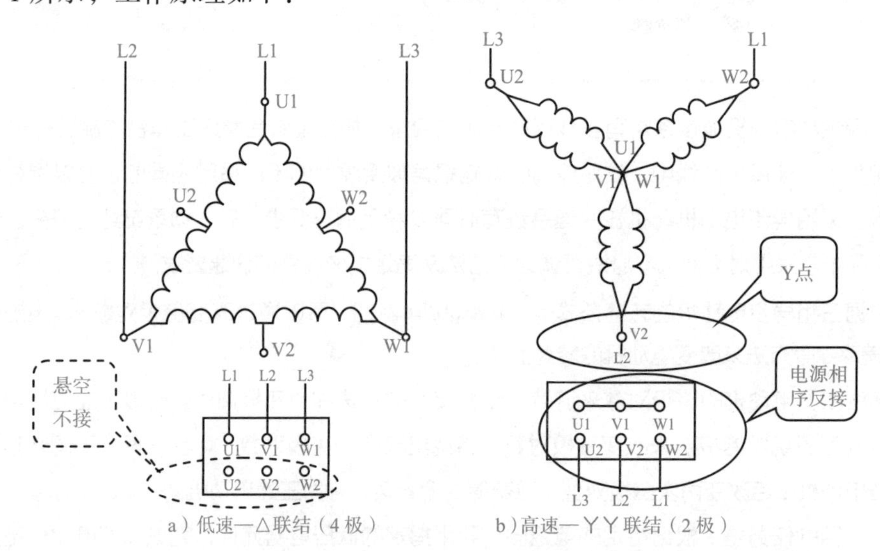

图 7-1　双速异步电动机三相定子绕组△—ＹＹ接线图

将三相定子绕组联结成三角形，由三个连接点引出三个出线端 U1、V1、W1，从每相绕组的中点各引出一个出线端 U2、V2、W2，这样定子绕组共有六个出线端。通过改变这六个出线端子与电源的连接方式，可以得到两种不同的转速。

要使电动机低速运行，将三相电源接到三个出线端 U1、V1、W1 上，其他三个出线端 U2、V2、W2 悬空，如图 7-1a 所示。此时电动机磁极数为 4 极，同步转速为 1500r/min。

要使电动机高速运行，将电动机定子绕组三个出线端 U1、V1、W1 并接在一起，将三相电源接到另外三个出线端 U2、V2、W2 上，如图 7-1b 所示。此时电动机定子绕组成为ＹＹ联结，磁极数为 2 极，同步转速为 3000r/min。所以，双速异步电动机高转速是低转速的两倍。

注意

当双速电动机的定子绕组由一种联结方式换成另一种联结方式时，必须把电源的相序反接才能保证电动机的旋转方向不变。

二、按钮控制双速电动机电路

按钮控制双速电动机电路如图 7-2 所示。交流接触器 KM1 控制电动机低速运行、KM2 控制电动机高速运行、KM3 控制定子绕组 YY 联结；SB1 和 SB2 为复合按钮，它们的常开触点分别用于电动机低速运行和高速运行的起动，SB3 为停止按钮；为防止低速运行和高速运行主电路同时接通，电路中采取 SB1 和 SB2 的常闭触点和 KM1、KM2、KM3 的常闭触点进行双重互锁；FR1 和 FR2 分别为电动机低速运行和高速运行的过载保护元件，因为双速电动机在高速、低速运行时的额定电流不相同，因此，热继电器 FR1 和 FR2 要根据不同保护电路分别调整整定值。

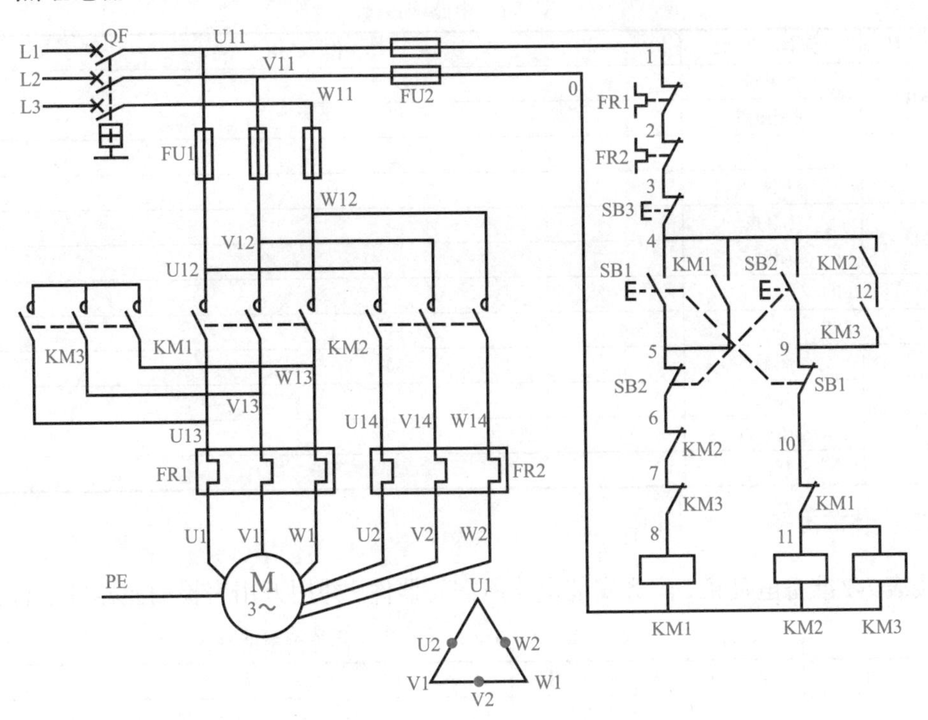

图 7-2　按钮控制双速电动机电路图

电路的工作原理如下：

（1）△联结低速起动运转控制　按下低速起动按钮 SB1，SB1 的常闭触点先断开，对 KM2 和 KM3 联锁；SB1 的常开触点再闭合，KM1 线圈得电，KM1 的主触点闭合，电动机低速运行；同时，KM1 的辅助常闭触点断开，对 KM2 和 KM3 联锁；KM1 辅助常开触点闭合进行自锁。

（2）Y Y 联结高速起动运转控制　按下高速起动按钮 SB2，SB2 常闭触点先断开，对 KM1 联锁；SB2 常开触点闭合，KM2 和 KM3 线圈得电，主触点闭合，电动机定子绕组联结成 Y Y 形高速运行；同时，KM2 和 KM3 的辅助常闭触点断开，实现对 KM1 联锁；KM2 和 KM3 的辅助常开触点闭合进行自锁。

（3）停止　按下停止按钮 SB3，电动机停止运行。

任务实施

一、识读电路图

指出图 7-2 所示的控制电路中各电器元件的作用并分析电路的工作原理，填入表 7-1 中。

表 7-1　电路图识读

符　号	元器件名称	作　用
KM1	主触点	
	常闭触点	
KM2	主触点	
	常闭触点	
KM3	主触点	
	常闭触点	
FR1		
FR2		
SB1	常闭触点	
	常开触点	
SB2	常闭触点	
	常开触点	

二、装前准备

按表 7-2 准备电动机，配齐安装电路所需元器件，并用万用表检测元器件是否正常。

表 7-2　安装工具、仪器仪表、电气元件等器材明细表

符　号	名　称	型　号	规　格	数量
M	双速电动机	YD112M—4/2	3.3kW、380V、7.4/8.6A、△/YY、1440r/min 或 2890r/min	1
QF	低压断路器	DZ47—63	三极、额定电流 25A	1
FU1	主电路熔断器	RL1—60/25	500V、60A、配额定电流 25A 的熔体	3
FU2	控制电路熔断器	RL1—15/2	500V、15A、配额定电流 2A 的熔体	2
KM1、KM2、KM3	交流接触器	CJT1—20	20A、线圈电压 380V	3
FR1、FR2	热继电器	JR16—20/3D	三极、20A、FR1 整定电流 7.4A、FR2 整定电流 8.6A	2
SB1、SB2、SB3	按钮	LA4—3H	保护式、380V、5A	1

三、安装元器件

按钮控制双速异步电动机电器元件布置如图 7-3 所示，按图将元器件安装在控制板上，并贴上醒目的符号。

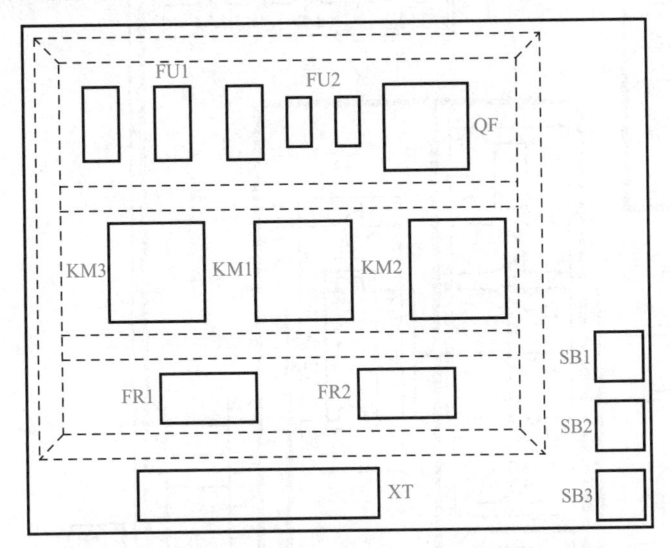

图 7-3　按钮控制双速异步电动机电器元件布置图

四、连接导线

1）板前线槽布线。按钮控制双速异步电动机控制电气安装接线如图 7-4 所示，按图所示的走线方法进行板前线槽配线，要求所有导线套装号码管、软线做轧头。

2）安装电动机，并将定子绕组按要求联结成三角形。

3）连接电动机和所有电器元件金属外壳的保护接地线。

4）连接电源线、电动机等控制板外部的导线。

注意

1）电动机及所有带金属外壳的电器元件必须可靠接地。

2）接触器 KM1 和 YY 联结的 KM2 在两种转速下电源相序要改变，不能接错；否则，两种转速下电动机的转速相反，换相时将产生很大的冲击电流。

3）接触器 KM1、KM2 的主触点不能对换接线，否则不但无法实现双速控制要求，而且会在双星形运转时造成电源短路事故。

4）热继电器 FR1 和 FR2 在主电路中的接线不能接错。

5）KM1、KM2、KM3 的互锁触点不能接错；SB1 和 SB2 的复合触点不能接错。

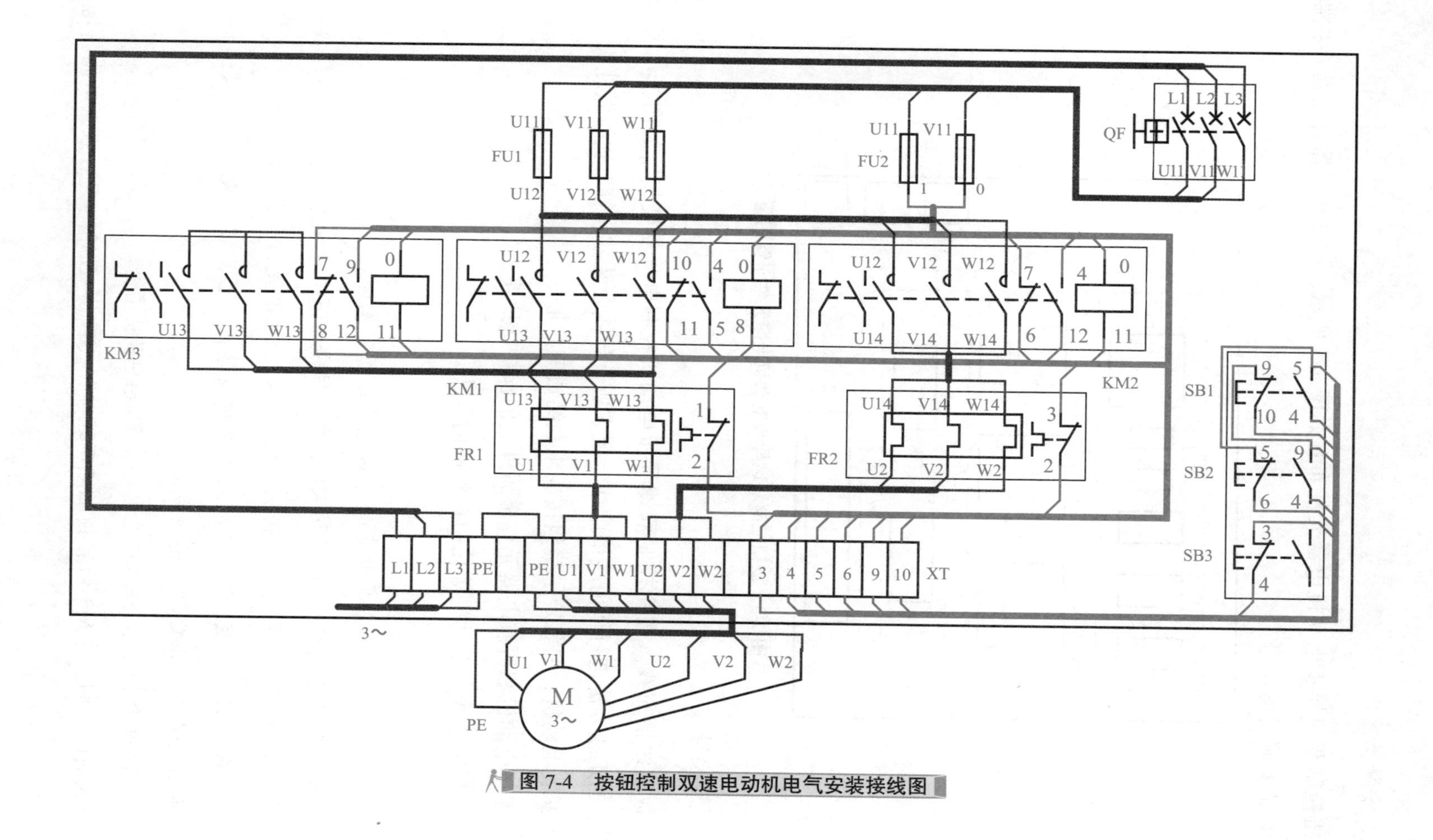

图 7-4 按钮控制双速电动机电气安装接线图

五、自检

1）根据电路图或电气接线图，从电源端开始，逐段检查接线及接线端子处编码是否正确，有无错接、漏接之处；检查导线压接是否牢固，接触是否良好。

2）断开断路器，用万用表检查电路有无短路和断路情况，并将检测结果填入表7-3表中。

表7-3 电路检测

测量点	电阻	是否正常
测量U11与V11、V11与W11、W11与U11之间		
按下KM1的主触点，分别测量U11与V11、V11与W11、W11与U11之间；U11与U、V11与V、W11与W之间		
同时按下KM2和KM3，分别测量U11与V11、V11与W11、W11与U11之间；U11与U、V11与V、W11与W之间		
按下、松开SB1，测量0与1之间		
按下、松开SB2，测量0与1之间		

六、通电调试

在指导教师的监督下进行通电调试，并记录调试过程中的现象；如果在调试过程中出现故障，请查找、排除故障，并做好记录，填入表7-4中。

1）接通三相电源，合上电源开关QF，用万用表或试电笔检查电源线接线柱、熔断器进出线端子是否有电，电压是否正常。

2）断开主电路进行空操作实验：先按下SB1，观察接触器KM1动作是否符合要求；再按下SB2，观察KM1、KM2和KM3的动作是否符合要求。

3）接通主电路，带负荷调试：先后按下SB1、SB2，观察电动机的转速是否按要求发生变化。

4）当电动机运转平稳后，用钳形电流表检测电动机三相电流是否平衡。

5）通电试车完成后，按下SB3，待电动机停转后，再断开电源开关QF。然后拆除三相电源线，最后拆除电动机电源线。

1）两个热继电器的动作电流整定值不同。

2）本次控制电路板调试后可留作下次实训使用。

表7-4 电路调试

操作	现象	是否正常	分析原因	查找过程	处理方法
先按SB1、再按SB2					
先按SB2、再按SB1					

任务评价

对整个任务的完成情况进行评价，评价内容、操作要求及评价标准见表 7-5。

表 7-5　任务评价

评价内容	操作要求	评价标准	配分	扣分
电路图识读	（1）正确识别控制电路中各种电器元件符号及功能 （2）正确分析控制电路工作原理	（1）电器元件符号不认识，每处扣 1 分 （2）电器元件功能不知道，每处扣 1 分 （3）电路工作原理分析不正确，每处扣 1 分	10	
装前准备	（1）器材齐全 （2）电器元件型号、规格符合要求 （3）检查电器元件外观、附件、备件 （4）用仪表检查电器元件质量	（1）器材缺少，每只扣 1 分 （2）电器元件型号、规格不符合要求，每只扣 1 分 （3）漏检或错检，每处扣 1 分	10	
元器件安装	（1）按电气布置图安装 （2）元器件安装牢固 （3）元器件安装整齐、匀称、合理 （4）不能损坏元器件	（1）不按布置图安装，该项不得分 （2）元器件安装不牢固，每只扣 4 分 （3）元器件布置不整齐、不匀称、不合理，每项扣 2 分 （4）损坏元器件，该项不得分 （5）元器件安装错误，每只扣 3 分	10	
导线连接	（1）按电路图或接线图接线 （2）布线符合工艺要求 （3）接点符合工艺要求 （4）不损伤导线绝缘或线芯 （5）套装编码套管 （6）软线套线鼻 （7）接地线安装	（1）未按电路图或接线图接线，扣 20 分 （2）布线不符合工艺要求，每处扣 3 分 （3）接点有松动、露铜过长、反圈、压绝缘层，每处扣 2 分 （4）损伤导线绝缘层或线芯，每根扣 5 分 （5）编码套管套装不正确或漏套，每处扣 2 分 （6）不套线鼻，每处扣 1 分 （7）漏接接地线，扣 10 分	40	
通电试车	在保证人身和设备安全的前提下，通电试验一次成功	（1）热继电器整定值错误或未整定，扣 5 分 （2）主电路、控制电路配错熔体，各扣 5 分 （3）验电操作不规范，扣 10 分 （4）一次试车不成功扣 5 分，二次试车不成功扣 10 分，三次试车不成功扣 15 分	20	
工具仪表使用	工具、仪表使用规范	（1）工具、仪表使用不规范，每次酌情扣 1 ~ 3 分 （2）损坏工具、仪表，扣 5 分	10	
故障检修	（1）正确分析故障范围 （2）查找故障并正确处理	（1）故障范围分析错误，从总分中扣 5 分 （2）查找故障的方法错误，从总分中扣 5 分 （3）故障点判断错误，从总分中扣 5 分 （4）故障处理不正确，从总分中扣 5 分		
技术资料归档	技术资料完整并归档	技术资料不完整或不归档，酌情从总分中扣 3 ~ 5 分		
安全文明生产	（1）要求材料无浪费，现场整洁干净 （2）工具摆放整齐，废品清理分类符合要求 （3）遵守安全操作规程，不发生任何安全事故 如违反安全文明生产要求，酌情扣 5 ~ 40 分，情节严重者，可判本次技能操作训练为零分，甚至取消本次实训资格			
定额时间	180min，每超时 5min，扣 5 分			
开始时间		结束时间		实际时间		成绩	

收获体会：

学生签名：　年　月　日

教师评语

教师签名：　年　月　日

任务二 双速电动机自动加速控制电路的安装与调试

相关知识

双速电动机自动加速控制电路如图 7-5 所示。SB1 为复合按钮，其常开触点控制电动机低速起动；SB2 为高速运行的起动按钮（或低速与高速的手动转换按钮）；SB3 为停止按钮；时间继电器 KT 控制电动机低速运行时间和低速与高速之间的自动转换；为防止低速运行和高速运行主电路同时接通，电路中采取 KM1 和 KM2、KM3 的常闭触点进行互锁；FR1 和 FR2 分别为电动机低速运行和高速运行的过载保护元件。

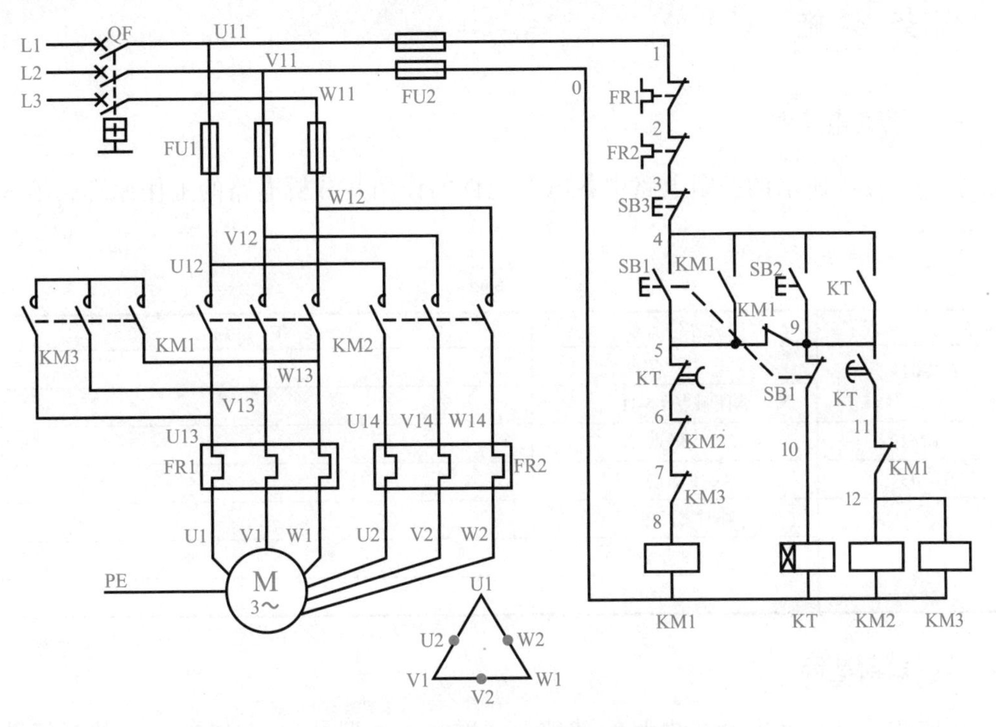

图 7-5 双速电动机自动加速控制电路

电路的工作原理如下：

（1）低速起动控制 按下 SB1，其常闭触点断开，对 KT 联锁；SB1 常开触点闭合，KM1 线圈得电，KM1 主触点闭合，电动机低速起动运转；同时，KM1 的辅助常闭触点（11-12）断开，对 KM2 和 KM3 联锁；KM1 的辅助常闭触点（5-9）断开；KM1 的辅助常开触点（4-5）闭合进行自锁。

（2）低速运行与高速运行的手动转换控制 在电动机低速运行的情况下（KM1（5-9）断开），按下高速起动按钮 SB2，KT 线圈得电，开启延时；KT 的常开触点（4-9）

闭合进行自锁。延时时间到达后，KT 的延时断开常闭触点断开，KM1 线圈断电，电动机低速运行停止；同时，KT 的延时闭合常开触点闭合，KM2 和 KM3 线圈得电，电动机进入高速运行。

（3）低速运行与高速运行的自动转换控制　在电动机没有运行的前提下，直接按下 SB2，KM1 和 KT 线圈同时得电，电动机低速起动；同时 KT 开始延时，当延时时间到达后，KT 的延时常闭触点断开，KM1 线圈失电，电动机停止低速运行；同时，KT 的延时闭合常开触点闭合，KM2 线圈得电，主触点闭合，电动机进入高速运行。

（4）停止控制　按下停止按钮 SB3，电动机停止运行。

任务实施

一、识读电路图

指出图 7-5 所示的控制电路中各电器元件的作用并分析电路的工作原理，填入表 7-6 中。

表 7-6　电路图识读

符　号	元器件名称	作　用
KM1	主触点	
	常闭触点（5-11）	
KM2	主触点	
KM3	主触点	
KT	瞬时常开触点	
	延时常开触点	
	延时常闭触点	

二、装前准备

在按钮控制双速电动机电路的基础上，增加一个型号为 ST3PC－A 的时间继电器，通电延时型，有一组瞬动触点、一组延时触点，延时范围有 0.05~0.5s/5s/30s/3min，线圈电压为 380V，触点额定电流为 5A。

三、安装元器件

双速电动机自动加速控制电路电器元件布置如图 7-6 所示，按图将时间继电器安装在控制板上，并贴上醒目的符号。

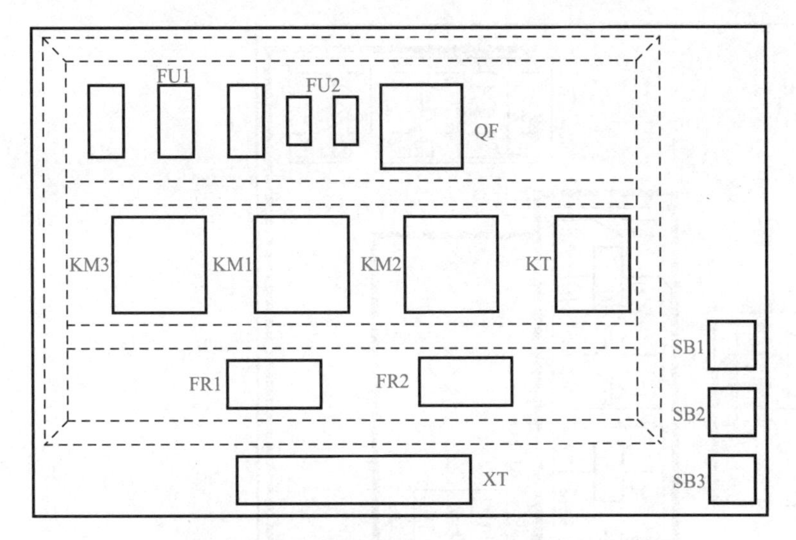

图 7-6　双速电动机自动加速控制电器元件布置图

四、连接导线

1）板前线槽布线。双速电动机自动加速控制电气安装接线如图 7-7 所示，在按钮控制双速电动机电路的基础上，按图所示的走线方法将控制电路接好，要求所有导线套装号码管、软线做轧头。

2）安装电动机，并将定子绕组按要求联结成三角形。

3）连接电动机和所有电器元件金属外壳的保护接地线。

4）连接电源线、电动机等控制板外部的导线。

注意

1）SB1 复合触点不能接错。

2）KM1、KM2、KM3 的常闭触点不能接错。

3）时间继电器 KT 的线圈、延时常闭触点、延时常开触点和瞬动触点不能接错。

五、自检

1）根据电路图或电气接线图，从电源端开始，逐段检查接线及接线端子处编码是否正确，有无错接、漏接之处；检查导线压接是否牢固，接触是否良好，以免在带负载运行时产生闪弧现象。

2）断开断路器，用万用表检查电路有无短路和断路情况，并将检测结果填入表 7-7 表中。

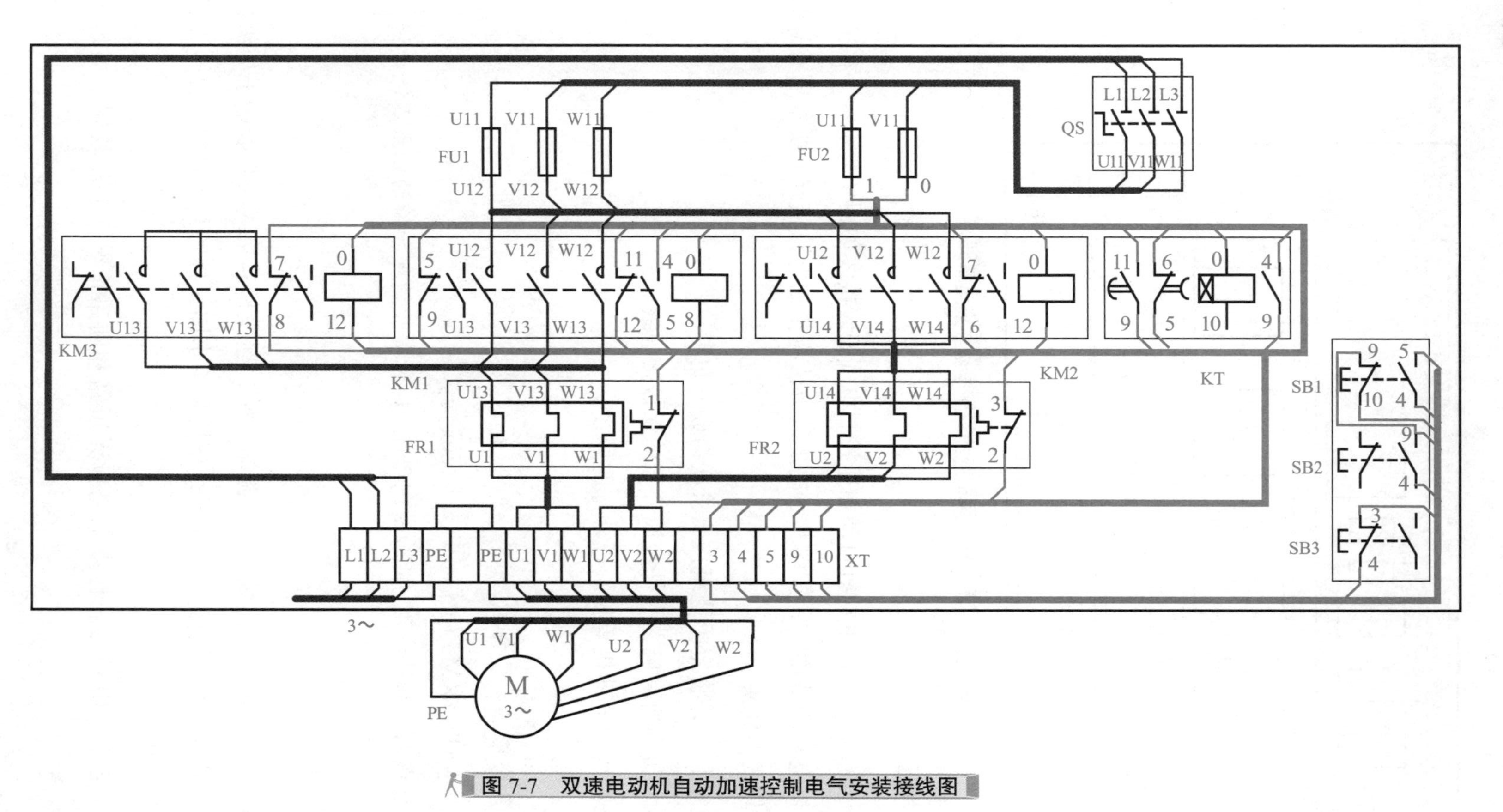

图 7-7 双速电动机自动加速控制电气安装接线图

表 7-7　电路检测

测　量　点	电　阻	是否正常
测量 U11 与 V11、V11 与 W11、W11 与 U11 之间		
按下 KM1 的主触点，分别测量 U11 与 V11、V11 与 W11、W11 与 U11 之间；U11 与 U、V11 与 V、W11 与 W 之间		
同时按下 KM2 和 KM3，测量 U11 与 V11、V11 与 W11、W11 与 U11 之间；U11 与 U、V11 与 V、W11 与 W 之间		
按下、松开 SB1，测量 0 与 1 之间		
按下、松开 SB2，测量 0 与 1 之间		

六、通电调试

在指导教师的监督下进行通电调试，并记录调试过程中的现象；如果在调试过程中出现故障，请查找、排除故障，并做好记录，填入表 7-8 中。

1）接通三相电源，合上电源开关 QF，用万用表或验电笔检查电源线接线柱、熔断器进出线端子是否有电，电压是否正常。

2）断开主电路进行空操作实验。

手动加速控制：先按下 SB1，观察接触器 KM1 动作是否符合要求，再按下 SB2，观察 KT、KM1、KM2 和 KM3 的动作是否符合要求。

自动加速控制：直接按下 SB2，观察 KM1、KT、KM2 和 KM3 的动作是否符合要求。

3）接通主电路，进行带负载调试：先后按下 SB1、SB2，观察电动机的转速是否按要求发生变化；直接按下 SB2，观察电动机是否能自动加速。

4）当电动机运转平稳后，用钳形电流表检测电动机三相电流是否平衡。

5）通电试车完成后，按下 SB3，待电动机停转后，再断开电源开关 QF。然后拆除三相电源线，最后拆除电动机电源线。

表 7-8　电路调试

操　作	现　象	是否正常	分析原因	查找过程	处理方法
先按 SB1、再按 SB2					
直接按 SB2					

任务评价

对整个任务的完成情况进行评价，评价内容、操作要求及评价标准见表 7-9。

表 7-9　任务评价

评价内容	操作要求	评价标准	配分	扣分
电路图识读	（1）正确识别控制电路中各种电器元件符号及功能 （2）正确分析控制电路工作原理	（1）电器元件符号不认识，每处扣 1 分 （2）电器元件功能不知道，每处扣 1 分 （3）电路工作原理分析不正确，每处扣 1 分	10	

（续）

评价内容	操 作 要 求	评 价 标 准	配分	扣分
装前准备	（1）器材齐全 （2）电器元件型号、规格符合要求 （3）检查电器元件外观、附件、备件 （4）用仪表检查电器元件质量	（1）器材缺少，每只扣1分 （2）电器元件型号、规格不符合要求，每只扣1分 （3）漏检或错检，每处扣1分	10	
元器件安装	（1）按电气布置图安装 （2）元器件安装牢固 （3）元器件安装整齐、匀称、合理 （4）不能损坏元器件	（1）不按布置图安装，该项不得分 （2）元器件安装不牢固，每只扣4分 （3）元器件布置不整齐、不匀称、不合理，每项扣2分 （4）损坏元器件，该项不得分 （5）元器件安装错误，每只扣3分	10	
导线连接	（1）按电路图或接线图接线 （2）布线符合工艺要求 （3）接点符合工艺要求 （4）不损伤导线绝缘或线芯 （5）套装编码套管 （6）软线套线鼻 （7）接地线安装	（1）未按电路图或接线图接线，扣20分 （2）布线不符合工艺要求，每处扣3分 （3）接点有松动、露铜过长、反圈、压绝缘层，每处扣2分 （4）损伤导线绝缘层或线芯，每根扣5分 （5）编码套管套装不正确或漏套，每处扣2分 （6）不套线鼻，每处扣1分 （7）漏接接地线，扣10分	40	
通电试车	在保证人身和设备安全的前提下，通电试验一次成功	（1）热继电器整定值错误或未整定，扣5分 （2）主电路、控制电路配错熔体，各扣5分 （3）验电操作不规范，扣10分 （4）一次试车不成功扣5分，二次试车不成功扣10分，三次试车不成功扣15分	20	
工具仪表使用	工具、仪表使用规范	（1）工具、仪表使用不规范，每次酌情扣1～3分 （2）损坏工具、仪表，扣5分	10	
故障检修	（1）正确分析故障范围 （2）查找故障并正确处理	（1）故障范围分析错误，从总分中扣5分 （2）查找故障的方法错误，从总分中扣5分 （3）故障点判断错误，从总分中扣5分 （4）故障处理不正确，从总分中扣5分		
技术资料归档	技术资料完整并归档	技术资料不完整或不归档，酌情从总分中扣3～5分		
安全文明生产	（1）要求材料无浪费，现场整洁干净 （2）工具摆放整齐，废品清理分类符合要求 （3）遵守安全操作规程，不发生任何安全事故 如违反安全文明生产要求，酌情扣5～40分，情节严重者，可判本次技能操作训练为零分，甚至取消本次实训资格			
定额时间	180min，每超时5min，扣5分			
开始时间	结束时间	实际时间	成绩	

收获体会：

学生签名：　年　月　日

教师评语

教师签名：　年　月　日

项目八 普通车床电气控制电路的安装与检修

项目描述

车床主要用来车削外圆、内圆、端面、螺纹、螺杆等加工工作，装上钻头或铰刀等刀具手，还可以进行钻孔和铰孔等加工工作。

车床的种类很多，按主轴位置分，有卧式车床和立式车床；按刀具情况分，有转塔（六角）车床和多刀车床；按加工适用性分，有通用车床、专用车床和仿形车床；按自动化程度分，有普通车床、半自动车床、自动车床和数控车床，其中以普通车床应用最广泛。

本项目的要求是完成 CA6140 型车床控制电路的安装与检修，具体分成三个任务进行：认识 CA6140 型车床、控制电路的安装与调试、常见电气故障的分析与检修。

项目目标

- 了解 CA6140 型车床的主要结构及运动形式、电力拖动特点及控制要求。
- 认识 CA6140 型车床的低压电器，并能用万用表检测其好坏。
- 掌握电气控制电路图的识读方法，会分析 CA6140 型车床控制电路。
- 会安装 CA6140 型车床控制电路。
- 会分析、排除 CA6140 型车床常见的电气故障。

任务一　认识CA6140型车床

相关知识

一、CA6140型车床的型号含义

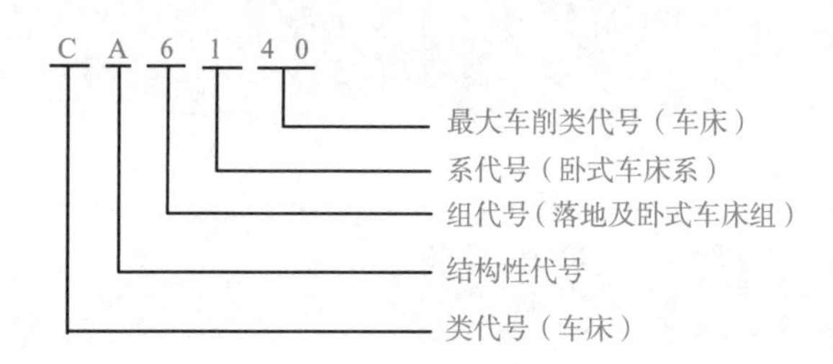

二、CA6140型车床的主要结构及作用

CA6140型车床主要由床身、主轴箱、进给箱、溜板箱、刀架、尾架、光杠和丝杠等部分组成。CA6140型车床的外形及主要结构如图8-1所示，各部分结构及作用见表8-1。

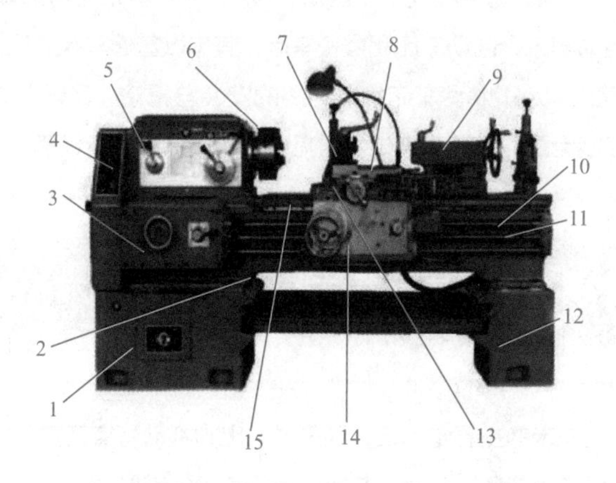

图8-1　车床的外形及主要结构图

1—左床座　2—床身　3—进给箱　4—挂轮架　5—主轴箱　6—卡盘　7—主刀架　8—小滑板　9—尾座　10—丝杠　11—光杠　12—右床座　13—横溜板　14—溜板箱　15—纵溜板

表8-1　CA6140型车床的主要结构及作用

结构名称	作　用
主轴箱	固定在床身的左上端，内装有主轴以及使主轴变速和变向的传动机构；它的主要任务是将主电动机传来的旋转运动经过变速机构使主轴得到所需的正反两种转向的不同转速，同时主轴箱分出部分动力将运动传给进给箱
进给箱	位于床身的左前侧，内装有进给运动的变速机构和操纵机构。其功能是把主轴传递的动力传给光杠或丝杠，通过调整变速机构，可以使光杠或丝杠得到各种不同的转速
溜板箱	固定在刀架部件的底部，可带动刀架一起做纵向、横向进给运动，快速移动或螺纹加工。它的功能是将光杠和丝杠的旋转运动变成刀架的直线运动。在溜板箱上装有各种操作手柄及按钮，工作时工人可以方便地操作机床

（续）

结构名称	作　用
丝杠与光杠	用以连接进给箱与溜板箱，并把进给箱的运动和动力传给溜板箱，使溜板箱获得纵向直线运动。通过光杠传动实现刀架的纵向进给运动、横向进给运动和快速移动，通过丝杠带动刀架做纵向直线运动，以便车削螺纹 通过调整进给箱上的变速机构，可以使光杠与丝杠获得不同的转速，从而改变被加工螺纹的螺距或机动进给时的进给量
刀架	它装在刀架导轨上，并可沿刀架导轨做纵向移动。刀架部件由床鞍（大拖板）、横拖板、小拖板和四方刀架等组成。刀架部件是用于装夹车刀，并使车刀做纵向、横向和斜向的运动
尾座	它装在床身右端，可沿尾座导轨做纵向位置的调整。尾座的功能是用后顶尖支承工件，也可以安装钻头、铰刀等孔加工工具，进行孔加工
床身	床身固定在左床腿和右床腿上。床身是机床的基本支撑件。在床身上安装着机床的各个主要部件，工作时床身使它们保持准确的相对位置

三、CA6140型车床的运动形式

车床在进行车削加工时，工件被夹在卡盘上由主轴带动旋转，加工工具（车刀）被装在刀架上，由溜板箱带动做横向和纵向运动，以改变车削加工的位置和深度。因此，车床的主运动是主轴的旋转运动，进给运动就是溜板箱带动刀架的横向进给和纵向进给运动，而辅助运动则包括刀架的快速移动和工件的夹紧与放松等。

四、CA6140型车床的电力拖动特点及控制要求

CA6140 型车床的电力拖动系统一般由三台电动机组成：带动主轴旋转和刀架快速进给的主轴电动机 M1、冷却泵电动机 M2 和刀架快速移动电动机 M3。其电力拖动特点及控制要求见表 8-2。

表 8-2　CA6140 型车床电力拖动特点及控制要求

电　动　机	拖动特点及控制要求
主轴电动机 M1	（1）主轴电动机采用三相笼型异步电动机。切削时，根据工件的材料性质，要求主轴有不同的切削速度，主轴电动机采用齿轮箱进行机械有级调速，不需要电气调速 （2）在车削螺纹时，要求主轴能正、反向运行，CA6140 型车床采用机械方法实现电动机的换向，主轴电动机只做单向旋转 （3）主轴电动机的容量不大，可采用直接起动
冷却泵电动机 M2	（1）车削加工时，为防止刀具和工件温度过高，需要利用切削液对其进行冷却，所以要配有冷却泵电动机，来拖动冷却泵输出切削液 （2）冷却泵电动机只需单向旋转 （3）冷却泵电动机与主轴电动机有联锁关系，即在主轴电动机起动后，才能决定冷却泵电动机是否起动，而当主轴电动机停止时，冷却泵应立即停止
刀架快速移动电动机 M3	为实现溜板箱的快速移动，由单独的快速移动电动机拖动，并采用点动控制
整体控制要求 （1）控制电路必须有过载、短路、欠电压、失电压保护功能 （2）具有安全的局部照明装置	

五、CA6140型车床低压电器

图 8-2 所示为 CA6140 型车床配电箱，箱中包括熔断器、接触器、热继电器、变压器和中间继电器等，其中熔断器、接触器、热继电器在项目一中已经介绍过，这里重点介绍中间继电器和变压器。

1. 中间继电器

图 8-2　CA6140 型车床配电箱

中间继电器实质上是一个电压继电器，是用来增加控制电路中的信号数量或将信号放大的继电器。在机床控制线路中，中间继电器常用来控制各种电磁线圈，将一个输入信号变成一个或多个输出信号，起到触点放大的作用。

中间继电器有交流和直流两种，常用的交流中间继电器有 JZ7 系列，直流中间继电器有 JZ12 系列，小型中间继电器有 JTX 系列。

中间继电器的结构与接触器基本相同，但中间继电器的触点对数多，且没有主辅之分，各对触点允许通过的电流大小相同，多数为 5A。

中间继电器的工作原理与接触器基本相同，其输入信号是也是线圈的通电或断电，输出信号是触点的动作。对于工作电流小于 5A 的电气控制线路，可用中间继电器代替接触器控制。

JZ7 系列中间继电器的外形和符号如图 8-3 所示。

a）外形

b）符号

图 8-3　JZ7 系列中间继电器的外形和符号

2. 变压器

变压器是一种静止的电气设备。它是根据电磁感应的原理，将某一等级的交流电压和电流转换成同频率的另一等级电压和电流的设备。

变压器由铁心（或磁心）和线圈组成，线圈有两个或两个以上的绕组，其中接电源的绕组叫一次绕组，其余的绕组叫二次绕组。它可以变换交流电压、电流和阻抗。最简单的铁心变压器由一个软磁材料做成的铁心及套在铁心上的两个匝数不等的线圈构成，如图 8-4 所示。

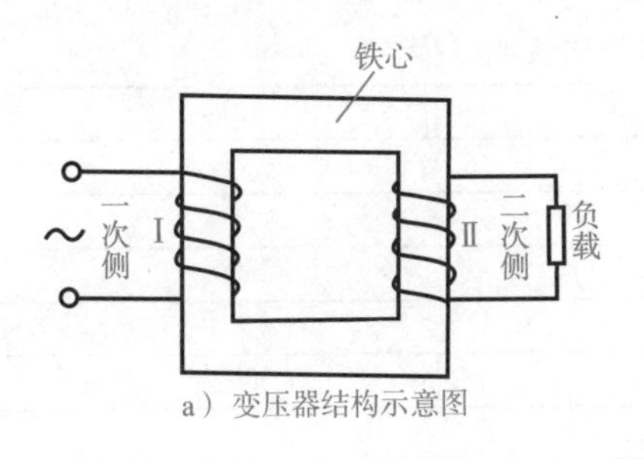

a）变压器结构示意图

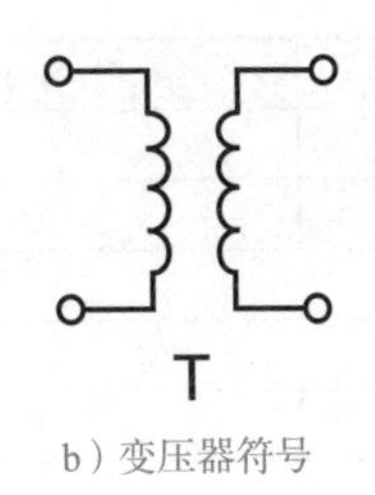

b）变压器符号

图 8-4　变压器的结构示意图、符号

变压器主要可分为：

1）电力变压器：电力输配电、电力用户配电的必要设备。

2）控制变压器：主要适用于交流 50Hz（或 60Hz）、电压 1000V 及以下电路中，在额定负载下可连续长期工作，通常用于机床、机械设备中，作为电器的控制照明及指示灯电源。

3）电子变压器：一种通过半导体开关器件以及电子元器件和高频变压器绕组，将市电的交变电压转变为直流后再输出高频交流电压的电子装置。

图 8-5 所示是常见的几种变压器，在机床控制柜中一般用控制变压器，文字符号为 TC。

a）电力变压器

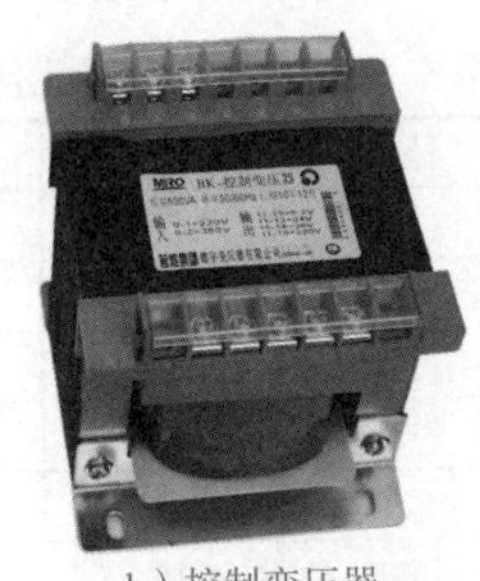
b）控制变压器

c）电子变压器

图 8-5　常见变压器外形

任务实施

一、任务准备

准备至少一台 CA6140 型车床，并将其主要结构及配电箱内外电器元件分别进行编号。

二、识别车床的主要结构

仔细观察车床的各部分结构，将结构名称填入表 8-3 中。

表 8-3　车床结构识别

编　号	结构名称	作　用
(1)		
(2)		
(3)		
(4)		
(5)		
(6)		
(7)		

三、识别车床的主要运动

在教师的监督下，操作车床，仔细观察各部分的运动，并将对应运动形式填入表 8-4 中。

表 8-4　车床的主要运动形式识别

运动名称	运动形式	控制要求
主运动		
进给运动		
辅助运动		

四、识别车床电器元件

指出车床上及配电箱中电器元件的名称，并记录型号，填入表 8-5 中。

表 8-5　车床及配电箱中电器元件识别

编　号	名　称	型　号	编　号	名　称	型　号
(1)			(11)		
(2)			(12)		
(3)			(13)		
(4)			(14)		
(5)			(15)		
(6)			(16)		
(7)			(17)		
(8)			(18)		
(9)			(19)		
(10)			(20)		

任务评价

对整个任务的完成情况进行评价，评价内容、操作要求及评价标准见表 8-6。

表 8-6　任务评价

评价内容	操作要求	评价标准	配分	扣分
CA6140 型车床主要结构识别	熟悉 CA6140 型车床的主要结构及作用	(1) 车床主要结构不清，每处扣 2 分 (2) 主要结构的作用不清，每处扣 2 分	40	

（续）

评价内容	操作要求	评价标准	配分	扣分
CA6140 型车床运动形式识别	会操作车床，熟悉 CA6140 型车床的运动形式及控制要求	（1）不会操作机床，每处扣 3 分 （2）机床运动形式不清，每处扣 3 分 （3）控制要求不清，每处扣 3 分	30	
CA6140 型车床电器元件识别	识别 CA6140 型车床上及配电箱中的元器件及型号	（1）不认识元器件，每处扣 2 分 （2）元器件型号不清，每处扣 2 分	30	
安全文明生产	（1）要求现场整洁干净 （2）工具摆放整齐，废品清理分类符合要求 （3）遵守安全操作规程，不发生任何安全事故 如违反安全文明生产要求，酌情扣 5 ~ 40 分，情节严重者，可判本次技能操作训练为零分，甚至取消本次实训资格			
定额时间	120min，每超时 5min，扣 5 分			
开始时间		结束时间	实际时间	成绩

收获体会：

学生签名：　　年　月　日

教师评语：

教师签名：　　年　月　日

任务二　CA6140 型车床控制电路的安装与调试

相关知识

一、电气控制电路图的识读方法

阅读电气控制电路图（电路图）的常用方法是查线读图法。查线阅读法读图可分以下几步：

（1）分析主电路　先分析执行元件的电路。一般应先从电动机入手，即从主电路分析有哪些控制元件的主触点和附加元件，根据其组合规律可大致了解该电动机的工作情况（如起动、制动要求，要不要正反转、调速等）。这样，在分析控制电路时可以有的放矢。

（2）分析控制电路　在电路图中，由主电路的控制元件主触点文字符号找到相关的控制环节以及环节间的联系，将控制电路“化整为零”，按功能不同划分为若干个局部控制电路来分析。通常是按展开顺序，结合电器元件明细表、元件动作表进行阅读。从按动操作按钮开始查对电路。逐级观察元件的触点信号是如何控制其他元件或执行元件动作的。

（3）分析其他辅助电路　辅助电路中很大部分是由控制电路中的元件来控制的，所以在分析辅助电路时，还要重新对照控制电路进行分析。

(4)分析联锁与保护环节　在控制电路中还会设置一系列的电气保护和电气联锁，在分析电路图的过程中，也是一个重要的内容。

(5)分析特殊环节　在一些电路中，还设置了一些与主电路、控制电路关系不太密切，相对独立的环节，如产品计数装置、自动检测系统、晶闸管触发电路、自动调温装置等。这些部分往往自成一个小系统，其读图分析的方法可参照上述分析过程，并灵活运用电子技术、自动控制系统的知识进行分析。

(6)总体检查　经过“化整为零”分析电路的工作原理以及各部分之间的控制关系后，还必须用“集零为整”的方法检查整个电路，从整体角度去进一步检查和理解各控制环节之间的联系，以清楚地理解电路图中每一个电器元件的作用、工作过程及主要技术参数。

在阅读分析电气控制电路图时，还应注意以下几点：

1)控制电路按功能划分若干图区，通常将一条回路或一条支路划为一个图区，并从左向右依次用阿拉伯数字编号，标注在图形下部的图区栏中，如图 8-6 所示。

2)控制电路中每个图区的电路在机床电气操作中的用途，必须用文字标明在控制电路图上部的用途栏中，如图 8-6 所示。

3)在控制电路图中每个接触器的文字符号 KM 下面画两条竖直线，分成左、中、右三栏，如图 8-6 中位于 7 号图区的接触器 KM。接触器线圈符号下的数字标记见表 8-7。

表 8-7　接触器线圈符号下的数字标记

举　例	左　栏	中　栏	右　栏
	主触点所在图区号	辅助常开触点所在图区号	辅助常闭触点所在图区号
KM 2	8	× 2	10	× 2			表示 KM 的 3 对主触点均在图区 2	表示 KM 一对辅助常开触点在图区 8，另一对辅助常开触点在图区 10	表示 KM 的 2 对辅助常闭触点均没有用

4)在控制电路图中每个继电器线圈符号下面画一条竖线，分成左、右两栏，如图 8-6 中位于图区 9 的 KA2 和图区 10 的 KA1。继电器线圈符号下的数字标记见表 8-8。

表 8-8　继电器线圈符号下的数字标记

栏　目	左　栏	右　栏
触点类型	常开触点所在图区号	常闭触点所在图区号
举例 KA2 4 | 4 | 4		表示 KA2 的 3 对常开触点均在图区 4	表示 KA2 的常闭触点均没有用

5）控制电路图在触点的文字符号边的数字表示该电器线圈所处的图区号。如图 8-6 中位于图区 2 的 ${}^{\mathrm{KM}}_{7}$，7 表示 KM 的线圈在图区 7；图区 3 的 ${}^{\mathrm{KA1}}_{10}$表示 KA1 的线圈在图区 10；4 号图区中的 ${}^{\mathrm{KA2}}_{9}$，表示 KM2 的线圈在 9 号图区。

二、CA6140型车床电气控制电路

图 8-6 所示为CA6140 型车床控制电路图，图中电气元件符号与功能说明见表 8-7。

电源保护	电源开关	主轴电动机	短路保护	冷却泵电动机	刀架快速移动电动机	控制电源变压及保护	断电保护	主轴电动机控制	刀架快速移动	冷却泵控制	信号灯	照明灯

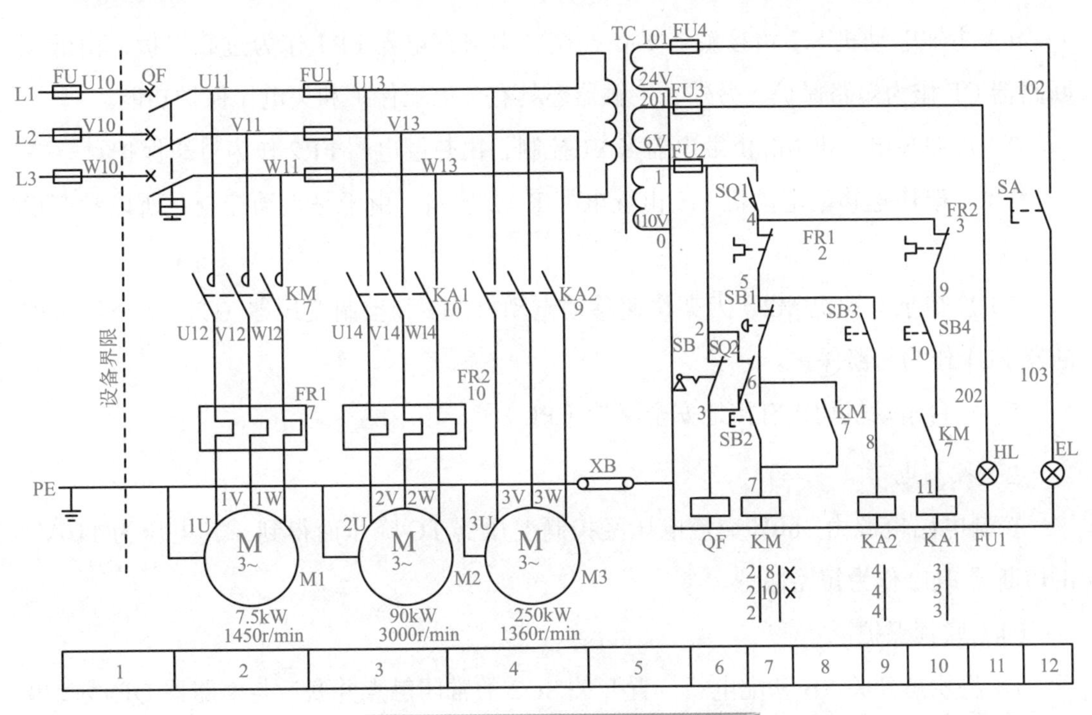

图 8-6　CA6140 型车床控制电路图

表 8-9　CA6140 型车床电路图中电气元件符号与功能说明

符号	名称及用途	符号	名称及用途
M1	主轴电动机	FU4	机床照明灯短路保护
M2	冷却泵电动机	SB	钥匙开关
M3	刀架快速移动电动机	SB1	主轴电动机停止按钮
KM	主轴电动机起动接触器	SB2	主轴电动机起动按钮
KA1	冷却泵电动机起动继电器	SB3	刀架快速移动电动机点动按钮
KA2	刀架快速移动电动机起动继电器	SB4	冷却泵电动机起动旋钮
FR1	主轴电动机过载保护	SQ1	床头传动带罩的位置开关
FR2	冷却泵电动机过载保护	SQ2	配电盘壁龛门的安全行程开关
QF	具有断电保护的电源开关	EL	电源指示灯
TC	控制变压器	HL	机床照明灯
FU	机床控制电路短路保护	SA	机床照明开关
FU1	M1、M2 短路保护	PE	安全接地保护
FU2	控制电路短路保护	XB	接线端子
FU3	HL 短路保护		

电路的工作原理如下：

1. 主电路

车床电源采用三相380V交流电源，由电源开关QF引入，由熔断器FU作为总电源短路保护。

主电路共有三台电动机：M1为主轴电动机，带动主轴旋转和刀架做进给运动；M2为冷却泵电动机，用以输送切削液；M3为刀架快速移动电动机，在机械手柄的控制下带动刀架快速做横向或纵向进给运动。

1）主轴电动机M1由接触器KM控制，由热继电器FR1作为过载保护，由低压断路器QF作为短路保护，另外，接触器还具有欠电压保护和失电压保护功能。

2）冷却泵电动机M2由继电器KA1控制，由热继电器FR2作为过载保护。

3）刀架快速移动电动机M3由继电器KA2控制，由于是点动控制，所以没有设过载保护。

4）冷却泵电动机M2、刀架快速移动电动机M3和控制变压器TC一次绕组由熔断器FU1作为短路保护。

5）三台电动机均设有接地安全保护（PE）。

2. 控制电路

控制电路电源由380V交流电压经控制变压器TC降压而得到，其电压为110V，由熔断器FU2作为短路保护。

（1）联锁保护

1）将钥匙开关SB和配电箱位置开关SQ2的常闭触点并联后与断路器QF线圈串联，确保只有在配电箱箱门关闭，且用钥匙开关操作的情况下，才能将电源开关QF合闸，引入三相交流电源。

SB是一个钥匙开关，当插入钥匙向右旋转时，SB的常闭触点（2-3）断开。位置开关SQ2装在配电箱的箱门上，当配电箱门关闭时，SQ2的常闭触点（2-3）断开，当配电箱门打开时，SQ2的常闭触点（2-3）复位。

当机床控制电路需要通电时，应将配电箱的箱门关闭，使SQ2的常闭触点（2-3）断开；然后将钥匙插入SB并向右转动，使SB的常闭触点（2-3）断开；再将断路器QF合闸，将三相交流电源引入。断路器合闸后，电源指示灯HL亮。

如果配电箱的箱门呈打开状态时，将钥匙开关插入SB向右转动，此时由于SQ2的常闭触点（2-3）闭合，QF一旦合闸，QF线圈就会得电，使断路器QF自动跳闸，

切断电源，确保人身安全。

同理，在机床正常工作时，配电箱的箱门应该呈关闭状态。如果打开配电箱的箱门，SQ2的常闭触点（2-3）就会闭合，使QF线圈得电，断路器QF跳闸，三相电源断开。

断电时，将钥匙插入SB向左旋转，使SB的常闭触点（2-3）闭合，QF线圈得电，断路器QF跳闸，机床就可以断电。

如果在机床工作时需要打开配电箱门进行带电检修，可将SQ2安全开关传动杆拉出，使SQ2的常闭触点（2-3）断开，此时QF线圈不得电，QF不会跳闸。当检修完毕，关上配电箱门后，将SQ2开关传动杆复位，SQ2照常起保护作用。

2）机床床头传动带罩处设有安全开关SQ1，确保电动机工作安全。

在机床床头传动带罩处设有安全开关SQ1，当传动带罩合上时，SQ1的常开触点（2-4）闭合。当打开传动带罩时，SQ1的常开触点（2-4）断开。

机床在正常工作时，必须将传动带罩合上，使SQ1的常开触点（2-4）闭合，保证电动机M1、M2和M3能正常工作；当打开传动带罩时，安全开关SQ1的常开触点断开，切断M1、M2和M3控制电路的电源，使电动机全部停止旋转，确保人身安全。

（2）主轴电动机M1的控制　在引入三相交流电源、合上机床床头传动带罩（SQ1（2-4）闭合）的情况下，按下主轴电动机M1的起动按钮SB2，SB2的常开触点（6-7）闭合，接触器KM线圈通电，KM主触点闭合，主轴电动机M1起动；同时，KM辅助常开触点（6-7）闭合，实现自锁；KM辅助常开触点（10-11）闭合，为KA1线圈得电做准备。

按下停止按钮SB1，接触器KM线圈断电，主轴电动机M1停转。

（3）冷却泵电动机M2的控制　在主轴电动机M1起动后，转动旋钮开关SB4，SB4的常开触点（9-10）闭合，中间继电器KA1线圈得电，KA1触点闭合，冷却泵电动机M2起动。当主轴电动机M1停止时，冷却泵电动机M2自行停止。

（4）刀架快速移动电动机M3的控制　刀架快速移动电动机M3的起动是由安装在进给操作手柄顶端的按钮SB3控制的，它与中间继电器KA2组成点动控制电路。如需刀架快速移动，按下点动按钮SB3即可。刀架的移动方向（前、后、左、右）的改变，是由进给操作手柄配合机械装置来实现的。

3. 照明、信号电路

控制变压器TC的二次侧分别输出24V、6V安全电压，作为车床局部照明灯和信号灯的电源。EL为车床的局部照明灯，由开关SA控制。HL为电源信号灯，只要机床三相电源接通，HL就会通电发光。HL和EL分别由熔断器FU4、FU3作为短路保护。

任务实施

一、装前准备

按表 8-10 配齐电气设备和元件，并逐个检验其规格和质量；按电动机的容量、电路走向及要求和各元件的安装尺寸，正确选配导线的规格、导线通道类型和数量、接线端子板、控制板、坚固体等。

有条件的可以在车床上进行安装，没有条件的可以在控制板或控制柜上进行模拟安装，电动机和低压电器的型号自选。

表 8-10 实训器材表

符号	型号	规格	符号	型号	规格
M1	Y132M—4—B3	7.5kW、1450r/min	FU3	BZ001	熔体 1A
M2	AOB—25	90W、2980 r/min	FU4	BZ001	熔体 2A
M3	AOS5634	250W、1360 r/min	SB	LAY3—01Y/2	
KM	CJT1—20	线圈电压 380V	SB1	LAY3—01ZS/1	
KA1	JZ7—44	线圈电压 380V	SB2	LAY3—10/3.11	
KA2	JZ7—44	线圈电压 380V	SB3	LAY9	
FR1	JR16—20/3D	15.4A	SB4	LAY—10X/20	
FR2	JR16—20/3D	0.32A	SQ1	JWM6—11	
QF	AMZ—40	20A	SQ2	JWM6—11	
TC	JBK2—10	380V/110V/24V/6V	EL	JC11	24V
FU1	BZ001	熔体 6A	HL	ZSD—0	6V
FU2	BZ001	熔体 1A			

二、固定元器件、走线槽和电动机

图 8-7 所示为 CA6140 型车床上电气设备、电器元件和配电箱内部电器元件布置图，按图所示要求在配电箱外部固定元器件和导线通道，在配电箱内部固定元器件和走线槽，并在元器件附近做好与电路上相同代号的标记。位置代号索引见表 8-11。安装电动机，并将其与相应的生产机械传动装置进行连接。

注意

安装走线槽时，要做到横平竖直、排列整齐均匀、安装牢固、便于走线；做导线通道时，要考虑导线的走向合理。

表 8-11 位置代号索引

序号	部件名称	代号	安装元器件
1	床身底座	+M01	— M1、— M2、— XT0、— XT1、— SQ2
2	床鞍	+M05	— HL、— EL、— SB1、— SB2、— ST2、— XT3、数显尺
3	溜板	+M06	— M3、— SB3
4	传动带罩	+M15	— QF、— SB、— SB4、— SQ1
5	床头	+M02	数显表

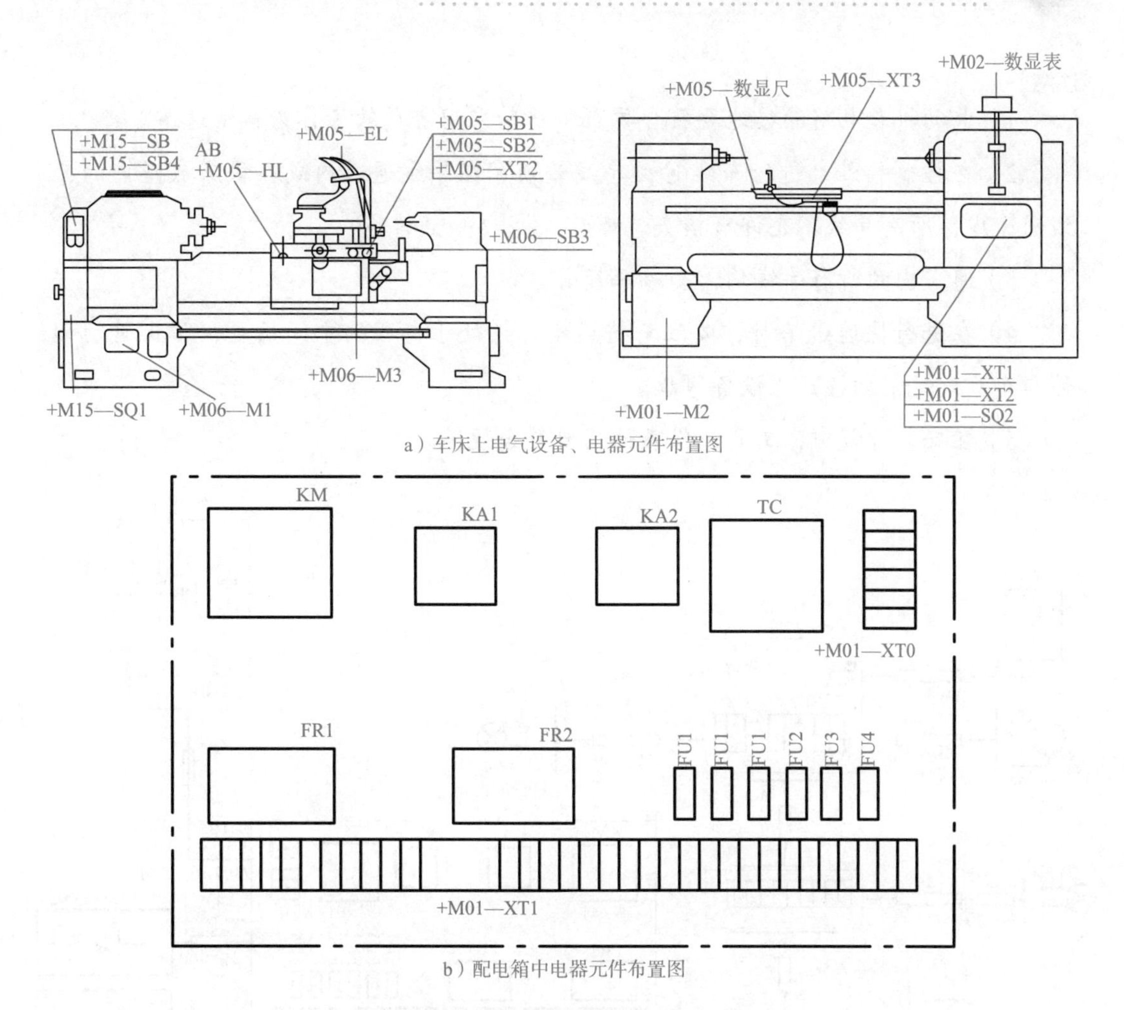

a）车床上电气设备、电器元件布置图

b）配电箱中电器元件布置图

图 8-7　CA6140 型车床电器元件布置图

三、连接导线

1. 配电箱内部布线

CA6140 型车床的电气安装接线如图 8-8 所示，按图所示的走线方法，在配电箱内部进行板前线槽配线，并在导线端套号码管。

2. 配电箱外部布线

按图 8-8 所示走线方法，在配电箱外部布线，并在导线的线头上要套装与电路图相同线号的编码套管。对可移动的导线通道应留有适当的余量，使金属软管在运动时不承受拉力，并按规定在通道内放好备用导线。

3. 连接电动机和所有电器元件金属外壳的保护接地线

注意

1）电动机和电路的接地要符合要求，严禁采用金属软管作为接地通道。

2）在控制箱外部进行布线时，导线必须穿在导线通道内或在机床底座内的导线通道内，所有导线不允许有接头。

3）通道内的所有导线均需套编码套管。

4）在进行快速进给时，要注意将运动部件处于行程的中间位置，防止运动部件与车头或尾架相撞产生设备事故。

5）在安装过程中，工具、仪表使用要符合规范。

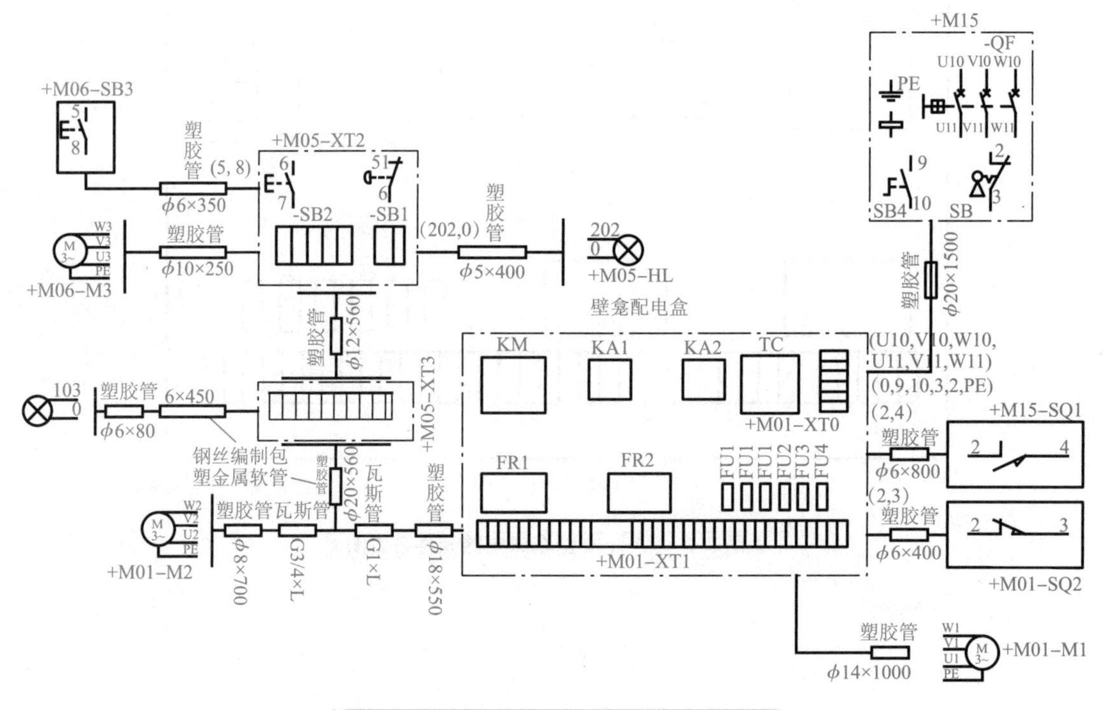

图 8-8 CA6140 型车床电气安装接线图

四、自检

1）检查控制电路安装的正确性及接地通道是否具有连续性。

2）检查热继电器的整定值和熔断器中的熔体的规格是否符合要求。

3）检查电动机及电路的绝缘电阻是否正常。

4）检查电动机的安装是否牢固，与生产机械传动装置的连接是否可靠。

五、通电试车

通电试车时应严格遵守安全用电操作规程，由一人监护、一人操作。通电试车一

般先不接电动机进行试车，以检测控制电路动作是否正常、三相异步电动机的电源电压是否平衡等；若正常，再接上电动机进行通电试车，检测电动机的三相电流是否平衡。

1）通电试须得到指导教师的同意，并由指导教师接通三相电源，同时在现场监护。

2）按生产机械的控制要求，有顺序地按下各类按钮，观察各电器元件的动作及电动机运行是否符合控制要求。

3）试车中发现异常情况，应立即停车。

4）当电动机运转平稳后，用钳形电流表检测电动机三相电流是否平衡。

5）试车过程中出现故障时，应由学生独立进行检修。若需带电检查，则必须由指导教师在现场监护。

6）通电试车完成后，应待电动机停转，再切断电源。然后拆除三相电源线，最后拆除电动机电源线。

注意

通电操作时，必须严格遵守安全用电操作规程。

任务评价

对任务的完成情况进行评价，评价内容、操作要求及评价标准见表 8-12。

表 8-12　任务评价

评价内容	操作要求	评价标准	配分	扣分
装前准备	（1）器材齐全 （2）电器元件型号、规格符合要求 （3）检查电器元件外观、附件、备件 （4）用仪表检查电器元件质量	（1）器材缺少，每只扣 1 分 （2）电器元件型号、规格不符合要求，每只扣 1 分 （3）漏检或错检，每处扣 1 分	10	
元器件安装	（1）按电器布置图安装 （2）元器件安装牢固 （3）元器件安装整齐、匀称、合理 （4）不能损坏元器件 （5）机床走线通道合理	（1）不按布置图安装，该项不得分 （2）元器件安装不牢固，每只扣 2 分 （3）元器件布置不整齐、不匀称、不合理，每项扣 2 分 （4）损坏元器件，该项不得分 （5）元器件安装错误，每只扣 3 分 （6）走线通道不合理，每处扣 5 分	20	
导线连接	（1）按电路图或接线图接线 （2）布线符合工艺要求 （3）接点符合工艺要求 （4）不损伤导线绝缘或线芯 （5）套装编码套管 （6）软线套线鼻 （7）接地线安装	（1）未按电路图或接线图接线，扣 20 分 （2）布线不符合工艺要求，每处扣 3 分 （3）接点有松动、露铜过长、反圈、压绝缘层，每处扣 2 分 （4）损伤导线绝缘层或线芯，每根扣 5 分 （5）编码套管套装不正确或漏套，每处扣 2 分 （6）不套线鼻，每处扣 1 分 （7）漏接接地线，扣 10 分	40	
通电试车	在保证人身和设备安全的前提下，通电试验一次成功	（1）主电路、控制电路配错熔体，各扣 5 分 （2）验电操作不规范，扣 10 分 （3）一次试车不成功扣 5 分，二次试车不成功扣 10 分，三次试车不成功扣 15 分	20	

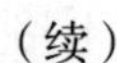
（续）

<table>
<tr><th>评价内容</th><th colspan="2">操作要求</th><th colspan="2">评价标准</th><th>配分</th><th>扣分</th></tr>
<tr><td>工具仪表使用</td><td colspan="2">工具、仪表使用规范</td><td colspan="2">（1）工具、仪表使用不规范，每次酌情扣 1 ～ 3 分
（2）损坏工具、仪表，扣 5 分</td><td>10</td><td></td></tr>
<tr><td>技术资料归档</td><td colspan="2">技术资料完整并归档</td><td colspan="2">技术资料不完整或不归档，酌情从总分中扣 3 ～ 5 分</td><td></td><td></td></tr>
<tr><td>安全文明生产</td><td colspan="4">（1）要求材料无浪费，现场整洁干净
（2）工具摆放整齐，废品清理分类符合要求
（3）遵守安全操作规程，不发生任何安全事故
如违反安全文明生产要求，酌情扣 5 ～ 40 分，情节严重者，可判本次技能操作训练为零分，甚至取消本次实训资格</td><td></td><td></td></tr>
<tr><td>定额时间</td><td colspan="4">180min，每超时 5min，扣 5 分</td><td></td><td></td></tr>
<tr><td>开始时间</td><td></td><td>结束时间</td><td></td><td>实际时间</td><td>成绩</td><td></td></tr>
</table>

收获体会：

学生签名：　　年　月　日

教师评语：

教师签名：　　年　月　日

任务三　CA6140 型车床常见电气故障的分析与检修

相关知识

一、检修要求

1）检修前，要认真阅读电路图，熟练掌握各个控制环节的原理及作用，并认真仔细观察教师的示范检修。

2）由于该类车床的电气控制与机械结构的配合十分密切，因此，在判断故障时，应首先判断是机械故障还是电气故障。

3）熟悉故障电路中元器件的具体位置，在检修过程中，能够在电气柜众多元器件中找到故障电路中的每个元器件。

4）熟悉元器件之间的连接线路，要掌握每个元器件的信号输入线路是从哪个元器件的哪个接线端出来的，每个元器件的输出信号传到哪个元器件上的具体接线端子。

5）熟悉器件的具体特性，要掌握元器件的工作电压、电流的特性，元器件接收信号后的动作过程，以便准确判断元器件好坏。

6）检查所用工具、仪表，应符合使用要求。

7）排除故障时，必须修复故障点，但不得采用元器件代换法。

8）检修时，严禁扩大故障范围或产生新的故障。

9）停电要验电，带电检修时，必须要有指导教师在现场监护，以确保安全。

10）检修时，不能采用改动线路或更换不同规格的电器元件，以防止产生人为故障。

11）试运行时，应与操作工配合完成。

12）不仅要查出故障点、排除故障，还应查明产生故障的原因，然后将故障的原因排除，并采取有效的措施，以免以后产生类似的故障。

13）每次排除故障后，应及时总结经验，并做好故障记录。

二、检修方法

电气控制电路故障的检修步骤及检测方法在项目一已经介绍过。电气故障的检修方法除了电压分阶测量法、电阻分阶测量法、电阻分段测量法外，还有以下几种测量方法：

1. 电压分段测量法

先将万用表转换开关置于交流电压500V档位上，然后按如下方法进行测量，其测量方法如图8-9所示。

先用万用表测量0–1两点间的电压，若为380V，则说明控制电路的电源电压正常。然后按下起动按钮SB2，若接触器KM1不能吸合，则说明控制电路有故障。这时可用万用表逐段测量相邻两点间的电压（1–2、2–3、3–4、4–5、5–6），其测量结果与可能的故障点推断方法是：若某两点间电压为380V，其他点间电压为零，则说明这两点间的触点接触不良或导线断开。但对继电器的线圈，最好用万用表测量其直流电阻值，以判断线圈是否断路等故障。

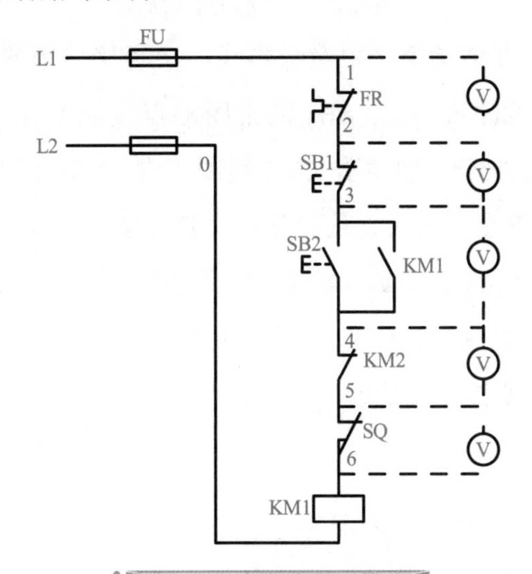

图8-9　电压分段测量法

2. 短接法

因为机床电气控制线路的常见故障是导线断开、触点接触不良、熔断器开路等故障，对此类故障，除用电压法、电阻法检查外，还可用一根绝缘导线，将所怀疑的断路点短接，若短接后电路接通，则说明该处断路。

（1）局部短接法　在控制电路电源电压正常的情况下，按下 SB2 不放，用绝缘导线分别短接相邻两点 1–2、2–3、3–4、4–5、5–6，当短接到某点时，接触器 KM1 吸合，说明断路故障在这两点之间。其方法如图 8-10 所示。

不能短接 6–0 之间，以防电路短路，出现事故。

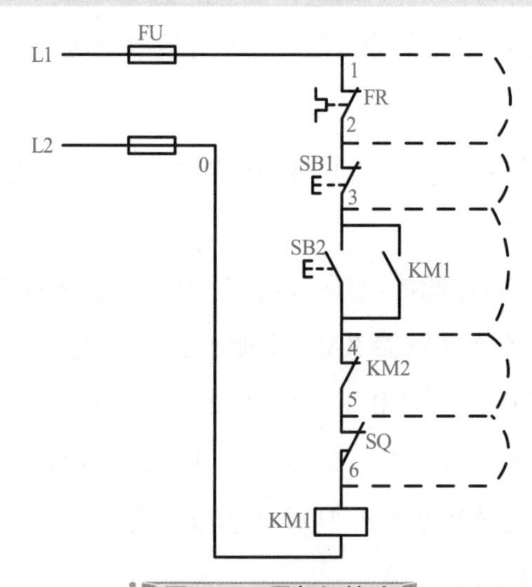

图 8-10　局部短接法

（2）长短接法　该方法是用一根绝缘导线一次短接一个或多个触点来检查故障。以下图为例进行分析：如怀疑 FR、SB1 的常闭触点接触不良，可将 1–6 两点间用绝缘导线短接，如 KM1 能吸合，则说明 KM1 线圈正常，故障在 1–6 号点之间的电路上；然后再短接 1–2、3–6 等点，最后确认故障点，其方法如图 8-11 所示。

长短接法可把故障点缩小到较小范围，然后用局部短接法判断具体故障点。如第一次先短接 3–6 两点，若 KM1 不吸合，再短接 1–3 两点，若 KM1 吸合，说明故障在 1–3 两点的范围内。所以长、短接法结合使用，可以较迅速地查找到故障点。

用短接法检查故障时必须注意以下几点：

1）严防发生触电事故。

2）只适用于电压降较小的导线及触点之类的断路故障检查。对于电压降较大的电器，如电阻、线圈、绕组等断路故障，不能用短接法，否则会出现短路故障。

3）只能在生产机械电气和机械部件不会出现故障的情况下才能使用。

4）短接法一般仅适用于查找控制电路故障。

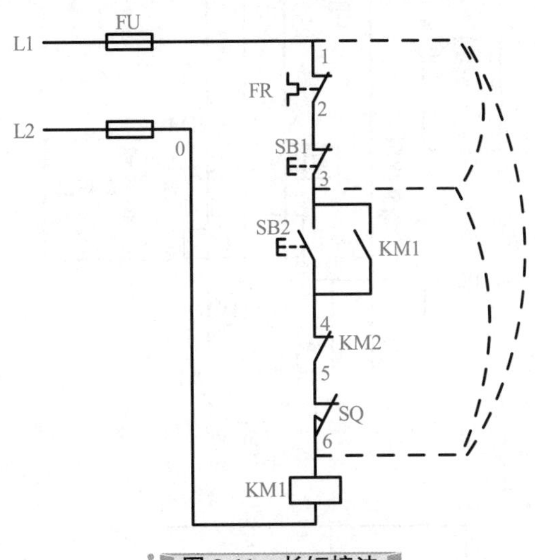

图 8-11　长短接法

三、CA6140型车床电气故障检修示例

故障现象 1：按下主轴电动机起动按钮 SB2，KM 吸合，但主轴电动机 M1 不能起动。

（1）故障分析　按下起动按钮 SB2，KM 能吸合，主轴电动机不能起动，说明故障可能出现在电源电路和主电路中。

（2）故障检修

1）合上电源开关 QF，用万用表测量 U10 与 W10 之间的电压，如果电压为 380V，则电源电路正常，如果无电压，说明熔断器 FU（L3 相）熔断或连线断开，应查明原因，更换相同规格的熔体或连接导线；测 U11 与 W11 之间的电压，如果电压为 380V，说明断路器正常，如果无电压，说明断路器 QF（L3 相）接触不良或连线断开，应查明原因，更换相同规格的断路器或连接导线。

2）断开 QF，检查 KM 主触点，看看是否有接触不良或烧毛的现象。如果有，则修整触点或更换相同规格的接触器；用万用表 R×1 档测量 KM 出线端 U12、V12 与 W12 之间的电阻值，如果阻值不等，检查 FR 与 M1 及其之间的连线并排除故障；如果阻值较小且相等，检查电动机机械部分，查明故障并修复。检修如图 8-12 所示。

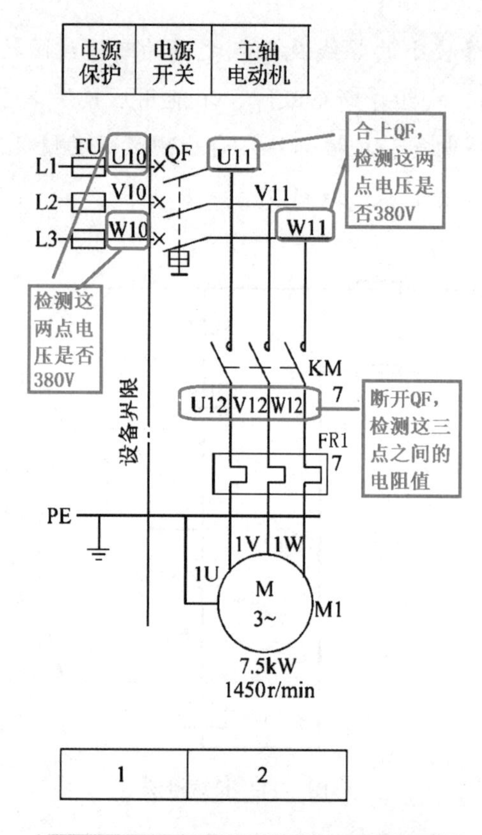

图 8-12 主轴电动机不能起动检修图

故障现象 2：主轴电动机 M1 转动很慢，并发出嗡嗡声。

（1）故障分析　从故障现象中可以判断出这种状态为断相运行或跑单相，问题可能存在于主轴电动机 M1、主电路电源以及 KM1 的主触点上，如三相开关中任意一相触点接触不良；三相熔断器任意一相熔断；接触器 KM1 的主触点有一对接触不良；电动机定子绕组任意一相接线断开、接头氧化、有油污或压紧螺母未拧紧，都会造成断相运行。

（2）故障检修

1）合上 QF，测量 U10、V10、W10 之间的电压，如果电压为 380V，则电源电路正常，否则，可能是熔断器 FU 以及机床总电源的故障；测量 U11、V11、W11 之间的电压，如果电压为 380V，说明断路器正常，否则，可能是断路器 QF 的故障。

2）断开断路器，测量 QF 出线端到 KM 进线端同一线号导线之间的电阻，如果电阻为 0，则检查接触器 KM 的主触点是否正常，如果电阻不为 0，有可能是该段电路连接线松脱故障；测量 KM 出线端到 FR1 进线端同一线号导线之间的电阻，如果电阻为 0，则检查 FR1 的热元件是否正常，如果电阻不为 0，有可能是该段电路连接线松脱故障。

如果以上检查都正常，说明是电动机的故障。检修如图 8-13 所示。

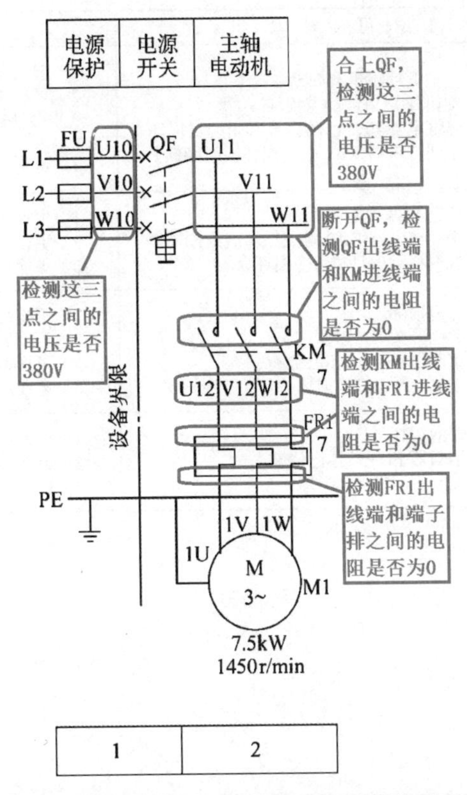

图 8-13　主轴电动机 M1 转动很慢发出嗡嗡声检修图

四、CA6140型车床其他常见电气故障分析与处理

CA6140 型车床常见电气控制线路的其他常见故障分析及处理方法见表 8-13。

表 8-13　CA6140 型车床常见电气故障的分析及处理方法

故障现象	可能原因	处理方法
断路器 QF 合不上	（1）电气箱箱门没有合上（SQ2 不能压合） （2）钥匙式电源开关未转到 SB 断开位置	（1）关好电气箱箱门 （2）将 SB 转到断开位置
电源指示灯亮，但所有电动机都不能起动	（1）熔断器 FU2 熔体熔断或接触不良 （2）传动带箱没有罩好，位置开关 SQ1 没有压合	（1）更换熔体或拧紧 （2）关好传动带箱，使 SQ1 压合
主轴电动机在运行中突然停车	热继电器 FR1 的动作	引起热继电器 FR1 动作的原因可能是 （1）三相电源电压不平衡 （2）电源电压较长时间过低 （3）负载过重及连接 M1 的导线接触不良等
主轴电动机 M1 只能点动	（1）接触器 KM 的自锁触点接触不良 （2）接线断开	（1）检查自锁触点，必要时更换接触器 KM （2）接好断线
按下停止按钮 SB1，主轴电动机 M1 不能停止	（1）接触器 KM 主触点熔焊或机械卡阻 （2）停止按钮 SB1 的常闭触点断不开	（1）查明原因，更换接触器 KM 或检修机械卡阻 （2）检查或更换停止按钮 SB1

（续）

故障现象	可能原因	处理方法
冷却泵电动机 M2 不能起动	（1）主轴电动机没有起动 （2）旋钮开关 SB4 触点损坏 （3）热继电器 FR2 已动作或常闭触点损坏 （4）中间继电器 KA1 触点损坏或线圈断开	（1）起动主轴电动机 （2）更换 SB4 （3）将热继电器 FR2 复位或更换热继电器 FR2 （4）更换中间继电器 KA1
快速移动电动机 M3 不能起动	（1）按钮 SB3 触点损坏 （2）中间继电器 KA2 触点损坏或线圈断开 （3）快速移动电动机 M3 损坏	（1）更换按钮 SB3 （2）更换中间继电器 KA2 （3）更换快速移动电动机 M3
照明灯不亮	（1）灯泡损坏 （2）照明开关 SA 损坏 （3）熔断器 FU4 熔体已烧断 （4）控制变压器 TC 损坏	（1）更换灯泡 （2）更换照明开关 SA （3）更换熔断器 FU4 熔体 （4）更换控制变压器 TC
指示灯不亮	（1）灯泡损坏 （2）熔断器 FU3 熔体已烧断 （3）控制变压器 TC 损坏	（1）更换灯泡 （2）更换熔断器 FU3 熔体 （3）更换控制变压器 TC

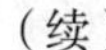

任务实施

一、故障设置

教师根据实际情况自行设置故障点。

注意

1）人为设置的故障必须是模拟车床在使用过程中出现的自然故障。

2）切忌通过更改电路或更换电器元件来设置故障。

3）当设置多个故障点时，故障现象尽可能不要相互掩盖。

4）尽量设置不容易造成人身或设备事故的故障点。

二、任务准备

1）准备常用电工工具：验电笔、螺钉旋具、斜口钳、剥线钳、电工刀等。

2）仪表：500V 绝缘电阻表、钳形电流表、万用表等。

3）技术资料：机床配套电路图、接线图、电器布置图、使用说明书、检修记录单等。

4）其他器材：绝缘胶带、常用配件、劳保用品等。

三、故障检修

1）通电操作，引导学生观察故障现象，并将其填入表 8-14 中。

2）根据故障现象，根据电路图用逻辑分析法初步确定故障范围，并在电路中标出最小故障范围。

3）选择合适的测量方法进行测量，将测量值及分析结果填入表 8-14 中。

4）正确排除故障。

5）检修完毕进行通电试车，并填写表 8-15 所示机床电气检修记录单。

表 8-14　故障检修过程记录

故障现象	故障范围	测量点	测量值	是否正常	判断故障点

注意

1）检修前要熟悉车床的主要结构和运动形式，了解车床的各种工作状态和操作方法；熟悉车床电器元件的实际位置和走线路径；熟悉控制电路图中各个基本环节的作用及控制原理。

2）观察故障现象应认真仔细，发现异常情况应及时切断电源，并向指导教师报告。

3）故障分析思路、方法要正确、有条理，应将故障范围尽量缩小。

4）停电要验电，带电检修时，必须有指导教师在现场监护，并应确保用电安全。

5）检修时不得扩大故障范围或产生新的故障点。

6）工具、仪器仪表使用要正确规范。

表 8-15　机床电气检修记录单

设备型号		设备名称		设备编号	
故障日期		检修人员		操作人员	
故障现象					
故障部位					
引起故障原因					
故障修复措施					
负责人评价	负责人签字：　　年　月　日				

任务评价

对整个任务的完成情况进行评价，评价内容、要素及标准见表 8-16。

表 8-16　任务评价

项　目	评价要素	评价标准	配分	扣分
正确分析和排除常见电气故障	（1）正确描述故障现象 （2）故障分析思路清晰 （3）故障检查方法正确、规范 （4）故障点判断正确 （5）停电验电 （6）排故思路清晰 （7）正确排除故障 （8）通电试车成功 （9）检修过程中不出现新故障 （10）不损坏电器元件	（1）故障现象描述有误，每个扣 5 分 （2）故障分析思路不清晰，扣 10 分 （3）故障检查方法不正确、不规范，每个扣 15 分 （4）故障点判断错误，每个扣 10 分 （5）停电不验电，扣 5 分 （6）排故思路不清晰，每个故障点扣 5 分 （7）排故方法不正确，每个故障点扣 5 分 （8）不能排除故障，每个故障点扣 10 分 （9）通电试车不成功，扣 25 分 （10）检修时出现新故障自己不能修复，每个扣 10 分；产生新故障能自己修复，每个扣 5 分 （11）损坏电动机、电器元件，扣 10 分	85	
工具、仪表的选用及使用	（1）工具、仪表选择合适 （2）工具、仪表使用规范	（1）工具、仪表少选、错选或不合适，每个扣 2 分 （2）不会用钳形电流表测量电动机的电流，扣 3 分 （3）工具、仪表使用不规范，每次扣 2 分	15	
技术资料归档	（1）检修记录单填写 （2）技术资料完整并归档	（1）检修记录单不填写或填写不完整，酌情从总分中扣 3 ~ 5 分 （2）技术资料不完整或不归档，酌情从总分中扣 3 ~ 5 分		
安全文明生产	要求材料无浪费，现场整洁干净，废品清理分类符合要求；遵守安全操作规程，不发生任何安全事故。违反安全文明生产要求，酌情扣 5 ~ 40 分，情节严重者，可判本次技能操作训练为零分，甚至取消本次实训资格			
定额时间	180min，每超时 5min，扣 5 分			
备注	除定额时间外，各项目的最高扣分不应超过配分数			
开始时间		结束时间		实际时间		成绩	

学生自评：

学生签名：　　年　月　日

教师评语：

教师签名：　　年　月　日

项目九 摇臂钻床常见电气故障的分析与检修

项目描述

钻床是一种专门进行孔加工的机床，它主要是用钻头钻削精度要求不太高的孔，另处还可用来扩孔、铰孔、镗孔，以及刮平面、攻螺纹等。

钻床的结构形式很多，有立式钻床、台式钻床、卧式钻床、深孔钻床和多轴钻床等。摇臂钻床是一种立式钻床，具有操作方便、灵活、适用范围广等特点，特别适用于单件或批量生产中带有多孔的大型零件的孔加工，是机械加工中的常用机床设备。

本项目的要求是完成 Z3050 型摇臂钻床常见电气故障的分析与检修，具体分成两个任务进行：认识 Z3050 型摇臂钻床、Z3050 型摇臂钻床常见电气故障的分析与检修。

项目目标

- 了解 Z3050 型摇臂钻床的主要结构及运动形式、电力拖动特点及控制要求。
- 认识 Z3050 型摇臂钻床的低压电器，能用万用表检测其好坏。
- 会分析 Z3050 型摇臂钻床控制电路。
- 会分析、排除 Z3050 型摇臂钻床常见的电气故障。

任务一　认识 Z3050 型摇臂钻床

相关知识

一、Z3050型摇臂钻床的型号含义

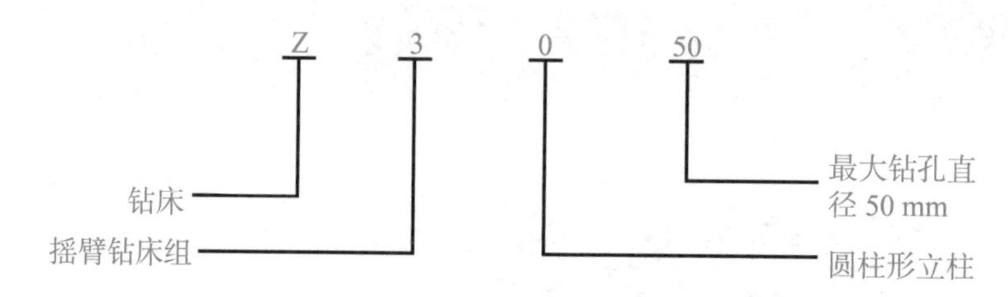

二、Z3050型摇臂钻床的主要结构及作用

Z3050 型摇臂钻床的结构包括底座、内立柱、外立柱、摇臂、主轴箱、工作台等。Z3050 型钻床的外形、主要结构如图 9-1 所示，各部分结构的作用见表 9-1。

表 9-1　Z3050 型钻床的主要结构及作用

主要结构	作用
内立柱、外立柱	内立柱固定在底座上，外立柱套在内立柱上。用液压夹紧机构加紧时，内立柱和外立柱不能做相对运动；松开夹紧机构时，外立柱用手推动可绕内立柱旋转 360°
摇臂	摇臂一端的套筒部分与外立柱滑动配合，借助于丝杠，摇臂可沿着外立柱上下移动，但两者不能做相对转动，所以摇臂将与外立柱一起相对内立柱回转
主轴箱	主轴箱是一个复合的部件，它具有主轴及主轴旋转部件和主轴进给的全部变速和操纵机构。主轴箱可沿着摇臂上的水平导轨做水平方向移动。当进行加工时，可利用特殊的夹紧机械将外立柱坚固在内立柱上，摇臂紧固在外立柱上，主轴箱紧固在摇臂导轨上，然后进行切削加工
工作台	工作台用螺柱固定在底座上。加工时，工件可装在工作台上，如工件体积较大，也可直接装在底座上

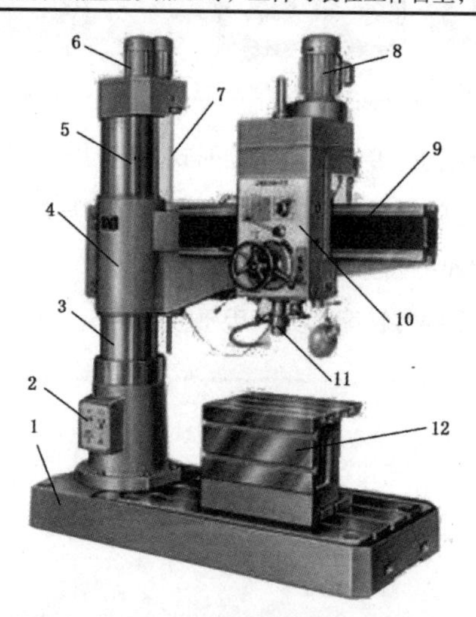

图 9-1　Z3050 型摇臂钻床的外形、结构图

1—底座　2—电源开关盒　3、5—内立柱　4—外立柱　6—摇臂升降电动机　7—摇臂升降丝杠
8—主轴电动机　9—摇臂　10—主轴箱　11—主轴　12—工作台

三、Z3050型摇臂钻床的运动形式

钻削加工时，主运动为主轴的旋转运动；进给运动为主轴的垂直移动；辅助运动为摇臂在外立柱上的升降运动、摇臂与外立柱一起沿内立柱的转动及主轴箱在摇臂上的水平移动。

四、Z3050型摇臂钻床的电力拖动特点及控制要求

由于摇臂钻床的运动部件较多，为简化传动装置，Z3050 钻床使用 4 台电动机完成拖动，分别为拖动主轴旋转及进给传动的主轴电动机 M1，控制摇臂升降、夹紧放松的摇臂升降电动机 M2 和液压泵电动机 M3 及冷却泵电动机 M4。Z3050 型摇臂钻床的电力拖动特点及控制要求见表 9-2。

表 9-2　Z3050 型摇臂钻床的电力拖动特点及控制要求

电动机名称	电力拖动特点及控制要求
主轴电动机 M1	摇臂钻床的主运动和进给运动均为主轴的运动，所以由一台主轴电动机拖动，由机械传动机构实现主轴的旋转和进给；为了适应多种加工方式的要求，主轴旋转及进给运动应在较大范围内调速；加工螺纹时要求主轴能正反转。主轴的变速和反转均由机械方法实现，所以主轴电动机不需要反转和调速，也没有减压起动的要求
摇臂升降电动机 M2	摇臂升降由一台摇臂升降电动机驱动丝杠正反转来实现的，摇臂升降电动机要求能够正反转、直接起动。为方便摇臂位置的调整，采用点动控制
液压泵电动机 M3	在加工位置调整好以后，进行钻孔加工时，需要把主轴箱夹紧在摇臂上，摇臂夹紧在外立柱上，外立柱坚固在内立柱上。主轴箱、摇臂和立柱的夹紧与松开是由液压系统实现的，因此，需要一台液压泵电动机拖动液压泵。液压泵电动机也要求能够正反转，拖动液压泵送出双向液压。夹紧或松开后，通过机械装置进行自锁，因此，液压泵电动机也采用点动控制 摇臂的回转和主轴箱的径向移动在中小型摇臂钻床上都采用手动
冷却泵电动机 M4	钻削加工时，为对刀具及工件进行冷却，需要一台冷却泵电动机单向拖动冷却泵输送切削液
整体控制要求：各部分电路及电路之间需要有常规的电气保护和联锁环节	

五、Z3050型摇臂钻床中的低压电器

图 9-2 所示为 Z3050 型摇臂钻床配电箱，除了箱中的交流接触器、热继电器、低压断路器、按钮等钻床还用到了电磁阀，这里重点介绍电磁阀。

图 9-2　Z3050 型摇臂钻床配电箱

在气动或液动系统中，常利用活塞以产生较大的力或使之有足够的位移。为了控制活塞的运动方向、起动和停止，常用到电磁阀。

电磁阀是用电磁控制的工业设备，是用来控制流体的自动化基础元件，属于执行器，流体并不限于气动、液压。电磁阀由电磁部分和阀体部分组成。其中，电磁部分由固定铁心、动铁心、电磁线圈等部件组成，阀体部分由滑阀芯、滑阀套、弹簧底座等组成。电磁部分被直接安装在阀体上，阀体被封闭在密封腔中，构成一个简洁、紧凑的组合。阀体在不同位置开有通孔，每个孔连接不同的流体管道。密封腔中间是滑阀芯，滑阀芯由电磁铁控制，由一个电磁铁控制的称为单电控电磁阀，由两个电磁铁控制的称为双电控电磁阀。

1. 电磁阀的原理

当电磁线圈通电或断电时，在动铁心和弹簧的作用下带动滑阀芯运动，通过控制滑阀芯的移动来开启或关闭不同的孔，将导致流体在不同的孔之间流动或断开，以达到改变流体方向的目的。电磁阀中的流体有几条通路就是几通电磁阀，滑阀芯有几种位置就是几位。生产中常用的电磁阀有二位三通、二位四通、二位五通、三位五通等。

常见的电磁阀如图 9-3 所示。

a）二位二通

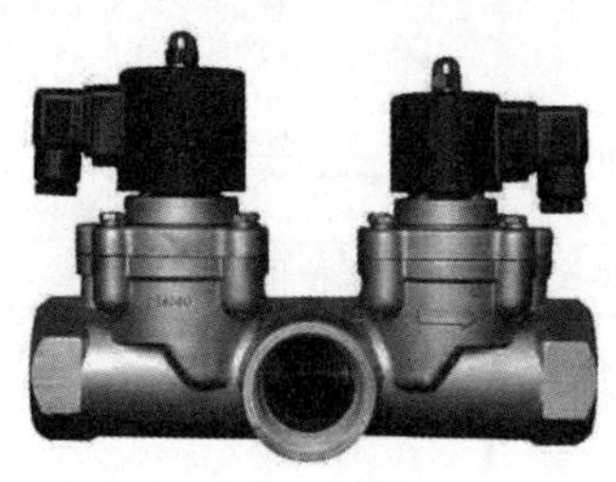

b）二位三通

c）三位三通

图 9-3 常见电磁阀

Z3050 型摇臂钻床中使用的是 24FD20-6B-5C 型液压电磁阀，它是一个二位四通电磁阀，其外形及结构原理如图 9-4 所示。在图 9-4b 中，P 是进油孔，R 是回油孔。当电磁阀的线圈通电时，动铁心推动滑阀芯向右移动：P、A 通，液压油通过 P 孔入 A 孔出进入油缸左腔，通过油的压力来推动油缸的活塞向右移动；同时，B、R 通，油缸右腔液压油通过 B 孔入 R 孔流出。当电磁阀的线圈断电时，复位弹簧推动滑阀芯向左移动，P、B 通，液压油通过 P 孔入 B 孔出进入油缸右腔，通过油的压力来推动油缸的活塞向左移动；同时，A、R 通，油缸左腔液压油通过 A 孔入 R 孔流出。活塞带动活塞杆，活塞杆带动机械装置，这样通过控制电磁铁的电流通断就控制了机械运动。

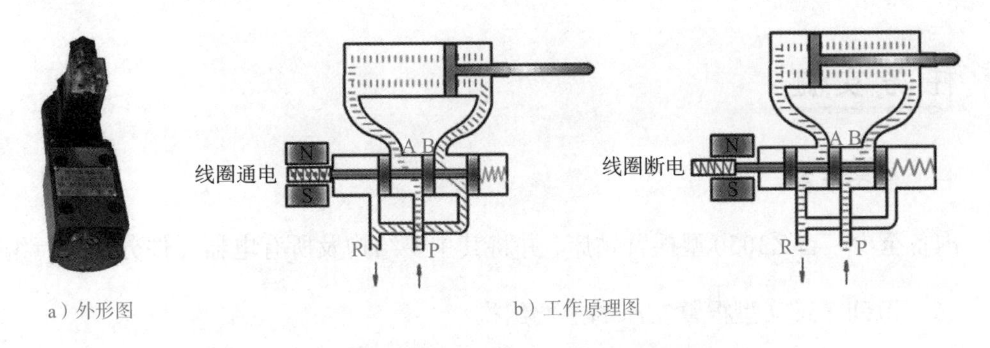

a）外形图　　　　b）工作原理图

图 9-4　24FD20-6B-5C 型液压电磁阀外形和工作原理

2. 电磁阀的图形符号

电磁阀符号由方框、箭头、“T”和字符构成。二位四通电磁阀的图形符号如图 9-5 所示，它有两个工作位置和四个通孔接口，四个接口分别为进气口（P）、回油口（R）、液压执行元件（油缸）的进油口（A）和出油口（B）。

电磁阀图形符号的含义如下：

1）用方框表示阀的工作位置，每个方框表示电磁阀的一种工作位置，即“位”。有几个方框就表示有几“位”，如二位四通表示有两种工作位置。图 9-4b 的“断电”和“通电”就是两个不同的工作位置。

2）识别常态位。电磁阀有两个或两个以上的工作位置，其中一个为常态位，即阀芯在断电时所处的位置。对于利用弹簧复位的二位阀，以靠近弹簧的方框内的通路状态为其常态位。对于三位阀，图形符号中的中位是常态位。绘制系统图时，油路 / 气路一般应连接在换向阀的常态位上。

3）方框内的箭头表示对应的两个接口处于连通状态。

4）方框内符号“T”表示该接口不通。

5）方框外部连接的接口数有几个，就表示几“通”。

6）一般，流体的进口端用字母 P 表示，排出口用 R 表示，而阀与执行元件连接的接口用 A、B 等表示。

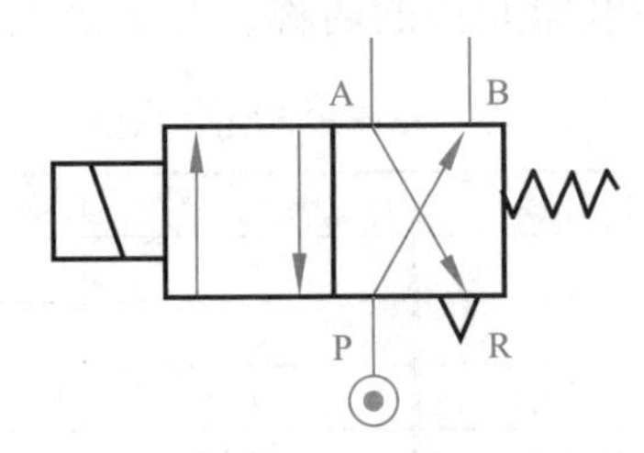

图 9-5　二位四通电磁阀的电气图形符号

任务实施

一、任务准备

准备至少一台Z3050型摇臂钻床，并将其主要结构及所有电器元件分别进行编号。

二、识别Z3050型摇臂钻床的主要结构

仔细观察钻床的各部分结构，将结构名称填入表9-3中。

表9-3　Z3050型摇臂钻床的结构识别

编　号	结构名称	作　用
(1)		
(2)		
(3)		
(4)		
(5)		
(6)		
(7)		

三、识别Z3050型摇臂钻床的主要运动

在教师的监督下，操作钻床，仔细观察各部分的运动，并将对应运动形式填入表9-4中。

表9-4　钻床主要运动形式识别

运动名称	运动形式	控制要求
主运动		
进给运动		
辅助运动		

四、识别Z3050型摇臂钻床电器元件

指出钻床上及配电箱中各电器元件的名称，并记录型号，填入表9-5中。

表9-5　钻床电器元件识别

编　号	名　称	型　号	编　号	名　称	型　号
(1)			(7)		
(2)			(8)		
(3)			(9)		
(4)			(10)		
(5)			(11)		
(6)			(12)		

（续）

编　号	名　称	型　号	编　号	名　称	型　号
（13）			（17）		
（14）			（18）		
（15）			（19）		
（16）			（20）		

任务评价

对整个任务的完成情况进行评价，评价内容、操作要求及评价标准见表 9-6。

表 9-6　任务评价

<table>
<tr><th>评价内容</th><th colspan="3">操作要求</th><th colspan="2">评价标准</th><th>配分</th><th>扣分</th></tr>
<tr><td>Z3050 型摇臂钻床主要结构识别</td><td colspan="3">熟悉 Z3050 型摇臂钻床的主要结构及作用</td><td colspan="2">（1）钻床主要结构不清，每处 扣 2 分
（2）主要结构的作用不清，每处扣 2 分</td><td>40</td><td></td></tr>
<tr><td>Z3050 型摇臂钻床运动形式识别</td><td colspan="3">会操作钻床，熟悉 Z3050 型摇臂钻床的运动形式及控制要求</td><td colspan="2">（1）不会操作钻床，扣 3 分
（2）钻床运动形式不清，扣 2 分
（3）控制要求不清，每处扣 2 分</td><td>30</td><td></td></tr>
<tr><td>Z3050 型摇臂钻床电器元件识别</td><td colspan="3">识别 Z3050 型摇臂钻床的电器元件及作用</td><td colspan="2">（1）不认识元器件，每处扣 分
（2）元器件作用不清，每处扣 分</td><td>30</td><td></td></tr>
<tr><td>安全文明生产</td><td colspan="5">（1）要求现场整洁干净
（2）工具摆放整齐，废品清理分类符合要求
（3）遵守安全操作规程，不发生任何安全事故
如违反安全文明生产要求，酌情扣 5 ~ 40 分，情节严重者，可判本次技能操作训练为零分，甚至取消本次实训资格</td><td></td><td></td></tr>
<tr><td>定额时间</td><td colspan="5">120min，每超时 5min，扣 5 分</td><td></td><td></td></tr>
<tr><td>开始时间</td><td></td><td>结束时间</td><td></td><td>实际时间</td><td></td><td>成绩</td><td></td></tr>
<tr><td colspan="8">收获体会：
学生签名：　　年　月　日</td></tr>
<tr><td colspan="8">教师评语：
教师签名：　　年　月　日</td></tr>
</table>

任务二　Z3050 型摇臂钻床常见电气故障的分析与检修

相关知识

一、Z3050型摇臂钻床控制电路

Z3050 型摇臂钻床控制电路如图 9-6 所示，电路中各电气元件符号名称及功能说明见表 9-7。

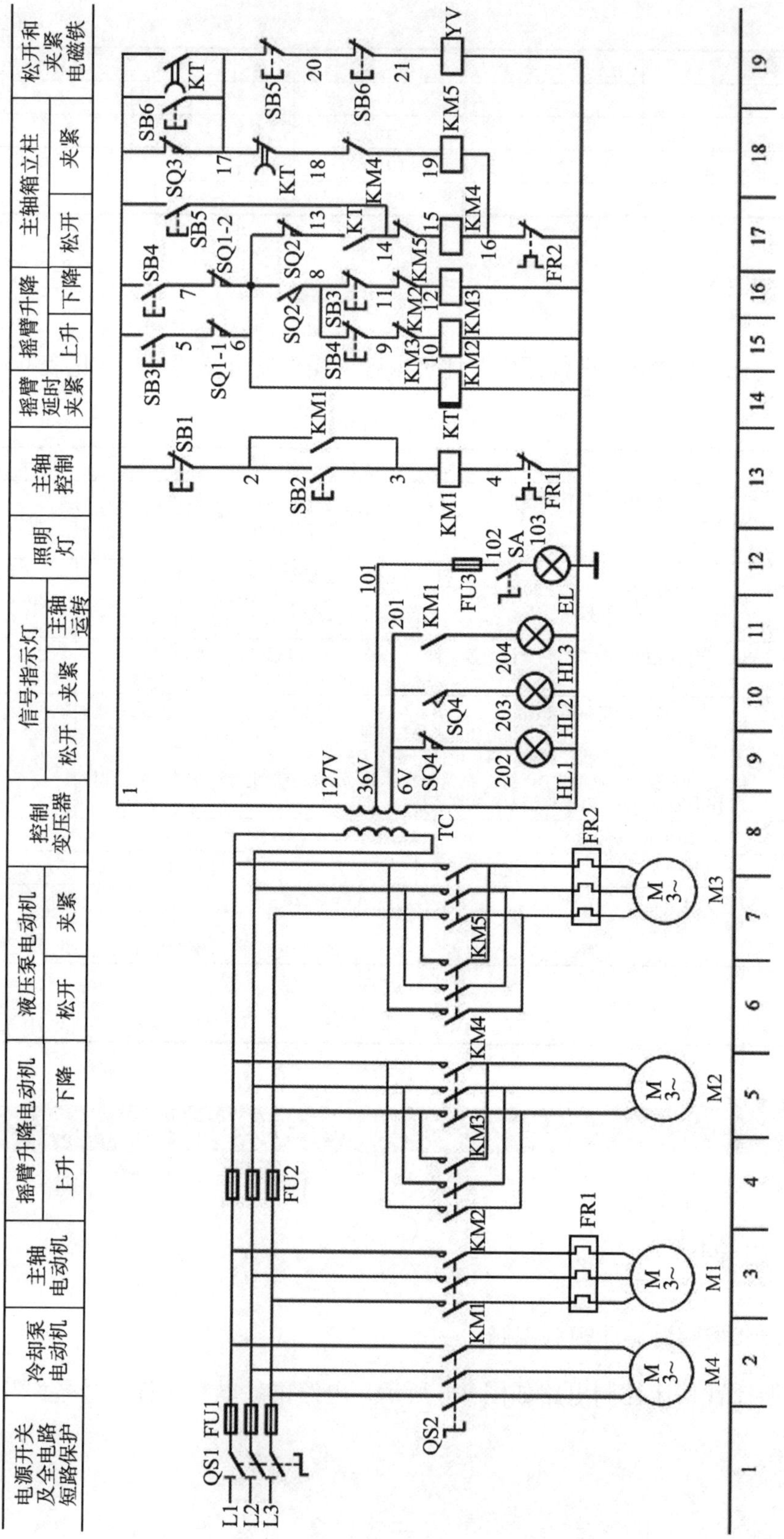
电源开关及全电路短路保护
冷却泵电动机
主轴电动机
摇臂升降电动机
上升
下降
液压泵电动机
松开
夹紧
控制变压器
信号指示灯
松开
夹紧
主轴运转
照明灯
主轴控制
摇臂延时夹紧
摇臂升降
上升
下降
主轴箱立柱
松开
夹紧
松开和夹紧电磁铁
L1
L2
L3
QS1
FU1
QS2
FU2
KM1
KM2
KM3
KM4
KM5
FR1
FR2
M4
M1
M2
M3
TC
127V
36V
6V
SQ4
HL1
HL2
HL3
EL
FU3
SA
SB1
SB2
SB3
SB4
SB5
SB6
SQ1-1
SQ1-2
SQ2
SQ3
KT
YV
1
2
3
4
5
6
7
8
9
10
11
12
13
14
15
16
17
18
19

图 9-6　Z3050 型摇臂钻床控制电路图

表 9-7　Z3050 型摇臂钻床电气元件符号名称及功能说明表

符号	名　称	作　用	符号	名　称	作　用
M1	主轴电动机	拖动主轴旋转及进给	SB1	按钮	控制主轴电动机 M1 停止
M2	摇臂升降电动机	拖动摇臂做升降运动	SB2	按钮	控制主轴电动机 M1 起动
M3	液压泵电动机	驱动液压系统	SB3	按钮	控制摇臂升降电动机 M2 正转（摇臂上升）
M4	冷却泵电动机	驱动冷却泵	SB4	按钮	控制摇臂升降电动机 M2 反转（摇臂下降）
QS1	组合开关	电源总开关	SB5	按钮	立柱、主轴箱松开按钮
QS2	组合开关	控制冷却泵电动机 M4	SB6	按钮	立柱、主轴箱夹紧按钮
KM1	交流接触器	控制主轴电动机 M1	SQ1-1	位置开关	摇臂上升时的上限位开关
KM2	交流接触器	控制摇臂电动机 M2 正转，使摇臂上升	SQ1-2	位置开关	摇臂下降时的下限位开关
KM3	交流接触器	控制摇臂电动机 M2 反转，使摇臂下降	SQ2	位置开关	摇臂松开行程开关
KM4	交流接触器	控制液压泵电动机 M3 正转，使摇臂放松	SQ3	位置开关	摇臂夹紧行程开关主轴箱限位开关
KM5	交流接触器	控制液压泵电动机 M3 反转，使摇臂夹紧	SQ4	位置开关	主轴箱、立柱松紧指示灯的控制
FU1	熔断器	总电路短路保护	KT	时间继电器	松紧控制的瞬时与延时断开与闭合
FU2	熔断器	摇臂升降电动机 M2、液压泵电动机 M3 和变压器 TC 的短路保护	YV	电磁阀	二位三通电磁阀，电磁阀关闭与打开，使液压油流入摇臂夹紧、放松油腔
FU3	熔断器	机床照明电路短路保护	EL	车床照明灯	提供钻床局部照明
FR1	热继电器	主轴电动机 M1 的过载保护	HL1	信号灯	摇臂松开指示灯
FR2	热继电器	液压泵电动机 M3 的过载保护	HL2	指示灯	摇臂夹紧指示灯
TC	控制变压器	一次侧输入 380V，二次侧输出：127V，供控制电路；36V，供机床照明；6V，供指示灯	HL3	信号灯	主轴电动机运转信号灯

电路的工作原理如下：

1. 主电路

三相电源由 QS1 引入，由 FU1 作为全电路的短路保护。

M1 是主轴电动机，用于拖动主轴及进给传动系统运转，装在主轴箱顶部，由交流接触器 KM1 控制。M1 只要求单向旋转，主轴的正反转由机械手柄操作。热继电器 FR1 作为电动机 M1 的过载保护和断相保护。

M2 是摇臂升降电动机，装于主轴顶部，由接触器 KM2 和 KM3 控制正、反转。该电动机属于短时工作制，故不设过载保护。

M3 是液压泵电动机，作用是拖动油泵供给液压装置液压油，以实现摇臂、立柱及主轴箱的夹紧与松开，要求 M3 能够做正向转动和反向转动。M3 的正、反转分别由接触器 KM4 和 KM5 控制。热继电器 FR2 作为 M3 的过载保护和断相保护。FU2 作为 M2 和 M3 的短路保护。

M4 为冷却泵电动机，功率很小，直接由组合开关 QS2 控制，也不需要过载保护。

2. 控制电路

控制变压器 TC 将 380V 电压降为 127V，作为控制电路电源。

合上电源总开关 QS1，扳动机床照明开关 SA，使 SA（102-103）闭合、照明灯 EL 亮。如果主轴箱和立柱是夹紧的，则夹紧指示灯 HL2 亮。

（1）主轴电动机 M1 的控制　在三相交流电源引入的情况下，按下起动按钮 SB2，接触器 KM1 线圈通电，主触点闭合，主轴电动机 M1 起动；同时 KM1 辅助常开触点（2-3）闭合，进行自锁；KM1 辅助常开触点（201-204）闭合，主轴运转信号灯 HL3 亮。按下停止按钮 SB1，主轴电动机 M1 停转，信号灯 HL3 灭。

（2）摇臂升降的控制　Z3050 型摇臂钻床摇臂的升降由电动机 M2 的正反转拖动，SB3 和 SB4 分别为 M2 正、反转的点动按钮。摇臂升降的限位保护由行程开关 SQ1 实现，SQ1 有两对常闭触点：SQ1-1（5-6）实现上限位保护，SQ1-2（7-6）实现下限位保护。

因为摇臂平时是夹紧在外立柱上的，所以在摇臂升降之前，先要把摇臂松开，再由电动机 M2 驱动升降；摇臂升降到位后，再重新将它夹紧。

摇臂的松紧是由液压系统完成的：在电磁阀 YV 线圈通电吸合的条件下，液压泵电动机 M3 正转，正向供出液压油进入摇臂的松开油腔，推动松开机构，使摇臂松开；若 M3 反转，则反向供出液压油进入摇臂的夹紧油腔，推动夹紧机构，使摇臂夹紧。SQ3 和 SQ2 分别为摇臂夹紧和放松位置开关。

由此可见，摇臂升降的控制不仅需要摇臂升降电动机 M2 转动，而且需液压泵电动机 M3 拖动液压泵，使液压夹紧系统协调配合才能实现。

时间继电器 KT 为断电延时类型，其作用是在摇臂升降到位、M2 停转后，延时 1 ~ 3s 再起动 M3 将摇臂夹紧，其延时时间视从 M2 停转到摇臂静止的时间长短而定。

1）摇臂上升。摇臂上升的动作顺序是：摇臂与外立柱松开（M3 正转、YV 线圈通电吸合）→摇臂上升（M2 正转）→ 摇臂与外立柱夹紧（M3 反转、YV 线圈通电吸合）。具体操作程序为：

按下并压住点动按钮 SB3 → SB3 的常闭触点（8-11）断开，切断 KM3 线圈支路，保证 KM3 线圈不能得电，实现互锁；SB3 的常开触点（1-5）闭合 → 时间继电器 KT 线圈得电→ KT 的延时闭合常闭触点（17-18）断开 → 切断 KM5 线圈支路，确保液压泵电动机 M3 不能反转；KT 瞬时动作常开触点（13-14）闭合 → 接触器 KM4 线圈得电，其主触点 KM4 闭合，液压泵电动机 M3 正转；KT 延时断开常开触点（1-17）闭合，电磁阀 YV 得电，电磁阀打开，液压泵开始工作 → 摇臂开始与外立柱松开。当摇臂

松开后，行程开关 SQ2 动作 → SQ2 的常闭触点（6-13）断开，接触器 KM4 线圈失电，液压泵电动机 M3 停转，液压泵停止供油；同时，SQ2 的常开触点（6-8）闭合，接触器 KM2 线圈得电，摇臂升降电动机 M2 正转，带动摇臂上升。

当摇臂上升到所需位置时，松开点动按钮 SB3 → SB3 的常开触点（1-5）断开 → 接触器 KM2 线圈断电，M2 停止正转，摇臂停止上升；KT 线圈断电 → 延时 1 ~ 3s，KT 延时断开常开触点（1-17）断开，此时，YV 线圈通过 SQ3（1-17）仍然通电；KT 延时闭合常闭触点（17-18）闭合，KM5 线圈通电，M3 反转 → 摇臂开始夹紧。摇臂夹紧后，压下行程开关 SQ3 → SQ3 的常闭触点（1-17）断开，YV 线圈断电，KM5 线圈断电，M3 反转停转。

2）摇臂下降。摇臂下降的动作顺序是：摇臂与外立柱松开（M3 正转、YV 线圈通电吸合）→ 摇臂下降（M2 反转）→ 摇臂与外立柱夹紧（M3 反转、YV 线圈通电吸合）。

摇臂的下降由 SB4 控制接触器 KM3，KM3 控制 M2 反转来实现，其过程可自行分析。

如上所述，摇臂松开由行程开关 SQ2 发出信号，而摇臂夹紧后由行程开关 SQ3 发出信号。如果夹紧机构的液压系统出现故障，摇臂夹不紧；或者因 SQ3 的位置安装不当，在摇臂已夹紧后 SQ3 仍不能动作，则 SQ3 的常闭触点（1-17）长时间不能断开，使液压泵电动机 M3 出现长期过载，因此 M3 必须由热继电器 FR2 进行过载保护。

（3）立柱和主轴箱的夹紧与松开控制　立柱和主轴箱的夹紧与松开是同时进行的。SB5 和 SB6 分别为松开与夹紧控制按钮，由它们点动控制 KM4、KM5，从而控制液压泵电动机 M3 的正、反转。由于 SB5、SB6 的常闭触点（17-20）和（20-21）串联在 YV 线圈支路中。所以在操作 SB5、SB6 使 M3 动作的过程中，电磁阀 YV 线圈不吸合，液压泵供出的液压油进入主轴箱和立柱的松开、夹紧油腔，推动松、紧机构实现主轴箱和立柱的松开、夹紧。同时由行程开关 SQ4 控制指示灯发出信号：主轴箱和立柱夹紧时，SQ4 的常闭触点（201-202）断开而常开触点（201-203）闭合，指示灯 HL1 灭、HL2 亮；反之，在松开时，SQ4 复位，HL1 亮而 HL2 灭。

1）立柱和主轴箱的松开控制。按下松开按钮 SB5，SB5 的常闭触点（17-20）断开，电磁阀 YV 线圈不吸合；同时接触器 KM4 线圈得电，液压泵电动机 M3 正转，拖动液压泵，液压油进入主轴箱和立柱的松开油腔，推动活塞使主轴箱立柱松开。此时行程开关 SQ4 不受压，SQ4 的常闭触点（201-202）闭合，信号灯 HL1 亮，表示松开。

2）立柱和主轴箱的夹紧控制。按下夹紧按钮 SB6，SB6 的常闭触点（20-21）断开，电磁阀 YV 线圈不吸合；同时接触器 KM5 线圈得电，液压泵电动机 M3 反转，拖动液压泵，液压油进入主轴箱和立柱的夹紧油腔，推动活塞使主轴箱和立柱夹紧。同时，行程开关 SQ4 受压，SQ4 的常闭触点（201-202）断开，信号灯 HL1 灭；SQ4 的常开触点（201-203）闭合，信号灯 HL2 亮，表示夹紧。

（4）冷却泵电动机 M4 的控制　冷却泵电动机 M4 的容量很小，由开关 QS2 直接控制。

（5）保护环节　Z3050 型摇臂钻床的保护环节主要包括短路保护、主轴电动机和液压泵电动机的过载保护、摇臂的升降限位保护等。

3. 照明和信号指示电路

照明电路的工作电压为安全电压 36V，信号指示电路的工作电压为 6V，均由控制变压器 TC 提供。

二、Z3050型摇臂钻床电气故障检修示例

故障现象 1：摇臂不能升降

（1）故障分析　由电路的工作原理知道，摇臂升降的工作过程如下：当按下上升按钮 SB3 或下降按钮 SB4 时，KT 线圈通电 → KT 瞬时动作常开触点（13-14）闭合，KM4 线圈通电，M3 正转；→ KT 延时断开常开触点（1-17）闭合，电磁阀 YV 得电，电磁阀打开，液压泵开始工作，摇臂开始与外立柱松开。当摇臂松开后，位置开关 SQ2 常开触点闭合，接触器 KM2 或 KM3 线圈才能得电，起动摇臂升降电动机 M2 的正转或反转，使摇臂完成上升或下降动作。

摇臂不能升降的原因可能是由于摇臂不能松开或电动机 M2 无法起动，这说明电动机 M2 的主电路或控制电路有问题，摇臂松开电路有问题可能是液压系统或机械装置的故障。

（2）故障检修　断电后，先检查 M2 主电路、液压系统和机械装置有没有故障；如果正常，则重点检查摇臂松开控制电路和 M2 控制电路。

1）检查摇臂松开控制电路：因为摇臂和主轴箱、立柱的松、紧也是通过液压泵电动机 M3 的正、反转来实现的，因此先检查一下主轴箱和立柱的松开是否正常：按下 SB5，观察主轴箱和立柱能否松开。

①如果摇臂和主轴箱、立柱的松开正常，则说明故障不在两者的公共电路中（KM4 线圈和 KM5 辅助常闭触点没有问题），而在摇臂松开的专用回路上，则重点检查控制电路中的图区 14、17、19：如位于图区 14 的时间继电器 KT 的线圈有无断线，图区 17 的 KT 瞬时动作常开触点（13-14）和位于图区 19 的 KT 延时断开常开触点（1-17）在闭合时是否接触良好；限位开关 SQ1 的触点 SQ1-1（5-6）、SQ1-2（7-6）有无接触不良；SB5 或 SB6 的常闭触点有无接触不良。检修如图 9-7 所示。

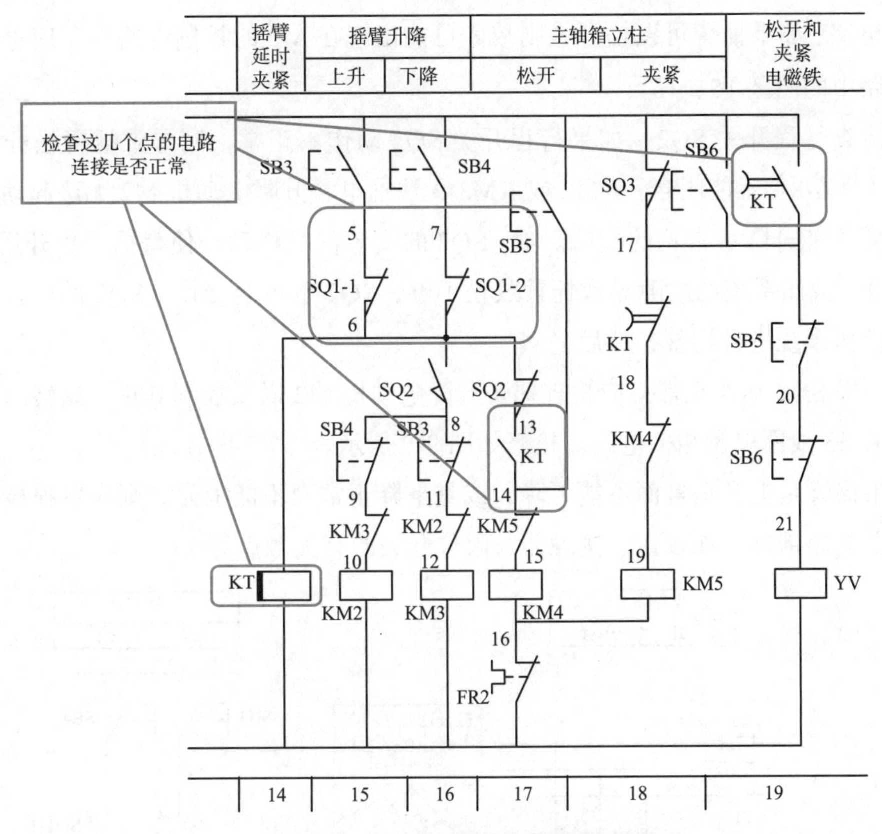

图 9-7　摇臂不能升降的检修图 1

若在运行中时间继电器 KT 没有得电，或时间继电器 KT 的相关电路连线错误，则电磁阀 YV 和接触器 KM4 不会得电，从而导致摇臂工作失败。

②如果主轴箱和立柱的松开也不正常，则故障多发生在接触器 KM4 和液压泵电动机 M3 这部分电路上。如 KM4 线圈断线、主触点接触不良，KM5 的常闭互锁触点（14-15）接触不良等。如果是 M3 或 FR2 出现故障，则摇臂、立柱和主轴箱既不能松开，也不能夹紧。检修如图 9-8 所示。

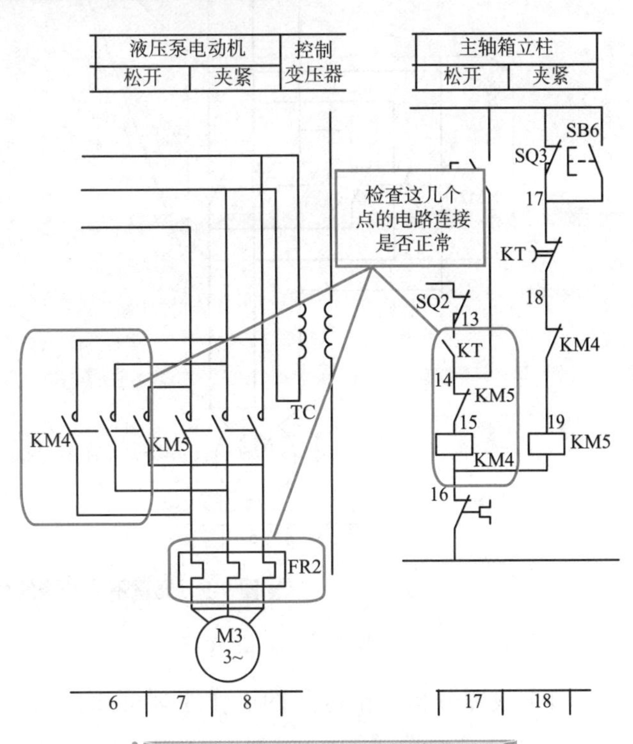

图 9-8　摇臂不能升降的检修图 2

2）检查摇臂升降电动机 M2

的起动电路：如果摇臂可以松开，则故障可能出现在M2的控制电路中，应重点检查控制电路中的图区15、16。

①检查行程开关SQ2：如果行程开关SQ2动作不正常，则导致摇臂松开后SQ2常开触点（6-8）不能闭合，KM2或KM3无法通电，升降电动机M2无法起动，这是导致摇臂不能升降最常见的故障。如：SQ2的安装位置移动，使得摇臂松开后，SQ2不能动作；液压系统的故障导致摇臂放松不够，SQ2也不会动作。SQ2的位置应结合机械、液压系统进行调整，然后坚固。

②如果SQ2动作正常，应检查摇臂升降电动机M2以及控制其正、反转的接触器KM2、KM3线圈以及相关电路。检修如图9-9所示。

如果摇臂是上升正常而不能下降，或是下降正常而不能上升，则应单独检查相关的电路及电路部件（如按钮、接触器、限位开关的有关触点等）。

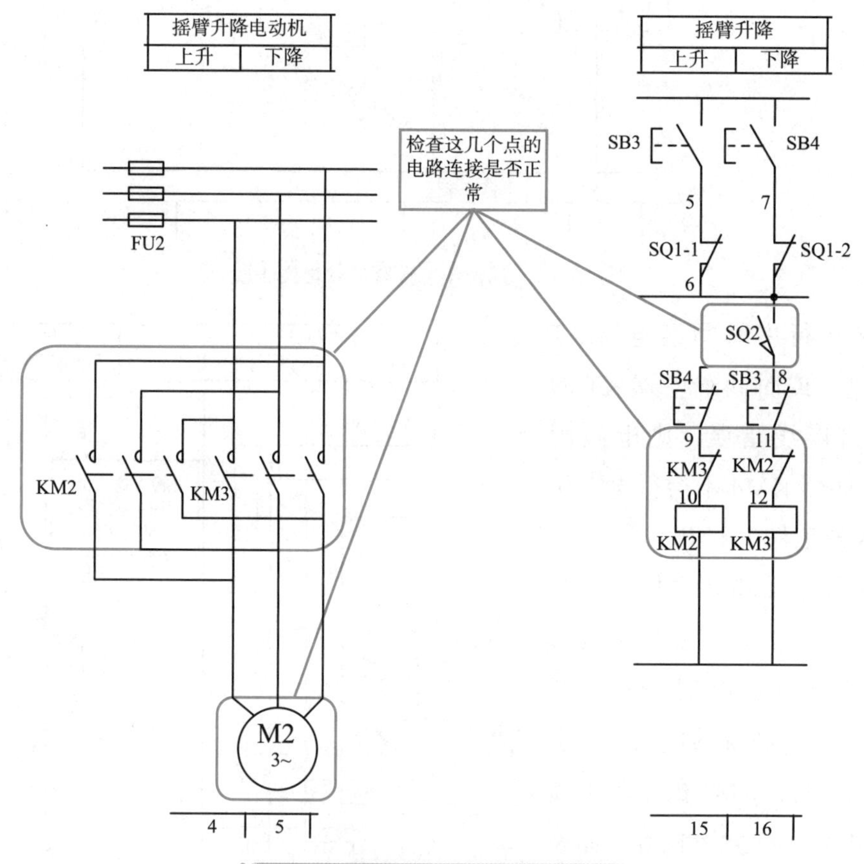

图9-9　摇臂不能升降的检修图3

故障现象2：立柱和主轴箱不能夹紧或松开。

（1）故障分析　由电路的工作原理可知，立柱和主轴箱不能夹紧和松开，可能是由于液压泵电动机M3的主电路、控制电路或机械及液压油路等故障造成的。

（2）故障检修　根据故障现象和电路工作原理，进行以下检修：

1）检查松开按钮SB5和夹紧按钮SB6的电路连接情况，例如位于18号图区SB5的常开触点（1-14）、SB6的常开触点（1-17）、位于19号图区的SB5的常闭触点（17-20）和SB6的常闭触点（20-21）的接线是否正确。

若在运行中SB5和SB6的常开触点和常闭触点接线错误，将导致KM4或KM5不能得电，不能进行工作。检修图如图9-10所示。

2）检查KM4和KM5的线圈接线情况，例如位于17号图区KM4的线圈和位于18号图区KM5的线圈的接线情况。

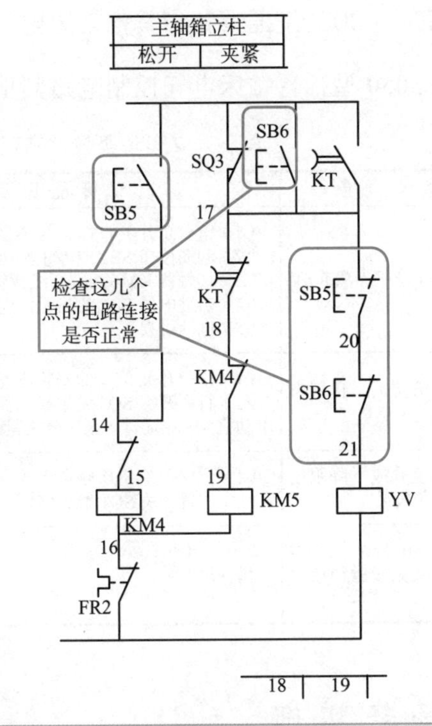

图9-10　立柱和主轴箱不能夹紧或松开检修图1

KM4和KM5是完成液压泵电动机的正转和反转的主要控制器件，若KM4、KM5的线圈连接错误，将导致主电路不能正常运行。检修图如图9-11所示。

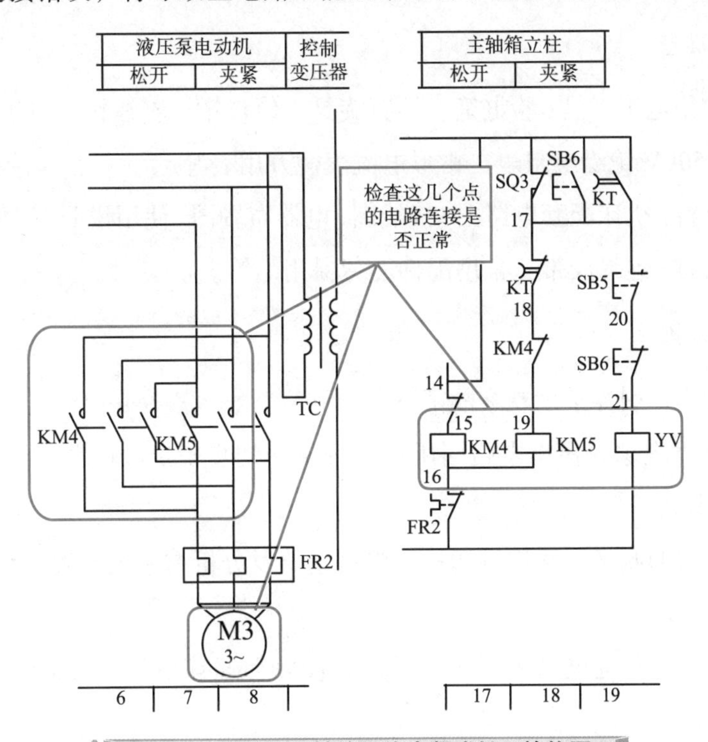

图9-11　立柱和主轴箱不能夹紧或松开检修图2

三、Z3050型摇臂钻床其他常见电气故障的分析与处理

Z3050型摇臂钻床电气控制电路其他常见故障的分析及处理方法见表9-8。

表9-8　Z3050型摇臂钻床常见电气故障的分析及处理方法

故障现象	可能原因	处理方法
主轴电动机无法起动	（1）电源总开关QS1接触不良或熔断器FU1熔断 （2）起动按钮SB2或停止按钮SB1接触不良 （3）接触器KM1线圈断线或触点接触不良 （4）热继电器FR1的热元件烧断或常闭触点断开 （5）电动机损坏	修复、检查接线情况或更换故障元器件
摇臂升降后，摇臂夹不紧	（1）行程开关SQ3的安装位置不当 （2）行程开关SQ3发生松动而过早地动作，液压泵电动机M3在摇臂还未充分夹紧就停止了旋转	（1）检查SQ3位置，进行调整 （2）坚固SQ3
摇臂上升或下降限位保护开关失灵	（1）位置开关SQ1触点不通或接线不良 （2）位置开关SQ1触点熔焊	（1）更换SQ1、检查接线情况，并检修 （2）更换SQ1
按下SB6，立柱、主轴箱能夹紧，但释放后就松开	机械故障	请机械维修工检修

任务实施

一、故障设置

教师根据实际情况自行设置故障点。

二、任务准备

1）准备常用电工工具：验电笔、螺钉旋具、斜口钳、剥线钳、电工刀等。

2）仪表：500V绝缘电阻表、钳形电流表、万用表等。

3）技术资料：机床配套电路图、接线图、电器布置图、使用说明书、检修记录单等。

4）其他器材：绝缘胶带、常用配件、劳保用品等。

三、故障检修

1）通电操作，引导学生观察故障现象，并将其填入表9-9中。

2）根据故障现象，根据电路图用逻辑分析法初步确定故障范围，并在电路中标出最小故障范围。

3）选择合适的测量方法进行测量，将测量值及分析结果填入表9-9中。

4）正确排除故障。

5）检修完毕进行通电试车，并填写表9-10所示机床电气检修记录单。

表 9-9　故障检修过程记录

故 障 现 象	故 障 范 围	测 量 点	测 量 值	是 否 正 常	判断故障点

注意

1）检修前要熟悉钻床的主要结构和运动形式，了解钻床的各种工作状态和操作方法；熟悉钻床电器元件的实际位置和走线路径；熟悉控制电路图中各个基本环节的作用及控制原理。

2）观察故障现象应认真仔细，发现异常情况应及时切断电源，并向指导教师报告。

3）故障分析思路、方法要正确、有条理，应将故障范围尽量缩小。

4）停电要验电，带电检修时，必须有指导教师在现场监护，并应确保用电安全。

5）检修时不得扩大故障范围或产生新的故障点。

6）摇臂的升降是一个由机械和电气配合实现的控制过程，检修时应特别注意机械与电气之间的配合。

7）检修时，不能改变电动机电源相序，以免引起摇臂升降反向，造成事故。

8）工具、仪器仪表使用要正确规范。

表 9-10　机床电气检修记录单

设备型号		设备名称		设备编号	
故障日期		检修人员		操作人员	
故障现象					
故障部位					
引起故障原因					
故障修复措施					
负责人评价	负责人签字：　　年　月　日				

任务评价

对整个任务的完成情况进行评价，评价内容、要素及标准见表9-11。

表9-11　任务评价

项　目	评价要素	评价标准	配分	扣分
正确分析和排除常见电气故障	（1）正确描述故障现象 （2）故障分析思路清晰 （3）故障检查方法正确、规范 （4）故障点判断正确 （5）停电验电 （6）排故思路清晰 （7）正确排除故障 （8）通电试车成功 （9）检修过程中不出现新故障 （10）不损坏电器元件	（1）故障现象描述有误，每个扣5分 （2）故障分析思路不清晰，扣10分 （3）故障检查方法不正确、不规范，每个扣15分 （4）故障点判断错误，每个扣10分 （5）停电不验电，扣5分 （6）排故思路不清晰，每个故障点扣5分 （7）排故方法不正确，每个故障点扣5分 （8）不能排除故障，每个故障点扣10分 （9）通电试车不成功，扣25分 （10）检修时出现新故障自己不能修复　每个扣10分；产生新故障能自己修复，每个扣5分 （11）损坏电动机、电器元件，扣10分	85	
工具、仪表的选用及使用	（1）工具、仪表选择合适 （2）工具、仪表使用规范	（1）工具、仪表少选、错选或不合适，每个扣2分 （2）不会用钳形电流表测量电动机的电流，扣3分 （3）工具、仪表使用不规范，每次扣2分	15	
技术资料归档	（1）检修记录单填写 （2）技术资料完整并归档	（1）检修记录单不填写或填写不完整，酌情从总分中扣3～5分 （2）技术资料不完整或不归档，酌情从总分中扣3～5分		
安全文明生产	要求材料无浪费，现场整洁干净，废品清理分类符合要求；遵守安全操作规程，不发生任何安全事故。违反安全文明生产要求，酌情扣5～40分，情节严重者，可判本次技能操作训练为零分，甚至取消本次实训资格			
定额时间	180min，每超时5min，扣5分			
备注	除定额时间外，各项目的最高扣分不应超过配分数			
开始时间		结束时间	实际时间	成绩

学生自评：

学生签名：　　年　月　日

教师评语：

教师签名：　　年　月　日

项目十 平面磨床常见电气故障的分析与检修

项目描述

磨床是用磨具和磨料（如砂轮、砂带、油石、研磨剂等）对工件的表面进行磨削加工的一种机床，它可以加工各种表面，如平面、内外圆柱面、圆锥面和螺旋面等。通过磨削加工，使工件的形状及表面的精度、粗糙度达到预期的要求；同时，它还可以进行切断加工。

根据用途和采用的工艺方法不同，磨床可以分为平面磨床、外圆磨床、内圆磨床、工具磨床和各种专用磨床（如螺纹磨床、齿轮磨床、球面磨床、导轨磨床等），其中以平面磨床使用最多。

本项目的要求是完成 M7130 型平面磨床㊀常见电气故障的分析与检修，具体分成两个任务进行：认识 M7130 型平面磨床、M7130 型平面磨床常见电气故障的分析与检修。

项目目标

- 了解 M7130 型平面磨床的主要结构及运动形式、电力拖动特点及控制要求。
- 认识 M7130 型平面磨床的低压电器，能用万用表检测其好坏。
- 会分析 M7130 型平面磨床控制电路。
- 会分析、排除 M7130 型平面磨床常见的电气故障。

㊀ M7130 型平面磨床由于热变形大、精度保持性差、结构陈旧，已被淘汰，此处仅作为教学示例。

任务一　认识 M7130 型平面磨床

相关知识

一、M7130型平面磨床型号的含义

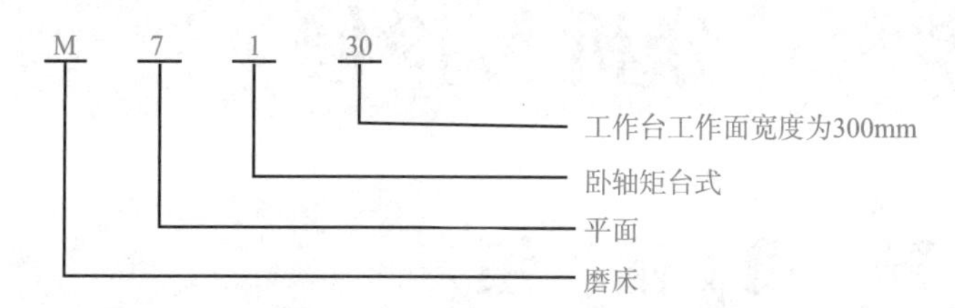

二、M7130型平面磨床的主要结构及作用

M7130 型平面磨床的主要结构包括床身、立柱、滑座、砂轮箱、工作台和电磁吸盘。M7130 型平面磨床的外形、主要结构如图 10-1 所示，各部分结构的作用见表 10-1。

表 10-1　M7130 型平面磨床的主要结构及作用

主要结构	作　用
床身	位于磨床的最下端，是组成部件的承载体
工作台	位于床身的上端，工作台表面有 T 形槽，用以固定电磁吸盘，再用电磁吸盘来吸持加工工件。在床身中液压传动装置的驱动下，工作台可沿导轨做自动往复运动。工作台往复运动行程的长度可通过调节装在工作台正面槽中的撞块的位置来改变。换向撞块是通过碰撞工作台往复运动换向手柄来改变油路方向，以实现工作台往复运动
电磁吸盘	位于工作台面上，通过电磁吸盘的得电与失电实现对工件夹紧与放松
立柱和滑座	在床身上固定有立柱，沿立柱的导轨上装有滑座，在滑座的导轨上装有砂轮箱，在砂轮箱内部装有砂轮与砂轮电动机。滑座可以沿立柱导轨做上下垂直移动，并可由垂直进刀手轮操作。砂轮箱可以沿滑座的水平导轨做横向移动，并可由砂轮箱横向移动手轮操作。在滑座内部往往也装有液压传动机构，驱动砂轮箱做连续或间断横向移动

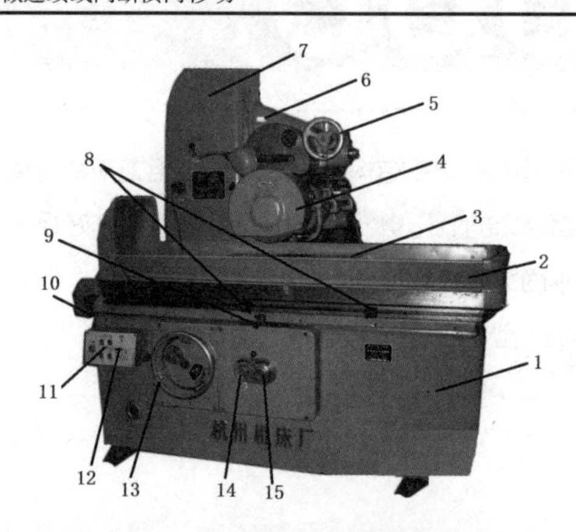

图 10-1　M7130 型平面磨床的外形、结构图

1—床身　2—工作台　3—电磁吸盘　4—砂轮箱　5—砂轮箱横向移动手轮　6—滑座　7—立柱　8—工作台换向撞块　9—工作台往复运动换向手柄　10—活塞杆　11—砂轮及叶片油泵电动机按钮　12—电磁吸盘转换开关　13—砂轮箱垂直移动手轮　14—工作台液动开关及速度控制手柄　15—控制砂轮箱运动速度和运动距离手柄

三、M7130型平面磨床的运动形式

平面磨床进行磨削加工的示意图如图 10-2 所示。砂轮的旋转运动是主运动，进给运动有垂直进给、横向进给、纵向进给三种形式。

1）垂直进给：滑座沿立柱上的导轨做垂直运动。

2）横向进给：砂轮箱在滑座上的水平方向移动。

3）纵向进给：工作台（带动电磁吸盘和工件）沿床身做纵向往复运动。

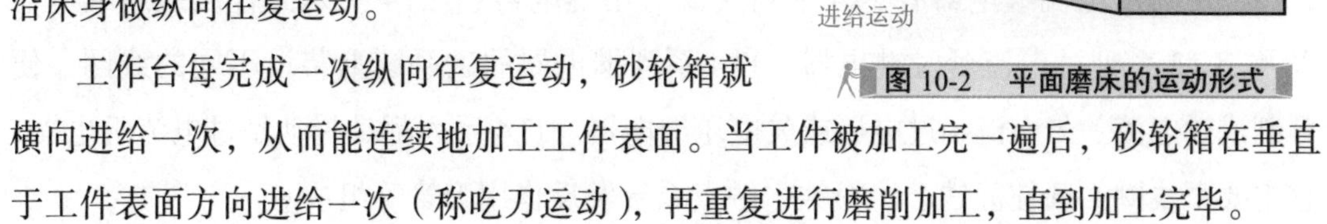

图 10-2　平面磨床的运动形式

工作台每完成一次纵向往复运动，砂轮箱就横向进给一次，从而能连续地加工工件表面。当工件被加工完一遍后，砂轮箱在垂直于工件表面方向进给一次（称吃刀运动），再重复进行磨削加工，直到加工完毕。

四、M7130型平面磨床的电力拖动特点及控制要求

M7130 型平面磨床采用多台电动机拖动：砂轮电动机 M1、液压泵电动机 M3 和冷却泵电动机 M2，其电力拖动特点及控制要求见表 10-2。

表 10-2　M7130 型平面磨床的电力拖动特点及控制要求

电动机名称	电力拖动特点及控制要求
砂轮电动机 M1	砂轮由一台笼型异步电动机拖动。砂轮电动机直接带动砂轮旋转对工件进行磨削加工、单向旋转，不需要调速，可直接起动
液压泵电动机 M3	磨床的纵向进给运动（即工作台的往复运动）和横向进给一般采用液压传动，所以需要由一台液压泵电动机驱动液压泵，对液压泵电动机也没有电气调速、反转和减压起动的要求 砂轮架的升降运动通过操作手轮控制机械传动装置实现
冷却泵电动机 M2	为减小工件在磨削加工中的热变形，并冲走磨屑，以保证加工精度，需要一台冷却泵电动机提供切削液，冷却泵电动机与砂轮电动机也具有联锁关系，即要求砂轮电动机起动后才能开动冷却泵电动机。若加工过程中不需要冷却，则可单独关掉冷却泵电动机
电磁吸盘	为适应磨削小工件，也为使工件在磨削过程中受热能自由伸缩，通常采用电磁吸盘来吸持工件 1) 电磁吸盘励磁线圈具有吸牢工件的正向励磁、松开工件的断开励磁以及抵消剩磁便于取下工件的反向励磁控制环节 2）当电磁吸盘工作时，必须在工件吸牢的情况下才能起动各个电动机 3）在电磁吸盘不工作即在退磁状态时，允许砂轮电动机与液压泵电动机起动，机床做调整运动
整体控制要求 1）具有完善的保护环节，如各电路的短路保护，各电动机的长期过载保护，零电压、欠电压保护，电磁吸盘吸力不足的欠电流保护，以及线圈断开时产生高电压而危及电路中其他电器设备的过电压保护等 2）具有机床安全照明电路	

五、M7130型平面磨床配电箱

图 10-3 所示为 M7130 型平面磨床配电箱，配电箱中包括交流接触器、热继电器、低压断路器、电流继电器、按钮等低压电器，这里重点介绍电流继电器。

电流继电器根据电路中电流的大小动作或释放，用于电路的过电流或欠电流保护。

使用时其电流线圈直接（或通过电流互感器）串联在被控制电路中。电流继电器分过电流继电器和欠电流继电器。

图 10-3　M7130 型平面磨床配电箱

1. 过电流继电器

过电流继电器是指当电路的电流大于整定电流值时而动作的继电器，主要用于频繁起动和重载起动的场合，作为电动机主电路的过载和短路保护。

常用的过电流继电器有 JT4 系列交流通用继电器、JL14 系列交直流通用继电器以及 JL12 系列过电流延时继电器。JT4 系列继电器的磁系统上装设不同的线圈，便可制成过电流、欠电流、过电压或欠电压继电器。JT4 系列都是瞬动型过电流继电器，它主要由线圈、圆柱静铁心、衔铁、触点系统及反作用弹簧等组成。

JT4 系列过电流继电器的外形、符号如图 10-4 所示。

a）外形

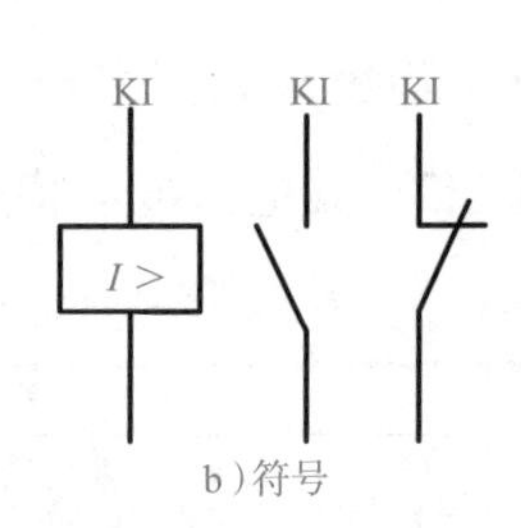

b）符号

图 10-4　JT4 系列过电流继电器的外形、符号

过电流继电器在正常工作时，线圈中通过负载电流，衔铁处于释放状态；当线圈通过的电流超过某一整定值时，衔铁吸合，从而带动触点动作，断开负载电路。所以电路中常用过电流继电器的常闭触点。通常交流过电流继电器的吸合电流调整为电路额定电流的 110% ~ 400%。

2. 欠电流继电器

欠电流继电器是指当电路的电流小于整定电流值时衔铁释放的继电器。它常用于直流电动机励磁电路和电磁吸盘的弱磁保护。

常用的欠电流继电器有 JL14—Q 等系列产品，其结构与工作原理和 JT4 系列继电器相似。

欠电流继电器的外形、符号如图 10-5 所示。

a）外形

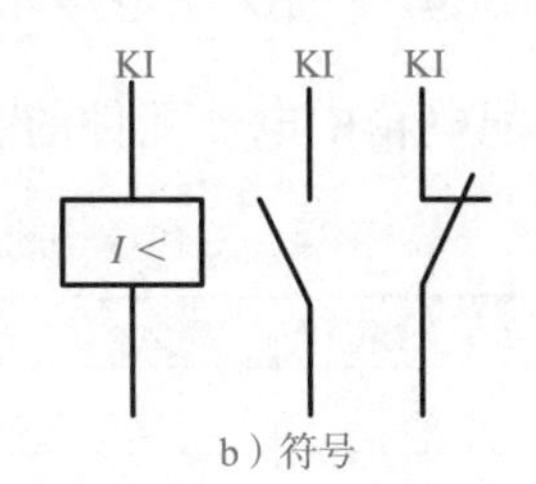

b）符号

图 10-5　JL14—Q 欠电流继电器的外形、符号

欠电流继电器在电路电流正常时衔铁是吸合的，当线圈中的电流低于某一整定值时，衔铁释放复位，带动触点复位，断开电路。所以电路中常用欠电流继电器的常开触点。JL14—Q 型欠电流继电器的动作电流为线圈额定电流的 30% ~ 65%，释放电流为线圈额定电流的 10% ~ 20%。

任 务 实 施

一、任务准备

准备至少一台 M7130 型平面磨床，并将其主要结构及所有电器元件分别进行编号。

二、识别 M7130型平面磨床的主要结构

仔细观察磨床的各部分结构，将结构名称填入表 10-3 中。

表 10-3　M7130 型平面磨床结构识别

编　号	结构名称	作　用
（1）		
（2）		
（3）		
（4）		
（5）		
（6）		
（7）		

三、识别 M7130型平面磨床的主要运动

在教师的监督下，操作磨床，仔细观察各部分的运动，并将对应运动形式填入表 10-4 中。

表 10-4　磨床主要运动形式识别

运动名称	运动形式	控制要求
主运动		
进给运动		
辅助运动		

四、识别M7130型平面磨床电器元件

指出磨床上及配电箱中电器元件的名称，并记录型号，填入表10-5中。

表10-5　磨床中电器元件的识别

编　号	名　称	型　号	编　号	名　称	型　号
(1)			(11)		
(2)			(12)		
(3)			(13)		
(4)			(14)		
(5)			(15)		
(6)			(16)		
(7)			(17)		
(8)			(18)		
(9)			(19)		
(10)			(20)		

任务评价

对整个任务的完成情况进行评价，评价内容、操作要求及评价标准见表10-6。

表10-6　任务评价

评价内容	操作要求		评价标准		配分	扣分
M7130型平面磨床主要结构识别	熟悉M7130型平面磨床的主要结构及作用		(1) 磨床主要结构不清，每处扣2分 (2) 主要结构的作用不清，每处扣2分		40	
M7130型平面磨床运动形式识别	会操作磨床，熟悉M7130型平面磨床的运动形式及控制要求		(1) 不会操作磨床，扣3分 (2) 磨床运动形式不清，扣2分 (3) 控制要求不清，每处扣2分		30	
M7130型平面磨床电器元件识别	识别M7130型平面磨床配电箱中的元器件及其作用		(1) 不认识元器件，每处扣2分 (2) 元器件作用不清，每处扣2分		30	
安全文明生产	(1) 要求现场整洁干净 (2) 工具摆放整齐，废品清理分类符合要求 (3) 遵守安全操作规程，不发生任何安全事故 如违反安全文明生产要求，酌情扣5～40分，情节严重者，可判本次技能操作训练为零分，甚至取消本次实训资格					
定额时间	180min，每超时5min，扣5分					
开始时间		结束时间		实际时间	成绩	

收获体会：

学生签名：　　年　月　日

教师评语：

教师签名：　　年　月　日

任务二　M7130 型平面磨床常见电气故障的分析与检修

相关知识

一、电磁吸盘

电磁吸盘就是一个电磁铁，其线圈通电后产生电磁吸力，以吸持铁磁性材料工件进行磨削加工。平面磨床电磁吸盘的结构与工作原理如图 10-6 所示。电磁吸盘外壳是钢制的箱体，中部有凸起的芯体，芯体上面嵌有线圈，吸盘的盖板用钢板制成，钢制盖板用非磁性材料如锡铅合金隔离成若干个小块，当线圈通以直流电时，吸盘的芯体被磁化，产生磁场，工件就被牢牢地吸住。

与机械夹具相比较，电磁吸盘具有操作简便、不损伤工件的优点，特别适合于同时加工多个小工件。采用电磁吸盘还有一个好处，就是工件在磨削时发热能自由伸缩，不会变形，因此得到广泛使用。但是电磁吸盘的夹紧力不及机械夹紧，而且不能吸持非铁磁性材料（如铜、铝）的工件，另外电磁吸盘其线圈必须使用直流电。

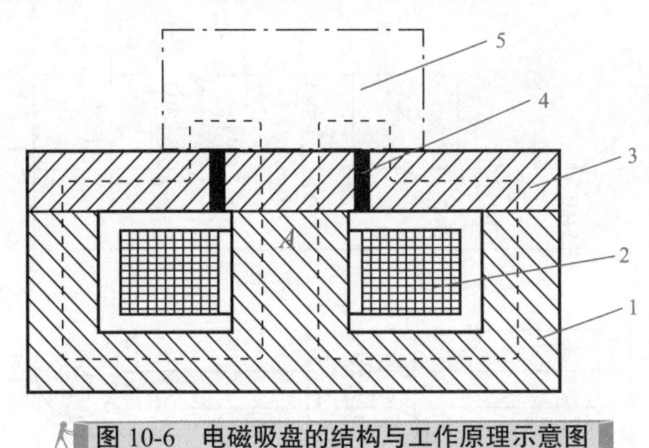

图 10-6　电磁吸盘的结构与工作原理示意图

1 —钢制吸盘体　2 —线圈　3 —钢制盖板　4 —隔磁板　5 —工件

二、M7130型平面磨床控制电路

M7130 型平面磨床控制电路如图 10-7 所示，电路中各电气元件符号名称及功能说明见表 10-7。

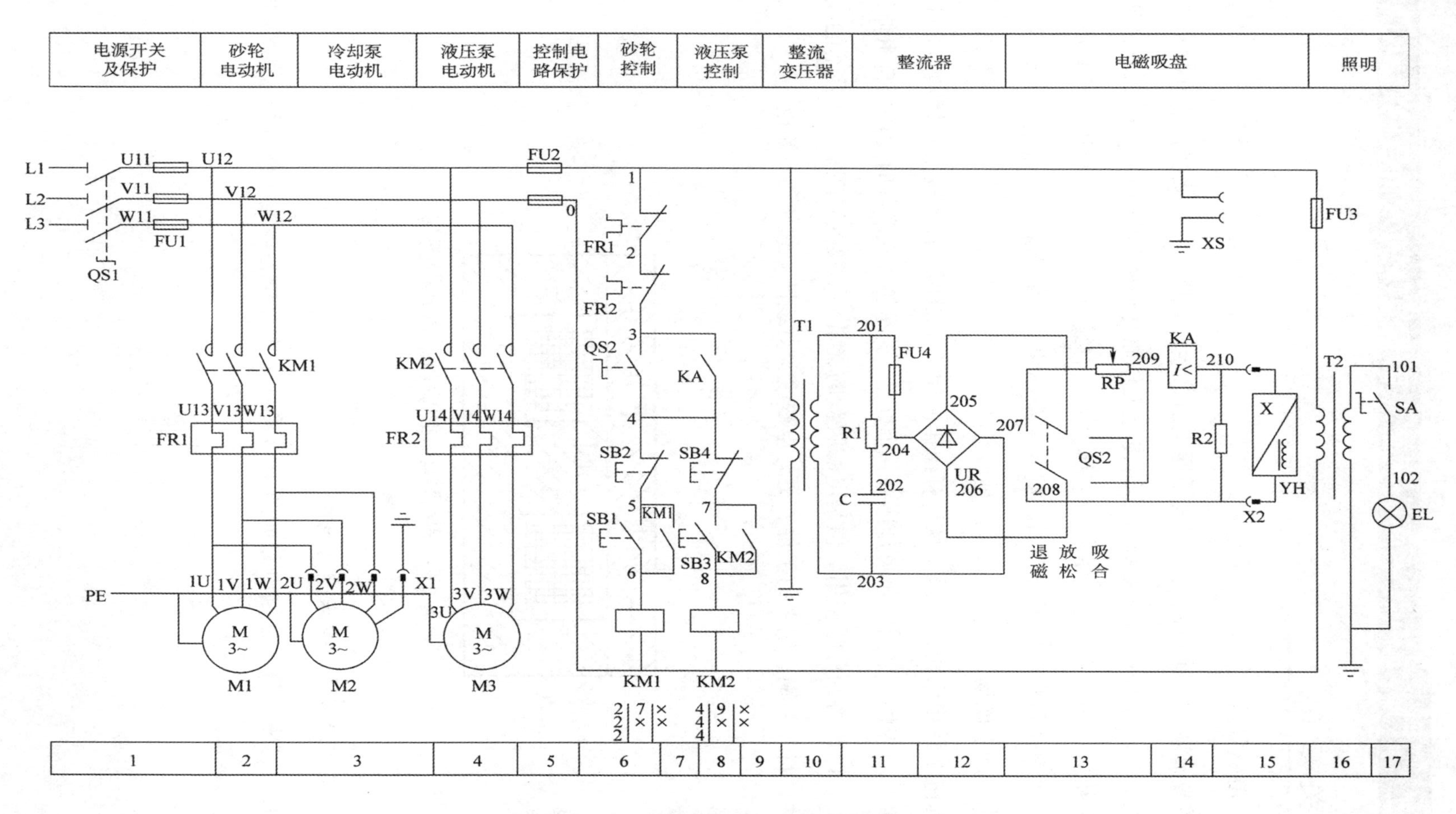

图 10-7 M7130 型平面磨床电气控制线路图

表 10-7　M7130 磨床电气元件符号及功能说明表

符号	元件名称	作　用	符号	元件名称	作　用
M1	砂轮电动机	砂轮转动	UR	硅整流器	整流
M2	冷却泵电动机	供给切削液	YH	电磁吸盘	吸持工件
M3	液压泵电动机	液压泵转动	KA	欠电流继电器	电磁吸盘弱磁保护
KM1	交流接触器	控制电动机 M1、M2	C	电容	过电压保护
KM2	交流接触器	控制电动机 M3	R1	电阻器	过电压保护
QS1	转换开关	电源引入	RP	电阻器	限制退磁电流
QS2	转换开关	控制电磁吸盘	R2	电阻器	电磁吸盘放电保护
SA	转换开关	低压照明开关	EL	照明灯	磨床局部照明
FU1	熔断器	控制电路总短路保护	X1	插接器	接通电动机 M2
FU2	熔断器	控制电路短路保护	X2	插接器	接通电磁吸盘
FU3	熔断器	照明电路短路保护	XS	插接器	接通交流去磁器
FU4	熔断器	电磁吸盘短路保护	SB1	按钮	砂轮电动机 M1 起动
FR1	热继电器	M1 过载保护	SB2	按钮	砂轮电动机停止
FR2	热继电器	M3 过载保护	SB3	按钮	液压泵电动机起动
T1	整流变压器	将 220V 变为 145V，供给整流装置	SB4	按钮	液压泵电动机停止
T2	照明变压器	将 380V 变为 36V，供给照明电路			

电路的工作原理如下：

1. 主电路

三相交流电源由电源开关 QS 引入，由 FU1 作为全电路的短路保护。主电路中共有三台电动机：M1 为砂轮电动机，M2 为冷却泵电动机，M3 为液压泵电动机。砂轮电动机 M1 和液压电动机 M3 分别由接触器 KM1、KM2 控制，并分别由热继电器 FR1、FR2 作为过载保护。由于磨床的冷却泵箱是与床身分开安装的，所以冷却泵电动机 M2 由插头插座 X1 接通电源，在需要提供切削液时才插上。M2 受 M1 起动和停转的控制。由于 M2 的容量较小，因此不需要过载保护。三台电动机均为单向旋转，直接起动、无调速要求。

2. 电磁吸盘电路

电磁吸盘控制电路由整流电路、控制电路及保护电路三部分组成。

（1）整流电路　由整流变压器 T1 将 220V 的交流电压降为 127V，经桥式整流器 UR 后输出 110V 直流电压供给电磁吸盘线圈 YH。

（2）控制电路　QS22 是电磁吸盘的控制开关，它有三个位置：吸合、放松与退磁。

1）加工工件时，将 QS2 扳至“吸合”位置，则 QS2 触点（205-208）闭合、触点（206-209）闭合，电磁吸盘线圈 YH 通电，产生电磁吸力将工件吸住。同时，欠电流继电器 KA 线圈得电，KA 常开触点（3-4）闭合，为 KM1 线圈和 KM2 线圈做准备。

2）工件加工结束后，把 QS2 扳至“放松”位置，电磁吸盘线圈 YH 断电，可将工件取下。如果工件因为有剩磁难以取下，可将 QS2 扳至“退磁”位置 → QS2 触点

（6-8）闭合，确保电磁吸盘在退磁状态时，允许砂轮电动机 M1 与液压泵电动机 M3 起动，机床做调整运动；QS2 触点（205-207）闭合、触点（206-208）闭合，电磁吸盘 YH 通入较小的反向电流，产生反向磁场，对工件进行退磁。退磁结束，将 QS2 扳至“放松”位置，工件就可以取下。注意要控制退磁的时间，否则工件会因反向充磁而更难取下。RP 用于调节退磁时电路的电流。如果退磁不彻底，可以使用专用的交流退磁器退去剩磁，X2 是交流退磁器的电源插座。

（3）保护电路

1）电磁吸盘的弱磁保护：采用电磁吸盘吸持工件有很多好处，但在进行工件加工时一旦电磁吸力不足，就会造成工件飞出事故。因此在电磁吸盘线圈电路中串入欠电流继电器 KA 的线圈，将 KA 的常开触点（6-8）与 SA2 的一对常开触点并联，串接在控制砂轮电动机 M1 的接触器 KM1 线圈支路中。SA2 的常开触点(6-8)只有在“退磁”档才接通，而在“吸合”档是断开的，这就保证了电磁吸盘在吸持工件时必须保证有足够的充磁电流，才能起动砂轮电动机 M1；在加工过程中一旦电流不足，欠电流继电器 KA 动作，能够及时地切断 KM1 线圈电路，使砂轮电动机 M1 停转，避免事故发生。

2）电磁吸盘线圈的过电压保护：由于电磁吸盘的线圈电感量很大，在通、断时会产生很大的自感电动势，会使线圈或其他电器元件因过电压而损坏。因此，在电磁吸盘线圈两端并联电阻器 R2，给线圈提供一个放电回路。

3）整流器的过电压保护：在整流变压器 T1 的二次侧并联由电阻 R1 和电容器 C 组成的电阻容吸收电路，用以吸收交流电路产生的过电压和在直流电路通断时产生的浪涌电压，对整流器进行过电压保护。

熔断器 FU4 为电磁吸盘提供短路保护。

3. 控制电路

控制电路的电源为 380V 电压，由熔断器 FU2 作为短路保护。

（1）砂轮电动机 M1 的控制　在三相电源引入的情况下，先将电磁吸盘开关 SQ2 扳至“吸合”位置，使电磁吸盘线圈 YH 得电，产生电磁吸力将工件吸住。同时，欠电流继电器 KA 线圈通电 ，KA 的常开触点（6-8）闭合。此时，按下砂轮电动机 M1 的起动按钮 SB1，接触器 KM1 线圈通电，KM1 主触点闭合，砂轮电动机 M1 起动，带动砂轮进行磨削加工；KM1 的辅助常开触点（1-3）闭合，进行自锁。按下 SB2，砂轮电动机 M1 断电停止运行。

（2）冷却泵电动机 M2 的控制　冷却泵电动机 M2 只有在砂轮电动机 M1 起动后才能起动，加工过程中只需将插头插入插座 X1，冷却泵电动机 M2 就起动运转，供给切削液；需停止时，将插头拔出插座即可。

（3）液压泵电动机 M3 的控制　液压泵电动机 M2 与砂轮电动机 M1 的起动条件

相同。SB3 和 SB4 分别为 M3 的起动和停止按钮。

4. 照明电路

照明电路的电源由控制变压器 T2 将 380V 交流电压降为 36V 安全电压提供。SA 为照明灯的控制开关，熔断器 FU3 作为短路保护。照明灯 EL 一端接地。

三、M7130型平面磨床电气故障检修示例

故障现象 1：三台电动机都不能起动。

（1）故障分析　三台电动机都不能起动，可能是总电源有问题、FU1 熔断器或 KM1、KM2 的主电路或控制电路有问题。

（2）故障检修　根据故障现象和电路工作原理，进行以下检修操作：

1）如果三台电动机在 QS2 扳至“吸合”位置时，无法起动，则有可能是欠电流继电器 KA 的常开触点（3-4）接触不良、接线松脱或有油垢。检修故障时，应先将转换开关 QS2 扳至“吸合”位置，再检查欠电流继电器 KA 的常开触点 (3-4) 的通断情况，不通则修理或更换元器件，就可排除故障。检修如图 10-8 所示。

2）如果在 QS2 扳至“退磁”位置时，三台电动机无法起动，则可能是 QS2 的触点 (3-4) 接触不良、接线松脱或有油垢。检修时，应将转换开 QS2 扳到“退磁”位置，拔掉电磁吸盘插头 X2，检查 QS2 的触点 (3-4) 的通断情况，不通则修理或更换转换开关。检修如图 10-9 所示。

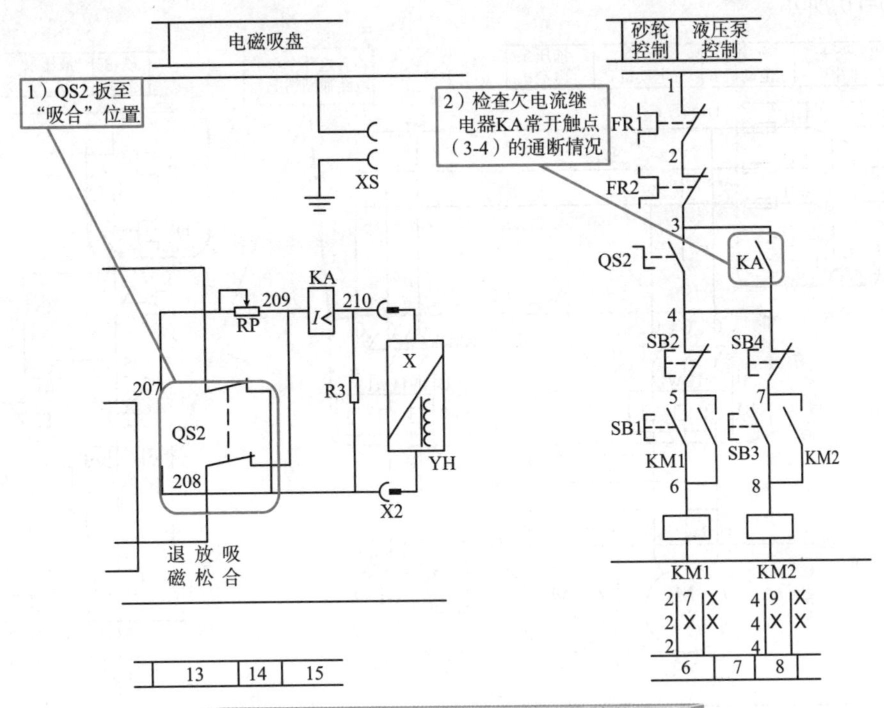

图 10-8　三台电动机都不能起动的检修图 1

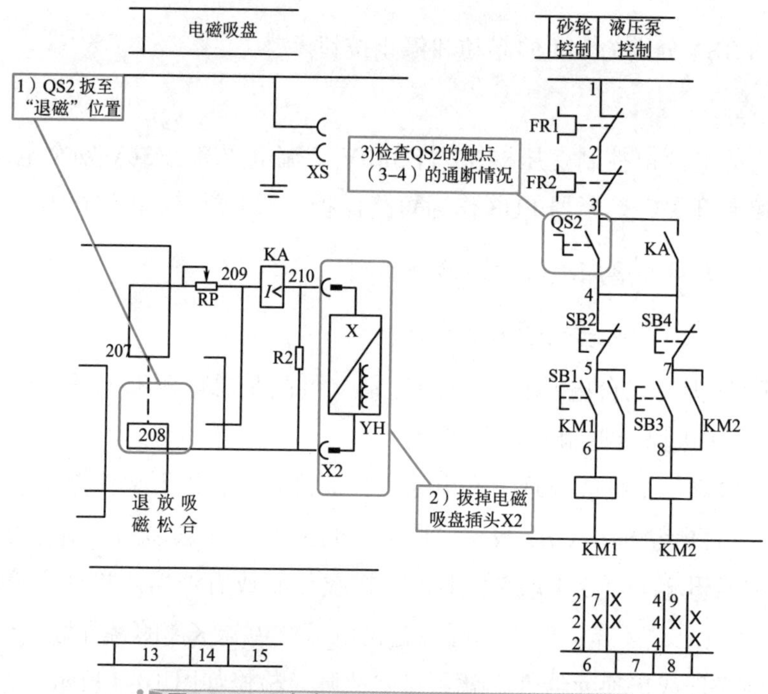

图 10-9 三台电动机都不能起动的检修图 2

3）若 KA 和 QS2 的触点 (3-4) 无故障，电动机仍不能起动，可继续检查热继电器 FR1 和 FR2 常闭触点是否动作或接触不良、电源总开关 QS1、FU1 熔断器、KM1、KM2 的主电路和控制电路，如按钮 SB1、SB2、SB3 或 SB4 是否接触不良等。检修如图 10-10 所示。

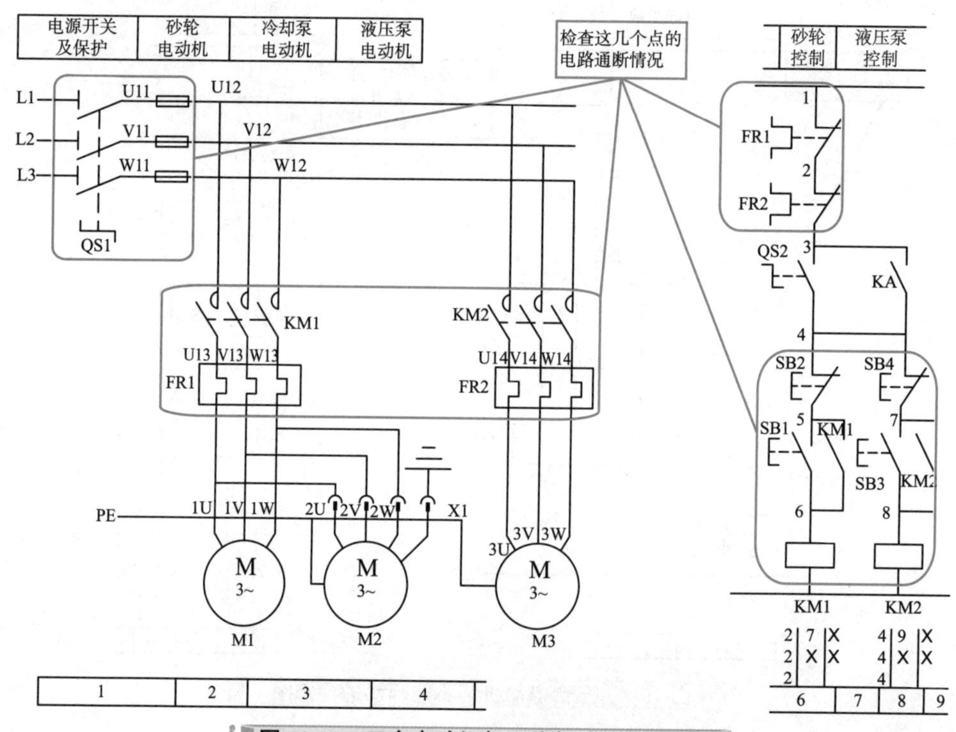

图 10-10 三台电动机都不能起动的检修图 3

故障现象2：电磁吸盘没有吸力。

（1）故障分析　由电路的工作原理可知，电磁吸盘无吸力，可能是由吸盘控制电路造成的，应该重点检查这部分电路。

（2）故障检修

1）通电，用万用表测量电路的电压是否正常，即电源开关QS1输出端、FU1输出端、FU2输出端的电压是否为380V，若电压不正常，重点检查FU1和FU2是否熔断；若电压正常，继续检查变压器输入端的电压是否为380V，整流电路输出的电压是否正常（整流输出的直流电压应为130～140V，带负载时不应低于110V）。若这部分电路正常，则断电，继续检查其他电路。

若整流输出电压不正常，则用万用表的电阻档检查熔断器FU4是否熔断。常见的故障是熔断器FU4熔断，造成电磁吸盘电路断开，使吸盘无吸力。FU4熔断主要是由于整流器UR短路，使得整流变压器T1二次侧流过过大的电流造成的。检修如图10-11所示。

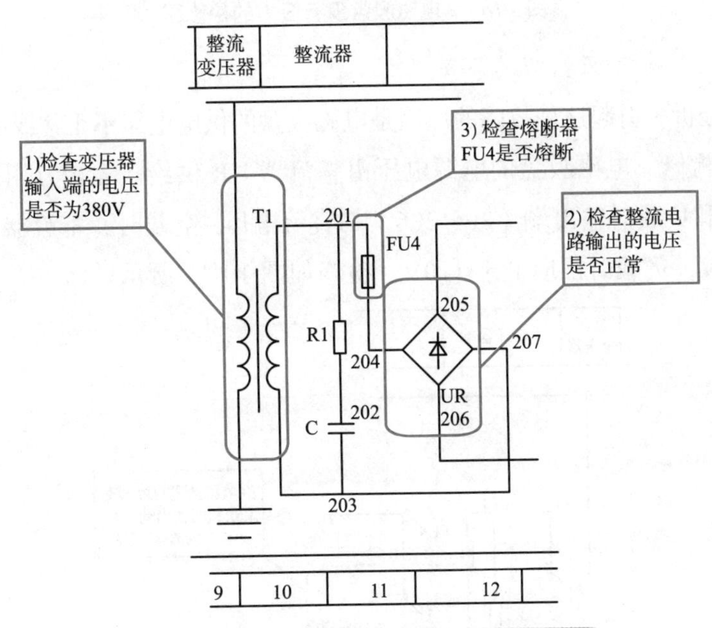

图10-11　电磁吸盘没有吸力的检修图1

2）如果全部电压正常，再依次检查QS2的触点（205-208）和（206-209）、检查电磁吸盘YH的线圈、接插器X2、欠电流继电器KA的线圈有无断路或接触不良的现象。检修如图10-12所示。

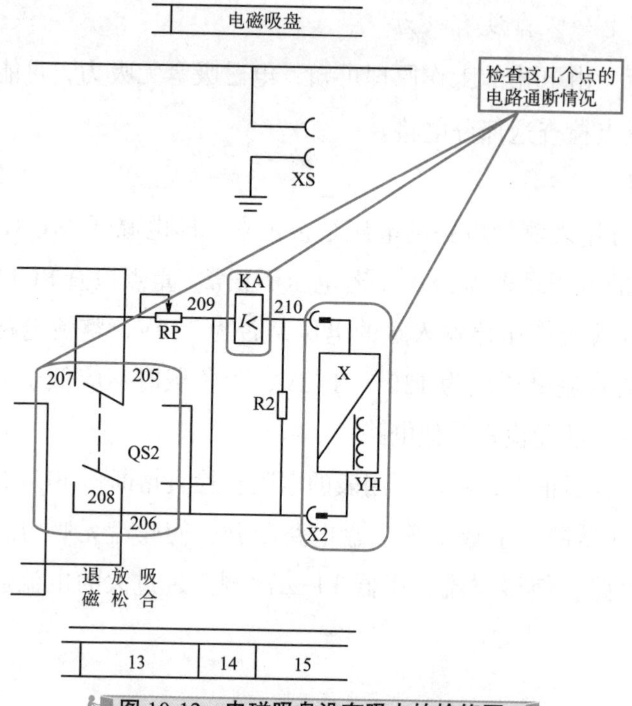

图 10-12 电磁吸盘没有吸力的检修图 2

故障现象 3：电磁吸盘吸力不足。

（1）故障分析 引起这种故障的原因是电磁吸盘的供电电压不正常或电磁吸盘损坏。

（2）故障检修 电磁吸盘的电源电压由整流器 UR 供给。先用万用表分别测量整流器 VC 空载和负载时输出端（205-206）的直流电压：空载时，整流器直流输出电压应为 130~140V，负载时不应低于 110V。检修如图 10-13 所示。

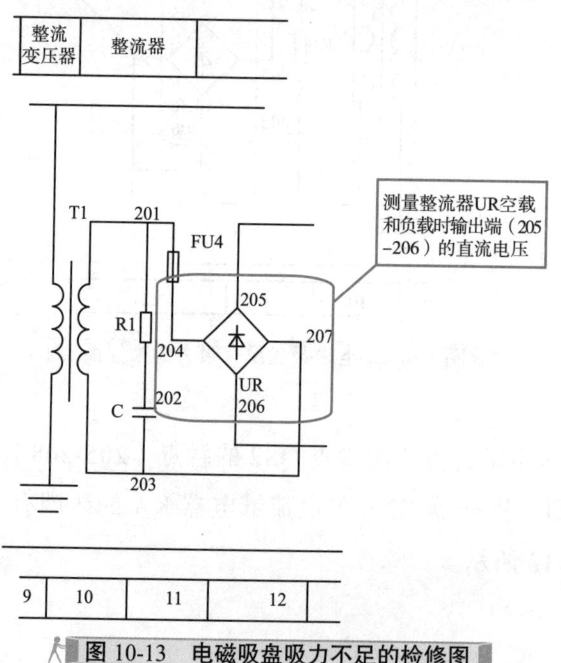

图 10-13 电磁吸盘吸力不足的检修图

1）若整流器空载输出电压正常，带负载时电压远低于110V，则表明电磁吸盘线圈已短路，短路点多发生在线圈各绕组间的引线接头处。这是由于吸盘密封不好，切削液流入，引起绝缘损坏，造成线圈短路。若短路严重，过大的电流会使整流元件和整流变压器烧坏。出现这种故障，必须更换电磁吸盘线圈，并且要处理好线圈绝缘，安装时要完全密封好。

2）若整流器输出电压不正常，多是因为整流元件短路或断路造成的。应检查整流器UR的交流侧（201-203）电压及直流侧（204-207）电压。若交流侧电压正常，直流输出电压不正常，则表明整流器发生元件短路或断路故障。如某一桥臂的整流二极管发生断路，将使整流输出电压降低到额定电压的一半；若两个相邻的二极管都断路，则输出电压为零。

四、M7130型磨床其他常见电气故障的分析与处理

M7130型磨床电气控制电路的其他常见故障分析与处理方法见表10-8。

表10-8　M7130型平面磨床常见电气故障的分析与处理

故障现象	可能原因	处理方法
砂轮电动机的热继电器FR1经常脱扣	（1）砂轮电动机M1为装入式电动机，它的前轴承是铜瓦，易磨损。磨损后易发生堵转现象，使电流增大，导致热继电器脱扣 （2）砂轮进刀量太大，电动机超载运行，造成电动机堵转，电流急剧上升，热继电器脱扣 （3）更换后的热继电器规格选得太小或整定电流没有重新调整，使电动机未达到额定负载时，热继电器就已脱扣	（1）修理或更换轴瓦 （2）工作中应选择合适的进刀量，防止电动机超载运行 （3）更换热继电器或按要求重新整定动作电流
冷却泵电动机烧坏	（1）切削液进入电动机内，造成匝间或绕组间短路，使电流增大 （2）反复修理冷却泵电动机后，使电动机端盖轴隙增大，造成转子在定子内不同心，工作时电流增大，电动机长时间过载运行 （3）由于该磨床的砂轮电动机与冷却泵电动机共一个热继电器FR1，而且两者容量相差很大，当冷却泵电动机发生过载时，不足以使热继电器FR1动作，从而造成冷却泵电动机长期过载运行而烧坏	（1）检修或更换冷却泵电动机 （2）检修或更换冷却泵电动机 （3）可给冷却泵电动机加装热继电器
冷却泵电动机不能起动	（1）插座X1损坏 （2）冷却泵电动机M2损坏	（1）查明原因后修复 （2）检修或更换冷却泵电动机
液压泵电动机不能起动	（1）按钮SB3、SB4触点接触不良 （2）接触器KM2线圈损坏 （3）液压泵电动机损坏	（1）修复触点或更换 （2）更换线圈 （3）修复或更换液压泵电动机
电磁吸盘退磁不好使工件取下困难	（1）退磁电路断路，根本没有退磁 （2）退磁电压过高 （3）退磁时间太长或太短 （4）退磁电阻RP损坏	（1）检查QS2接触是否良好 （2）应调整电阻RP，使退磁电压调至5～10V （3）对于不同材质的工件，所需的退磁时间不同，注意掌握好退磁时间 （4）更换RP

任务实施

一、故障设置

教师根据实际情况自行设置故障点。

二、任务准备

1）准备常用电工工具：验电笔、螺钉旋具、斜口钳、剥线钳、电工刀等。

2）仪表：500V 绝缘电阻表、钳形电流表、万用表等。

3）技术资料：机床配套电路图、接线图、电器布置图、使用说明书、检修记录单等。

4）其他器材：绝缘胶带、常用配件、劳保用品等。

三、故障检修

1）通电操作，引导学生观察故障现象，并将其填入表 10-9 中。

2）根据故障现象，根据电路图用逻辑分析法初步确定故障范围，并在电路中标出最小故障范围。

3）选择合适的测量方法进行测量，将测量值及分析结果填入表 10-9 中。

4）正确排除故障。

5）检修完毕进行通电试车，并填写表 10-10 所示机床电气检修记录单。

表 10-9　故障检修过程记录

故障现象	故障范围	测量点	测量值	是否正常	判断故障点

表 10-10　机床电气检修记录单

设备型号		设备名称		设备编号	
故障日期		检修人员		操作人员	
故障现象					
故障部位					
引起故障原因					
故障修复措施					
负责人评价	负责人签字：　　年　月　日				

检修中的注意事项如下：

1）检修前要熟悉磨床的主要结构和运动形式，了解磨床的各种工作状态和操作方法。

2）参考图 10-14 和图 10-15，熟悉磨床电器元件的实际位置和走线路径；熟悉控制电路图中各个基本环节的作用及控制原理。

3）观察故障现象应认真仔细，发现异常情况应及时切断电源，并向指导教师报告。

4）故障分析思路、方法要正确、有条理，应将故障范围尽量缩小。

5）停电要验电，带电检修时，必须有指导教师在现场监护，并应确保用电安全。

6）检修时不得扩大故障范围或产生新的故障点。

7）电磁吸盘的工作环境恶劣，容易发生故障，检修时应特别注意电磁吸盘及其电路。

8）工具、仪器仪表使用要正确规范。

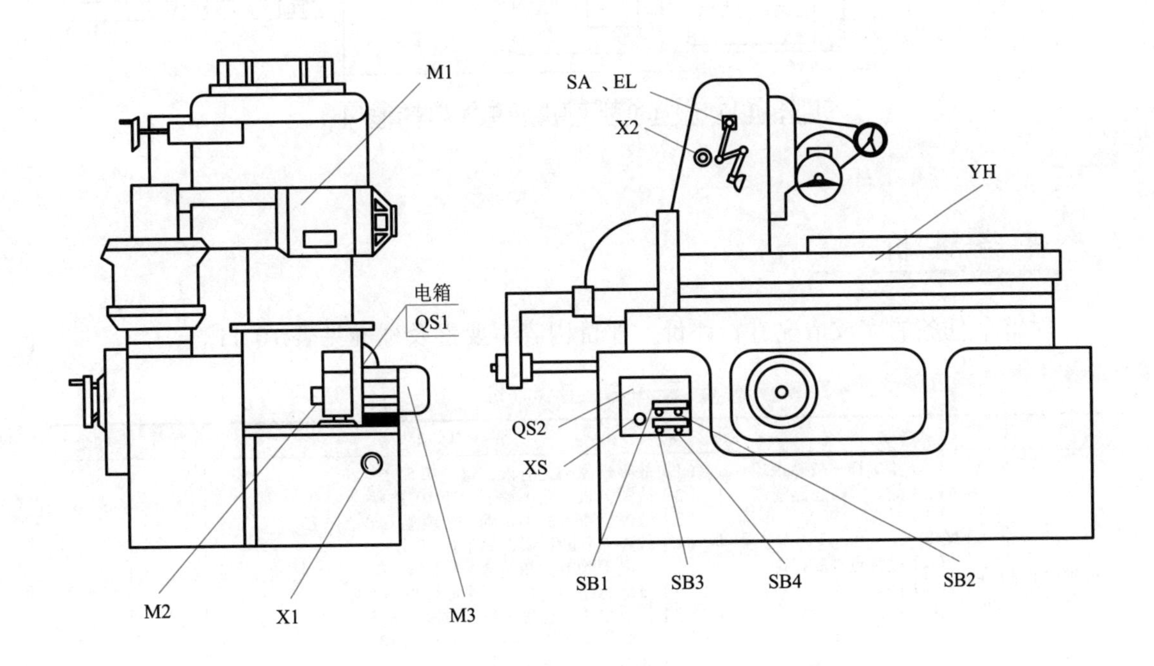

图 10-14　M7130 型平面磨床电气设备安装布置图

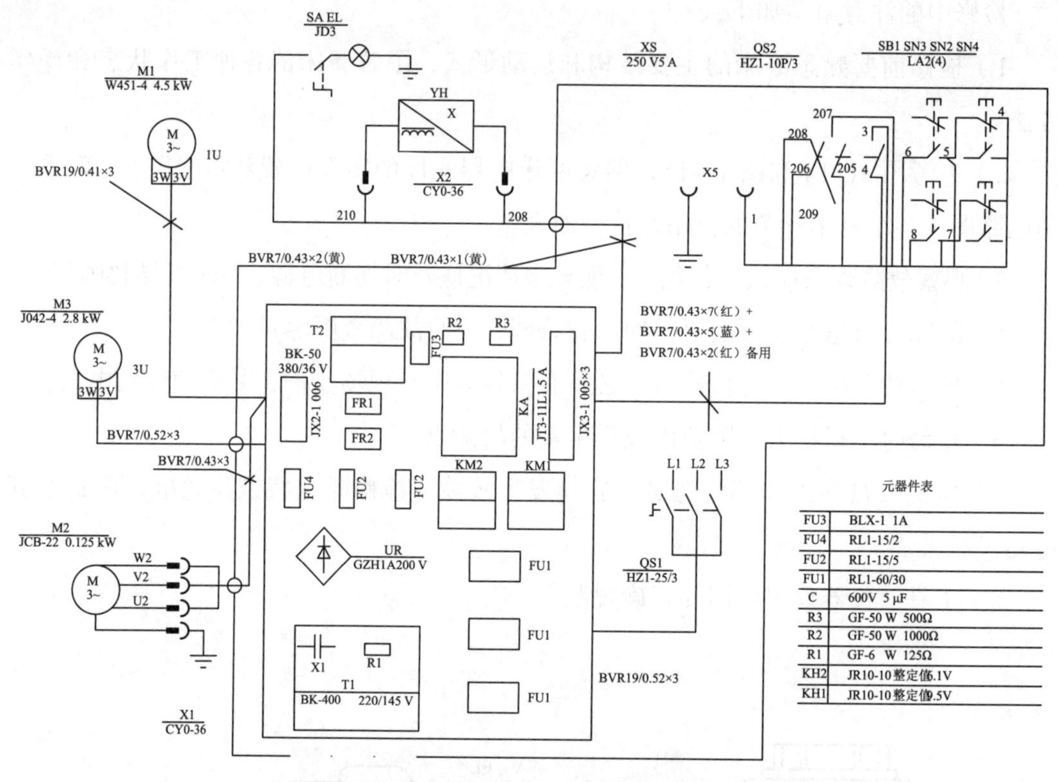

图 10-15 M7130 型平面磨床电气安装接线图

任务评价

对整个任务的完成情况进行评价，评价内容、要素及标准见表 10-11。

表 10-11 任务评价

项 目	评价要素	评价标准	配分	扣分
正确分析和排除常见电气故障	（1）正确描述故障现象 （2）故障分析思路清晰 （3）故障检查方法正确、规范 （4）故障点判断正确 （5）停电验电 （6）排故思路清晰 （7）正确排除故障 （8）通电试车成功 （9）检修过程中不出现新故障 （10）不损坏电器元件	（1）故障现象描述有误，每个扣 5 分 （2）故障分析思路不清晰，扣 10 分 （3）故障检查方法不正确、不规范，每个扣 15 分 （4）故障点判断错误，每个扣 10 分 （5）停电不验电，扣 5 分 （6）排故思路不清晰，每个故障点扣 5 分 （7）排故方法不正确，每个故障点扣 5 分 （8）不能排除故障，每个故障点扣 10 分 （9）通电试车不成功，扣 25 分 （10）检修时出现新故障自己不能修复，每个扣 10 分；产生新故障能自己修复，每个扣 5 分 （11）损坏电动机、电器元件，扣 10 分	85	
工具、仪表的选用及使用	（1）工具、仪表选择合适 （2）工具、仪表使用规范	（1）工具、仪表少选、错选或不合适，每个扣 2 分 （2）不会用钳形电流表测量电动机的电流，扣 3 分 （3）工具、仪表使用不规范，每次扣 2 分	15	
技术资料归档	（1）检修记录单填写 （2）技术资料完整并归档	（1）检修记录单不填写或填写不完整，酌情从总分中扣 3 ~ 5 分 （2）技术资料不完整或不归档，酌情从总分中扣 3 ~ 5 分		

（续）

<table>
<tr><th>项　目</th><th>评 价 要 素</th><th colspan="4">评 价 标 准</th><th>配分</th><th>扣分</th></tr>
<tr><td>安全文明生产</td><td colspan="5">要求材料无浪费，现场整洁干净，废品清理分类符合要求；遵守安全操作规程，不发生任何安全事故。违反安全文明生产要求，酌情扣 5 ~ 40 分，情节严重者，可判本次技能操作训练为零分，甚至取消本次实训资格</td><td></td><td></td></tr>
<tr><td>定额时间</td><td colspan="5">180min，每超时 5min，扣 5 分</td><td></td><td></td></tr>
<tr><td>备注</td><td colspan="5">除定额时间外，各项目的最高扣分不应超过配分数</td><td></td><td></td></tr>
<tr><td>开始时间</td><td></td><td>结束时间</td><td></td><td>实际时间</td><td></td><td>成绩</td><td></td></tr>
</table>

学生自评：

学生签名：　　年　月　日

教师评语：

教师签名：　　年　月　日

项目十一

万能铣床常见电气故障的分析与检修

项目描述

铣床是一种用途十分广泛的金属切削机床，其使用范围仅次于车床。铣床可用于加工平面、斜面和沟槽；如果装上分度头，可以铣削直齿齿轮和螺旋面；如果装上圆工作台，还可以加工凸轮和弧形槽等。

铣床的种类很多，主要有卧式铣床、立式铣床、龙门铣床、仿形铣床及各种专用铣床等，其中卧式铣床的主轴是水平的，而立式铣床的主轴是垂直的。它们的电气控制原理相似。常用的万能铣床有 X62W 型卧式万能铣床[㊀]和 X53K 型立式万能铣床。

本项目的要求是完成 X62W 型万能铣床常见电气故障的分析与检修，具体分成两个任务进行：认识 X62W 型万能铣床、X62W 型万能铣床常见电气故障的分析与检修。

项目目标

- 了解 X62W 型万能铣床的主要结构及运动形式、电力拖动特点及控制要求。
- 认识 X62W 型万能铣床的低压电器，能用万用表检测其好坏。
- 会分析 X62W 型万能铣床电气控制电路。
- 会分析、排除 X62W 型万能铣床电气控制线路的常见故障。

㊀ X62W 型万能铣床由于结构陈旧、性能落后等原因，已被淘汰，此处仅作为教学示例。

任务一 认识X62W型万能铣床

相关知识

一、X62W型万能铣床的型号含义

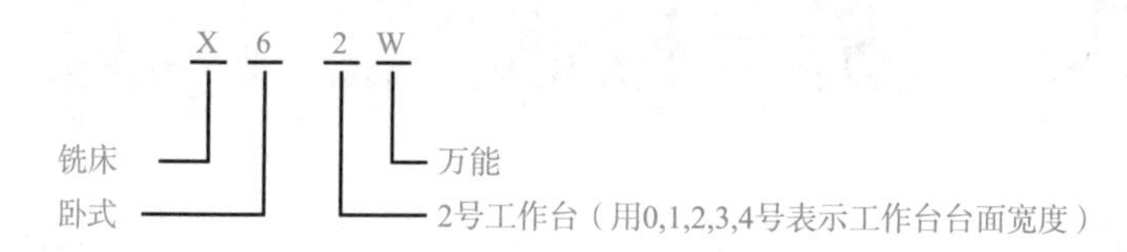

二、X62W型铣床的主要结构及作用

X62W 型铣床主要由床身、主轴、悬梁、刀杆支架、工作台、回转盘、横溜板、升降台、底座等几部分组成。X62W 型铣床的外形、主要结构如图 11-1 所示，各部分结构的作用见表 11-1。

图 11-1 X62W 型铣床的外形、结构图

1 —底座 2 —电气控制柜 3 —主轴变速手柄 4 —主轴电动机 5 —主轴变速盘 6 —侧面按钮面板 7 —床身 8 —照明灯 9 —主轴 10 —横梁 11 —刀杆支架 12 —工作台 13 —左右操作手柄 14 —正面按钮面板 15 —回转盘 16 —滑座 17 —升降台 18 —进给变速盘 19 —上下前后操作手柄

表 11-1 X62W 型铣床的主要结构及作用

主要结构	作用
床身	用来安装和连接其他部件。床身内装有主轴的传动机构和变速操纵机构。在床身的前面有垂直导轨，升降台可沿导轨上下移动，在床身的顶部有水平导轨，悬梁可沿导轨水平移动
悬梁及刀杆支架	刀杆支架在悬梁上，用来支承铣刀心轴的外端，心轴的另一端装在主轴上。刀杆支架可以在悬梁上水平移动，悬梁又可以在床身顶部的水平导轨上水平移动，这样就能适应各种长度的心轴
升降台	依靠下面的丝杠，可沿床身的导轨而上下移动。进给系统的电动机和变速机构装在升降台内部

（续）

主要结构	作　用
横向溜板	装在升降台的水平导轨上，可沿导轨平行于主轴线方向做横向移动
工作台	用来安装夹具和工件。它的位置在横向溜板上的水平导轨上，可沿导轨垂直于主轴线方向做纵向移动。刀能铣床在横向溜板和工作台之间还有回转盘，可使工作台向左右转 ±45°，因此，工作台在水平面内除了可以纵向进给和横向进给外，还可以在倾斜的方向进给，以便加工螺旋槽等

三、X62W型铣床的运动形式

铣床的主运动是主轴带动铣刀的旋转运动；进给运动是指工件随工作台在前后、左右和上下 6 个方向上的运动以及随圆形工作台的旋转运动；辅助运动包括工作台的快速运动及主轴和进给的变速冲动。

四、X62W型铣床电力拖动特点及控制要求

铣床的主运动和进给运动各由一台电动机拖动，这样铣床的电力拖动系统一般由三台电动机所组成：主轴电动机、进给电动机和冷却泵电动机。X62W 型铣床电力拖动特点及控制要求见表 11-2。

表 11-2　X62W 型铣床电力拖动特点及控制要求

电动机名称	电力拖动特点及控制要求
主轴电动机 M1	（1）由于铣削分为顺铣和逆铣两种加工方式，所以要求主轴电动机 M1 能够正、反转。因为主轴电动机的正反转切换并不频繁，因此，用组合开关来控制主轴电动机的正、反转，而且要求在主轴电动机起动前预先选定主轴电动机的转向 （2）由于铣削是多刃不连续的切削，负载不稳定，所以主轴上装有飞轮，以提高主轴旋转的均匀性，消除铣削加工时产生的振动，这样主轴传动系统的惯性较大，因此还要求主轴电动机在停机时有电气制动 （3）X62W 型万能铣床加工时，需要更换不同的铣刀。在换刀时，主轴电动机 M1 应处于制动状态，以免发生事故 （4）主轴的变速是通过改变齿轮的传动比实现的。主轴变速时，为了便于变速后齿轮的啮合，应让主轴电动机 M1 短暂得电，拖动齿轮系统产生抖动，给齿轮的啮合创造条件 （5）主轴电动机采用电磁离合器制动以实现准确停车 （6）主轴电动机通过主轴变速箱驱动主轴旋转，并由齿轮变速箱变速，以适应铣削工艺对转速的要求，电动机则不需要调速。为方便操作，主轴电动机 M1 起动和停止均采用两地控制
冷却泵电动机 M2	铣床的工作台要求有前后、左右、上下 6 个方向的进给运动和快速移动，进给电动机 M2 作为工作台进给运动及快速移动的动力，要求能够正反转。圆形工作台的回转运动也是由进给电动机经传动机构驱动的。为方便操作，快速进给采用两地起动控制。同主轴电动机 M1 一样，进给电动机 M2 在变速时也要求能瞬时冲动一下
冷却泵电动机	冷却泵电动机只要求单向旋转
整体控制要求 （1）要有照明设备及各种保护措施 （2）根据加工工艺的要求，该铣床应具有以下的电气联锁措施 ①为了防止刀具和铣床的损坏，只有主轴旋转后才允许有进给运动 ②为了减小加工表面的粗糙度，只有进给停止后主轴才能停止或同时停止 ③采用机械操纵手柄和位置开关相配合的方式实现 6 个方向进给运动的联锁 ④当主轴电动机或冷却泵电动机过载时，进给运动必须立即停止，以免损坏刀具和铣床	

五、X62W型铣床电器

图 11-2 所示为 X62W 型铣床配电箱，除了箱中的控制变压器、交流接触器、热继电器、按钮等。铣床还用到了电磁离合器，这里重点介绍电磁离合器。

图 11-2　X62W 型铣床配电箱

电磁离合器又称电磁联轴节，是利用表面摩擦和电磁感应原理在两个旋转运动的物体间传递力矩的执行电器。电磁离合器便于远距离控制，控制能量小，动作迅速、可靠，结构简单，因此广泛用于机床的自身控制。

铣床上采用的是摩擦式电磁离合器，来实现铣床工作能的快速进给与常速进给。电磁离合器为单片式与多片式两种，机床上普遍采用多片式电磁离合器。

多片摩擦式电磁离合器的外形和结构如图 11-3 所示。

a）外形

b）结构原理示意图

图 11-3　多片摩擦式电磁离合器的外形和结构

1 —外连接件　2 —衔铁　3 —摩擦片组　4 —磁轭　5 —集电环　6 —励磁线圈　7 —传动轴套

当线圈通电后产生磁场，将摩擦片吸向铁心，衔铁也被吸住，紧紧压住各摩擦片，于是，依靠主动摩擦片与从动摩擦片之间的摩擦力使从动齿轮随主动轴转动，实现力矩的传递。

当电磁离合器线圈电压达到额定值时的 85% ~ 105% 时，离合器就能可靠地工作。当线圈断电时，装在内外摩擦片之间的圆柱弹簧使衔铁和摩擦片复原，离合器便失去传递力矩的作用。

任务实施

一、任务准备

准备至少一台 X62W 型铣床，并将其主要结构及所有电器元件分别进行编号。

二、识别 X62W型铣床的主要结构

仔细观察铣床的各部分结构，将结构名称填入表 11-3 中。

表 11-3　X62 型铣床结构识别

编　号	结构名称	作　用
(1)		
(2)		
(3)		
(4)		
(5)		
(6)		
(7)		

三、识别 X62W型铣床的主要运动

在教师的监督下，操作铣床，仔细观察各部分的运动，并将对应运动形式填入表 11-4 中。

表 11-4　铣床主要运动形式识别

运动名称	运动形式	控制要求
主运动		
进给运动		
辅助运动		

四、识别 X62W型铣床电器元件

指出铣床上及配电箱中各电器元件的名称，并记录型号，填入表 11-5 中。

表 11-5　铣床电器元件识别

编　号	名　称	型　号	编　号	名　称	型　号
(1)			(11)		
(2)			(12)		
(3)			(13)		
(4)			(14)		
(5)			(15)		
(6)			(16)		
(7)			(17)		
(8)			(18)		
(9)			(19)		
(10)			(20)		

任务评价

对整个任务的完成情况进行评价，评价内容、操作要求及评价标准见表 11-6。

表 11-6　任务评价

<table>
<tr><th>评价内容</th><th colspan="2">操作要求</th><th colspan="2">评价标准</th><th colspan="2">配分</th><th>扣分</th></tr>
<tr><td>X62W 型铣床主要结构识别</td><td colspan="2">熟悉 X62W 型铣床的主要结构及作用</td><td colspan="2">（1）铣床主要结构不清，每处扣 2 分
（2）主要结构的作用不清，每处扣 2 分</td><td colspan="2">40</td><td></td></tr>
<tr><td>X62W 型铣床运动形式识别</td><td colspan="2">会操作车床，熟悉 X62W 型铣床的运动形式及控制要求</td><td colspan="2">（1）不会操作铣床，扣 3 分
（2）铣床运动形式不清，扣 2 分
（3）控制要求不清，每处扣 2 分</td><td colspan="2">30</td><td></td></tr>
<tr><td>X62W 型铣床电器元件识别</td><td colspan="2">识别 X62W 型铣床的电器元件及其作用</td><td colspan="2">（1）不认识元器件，每处扣 2 分
（2）元器件作用不清，每处扣 2 分</td><td colspan="2">30</td><td></td></tr>
<tr><td>安全文明生产</td><td colspan="6">（1）要求现场整洁干净
（2）工具摆放整齐，废品清理分类符合要求
（3）遵守安全操作规程，不发生任何安全事故
如违反安全文明生产要求，酌情扣 5 ~ 40 分，情节严重者，可判本次技能操作训练为零分，甚至取消本次实训资格</td><td></td></tr>
<tr><td>定额时间</td><td colspan="6">120min，每超时 5min，扣 5 分</td><td></td></tr>
<tr><td>开始时间</td><td></td><td>结束时间</td><td></td><td>实际时间</td><td></td><td>成绩</td><td></td></tr>
</table>

收获体会：

学生签名：　　年　月　日

教师评语：

教师签名：　　年　月　日

任务二　X62W 型万能铣床常见电气故障的分析与检修

相关知识

一、X62W型铣床控制电路

X62W 型铣床控制电路如图 11-4 所示，电路中各电器元件符号名称及功能说明见表 11-7。

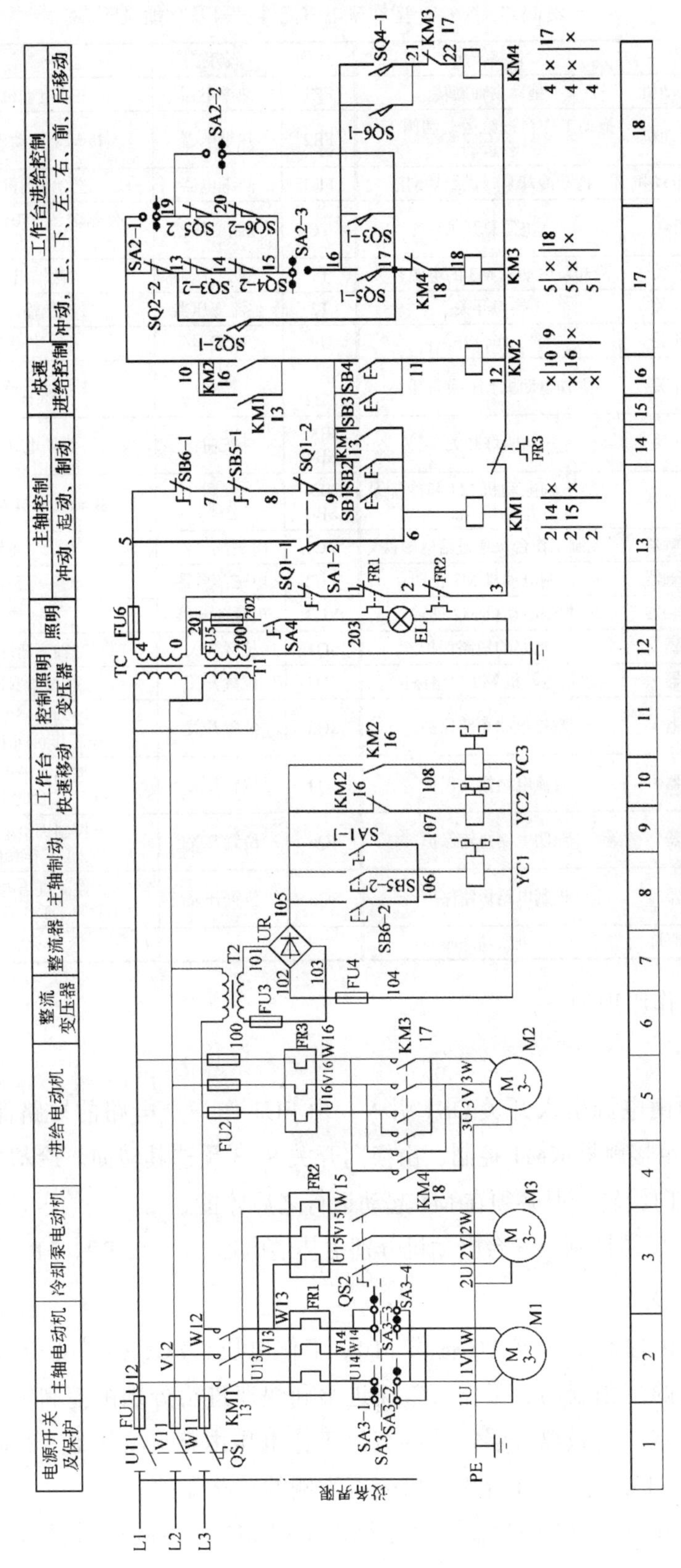

图 11-4　X62W 型万能铣床电气控制电路图

表 11-7　X62W 型铣床电气元件符号及功能说明表

符号	名称	作　用	符号	名称	作　用
M1	主轴电动机	拖动主轴旋转	FR1	热继电器	主轴电动机 M1 的过载保护
M2	进给电动机	拖动工作台进给运动和圆工作台运动	FR2	热继电器	冷却泵电动机 M3 的过载保护
M3	冷却泵电动机	拖动冷却泵，供给切削液	FR3	热继电器	进给电动机 M2 的过载保护
QS1	组合开关	电源总开关	TC	控制变压器	一次侧输入 380V，二次侧输出 110V，供控制电路
QS2	组合开关	冷却泵电动机 M3 的电源开关	T1	照明变压器	二次侧输出 24V，供机床照明
SA1	转换开关	换刀开关	T2	整流变压器	二次侧输出 36V，供整流器
SA2	转换开关	圆工作台开关	UR	整流器	提供直流电源
SA3	转换开关	主轴电动机 M1 换向开关	SB1、SB2	按钮	主轴电动机 M1 的起动
SA4	转换开关	照明灯开关	SB3、SB4	按钮	进给电动机 M2 的点动
KM1	交流接触器	控制主轴电动机 M1 和冷却泵电动机 M3	SB5、SB6	按钮	主轴电动机 M1 的停止与制动
KM2	交流接触器	控制工作台快速进给电磁铁	YC1	电磁离合器	主轴制动
KM3	交流接触器	控制电动机 M2 正转	YC2	电磁离合器	正常进给
KM4	交流接触器	控制电动机 M2 反转	YC3	电磁离合器	快速进给
FU1	熔断器	总电路的短路保护	SQ1	位置开关	主轴变速冲动的点动控制
FU2	熔断器	进给电动机 M2 短路保护	SQ2	位置开关	进给变速冲动开关
FU3	熔断器	整流电路短路保护	SQ3	位置开关	控制进给电动机 M2 正转（工作台向下、向前进给）
FU4	熔断器	直流电路短路保护	SQ4	位置开关	控制进给电动机 M2 反转（工作台向上、向后进给）
FU5	熔断器	照明电路短路保护	SQ5	位置开关	控制进给电动机 M2 正转（工作台向左进给）
FU6	熔断器	控制电路短路保护	SQ6	位置开关	控制进给电动机 M2 反转（工作台向右进给）
EL	机床照明灯	提供机床局部照明			

电路的工作原理如下：

1. 主电路

三相电源由电源引入开关 QS1 引入，由 FU1 作为全电路的短路保护。主轴电动机 M1 的运行由接触器 KM1 控制，由换向开关 SA3 预选其转向。冷却泵电动机 M3 由 QS2 控制其单向旋转，但必须在 M1 起动运行之后才能运行。进给电动机 M2 由 KM3、KM4 实现正、反转控制。三台电动机分别由热继电器 FR1、FR2、FR3 提供过载保护。

2. 控制电路

控制电路由控制变压器 TC 提供 110V 工作电压，FU6 提供变压器二次侧的短路保护。该电路的主轴制动、工作台常速进给和快速进给分别由控制电磁离合器 YC1、YC2、YC3 实现。电磁离合器需要的直流工作电压由整流变压器 T2 降压后经桥式整流器 UR 提供，FU3 和 FU4 分别提供交直流侧的短路保护。

（1）主轴电动机 M1 的控制　对主轴电动机 M1 的控制包括起动、停机制动、换

刀制动和变速冲动。主轴电动机 M1 由交流接触器 KM1 控制，为操作方便，在机床的不同位置各安装了一套起动和停止按钮：SB1 和 SB2 是起动按钮，SB5 和 SB6 是停止按钮；SB2 和 SB6 装在床身上，SB1 和 SB5 装在升降台上。SA3 是主轴电动机 M1 的电源换相开关，用作改变主轴电动机 M1 的旋转方向；SA1 为换刀制动开关；SQ1 是与主轴变速手柄联动的冲动位置开关。

1）主轴电动机 M1 的起动控制。在起动前先按照顺铣或逆铣的工艺要求，先用组合开关 SA3 预先确定 M1 的转向：开关置于 SA3-1 状态时，M1 反转；置于 SA3-2 状态时，M1 正转。再按下 SB1 或 SB2→KM1 线圈通电→主轴电动机 M1 起动运行；KM1 的常开辅助触点（9-6）闭合，进行自锁；KM1 的常开辅助触点（10-9）闭合，为 KM3、KM4 线圈支路接通做好准备。

2）主轴电动机 M1 的停止及制动控制。主轴电动机 M1 停车与制动使用复合按钮 SB5 或 SB6。停车时，按下 SB5 或 SB6→SB5 的常闭触点 SB5-1（7-8）或 SB6 的常闭触点 SB6-1（5-7）先断开→KM1 线圈断电→主轴电动机 M1 断电，处于自由停车状态；然后，SB5 常开触点 SB5-2（105-106）或 SB6 常开触点 SB6-2（105-106）闭合→制动电磁离合器 YC1 线圈通电→M1 开始机械制动→M1 停车。

制动电磁离合器 YC1 是通电制动器，即当 YC1 线圈通电吸合时，将摩擦片压紧，对 M1 进行机械制动。

注意

操作停车与制动时，应按住 SB5 或 SB6 直至主轴停转才能松开。一般主轴的制动时间不超过 0.5s。

3）主轴电动机 M1 的换刀控制。操作时，将换刀制动开关 SA1 扳至“接通”位置，使其常闭触点 SA1-2（0-1）断开，切断全部控制电路，保证在换刀时机床没有任何动作；同时，SA1 的动开触点 SA1-1（105-106）闭合，制动电磁离合器 YC1 线圈通电，使主轴处于制动状态，以免发生事故。换刀结束后，要记住将 SA1 扳回“断开”位置。

4）主轴变速时的冲动控制。SQ1 是与主轴变速手柄联动的冲动位置开关。在需要变速时，先将变速手柄拉出，使齿轮组脱离啮合，再转动变速盘至所需的转速，最后再以较快的速度将变速手柄复位，使改变了传动比的齿轮重新啮合。在手柄复位的过程中，手柄上的机械机构瞬时压动行程开关 SQ1，SQ1 的常闭触点 SQ1-2（8-9）先断开，切断其他支路；然后 SQ1 常开触点 SQ1-1（5-6）闭合，使 KM1 线圈通电，M1 产生瞬间的冲动，利于齿轮的啮合；手柄复位后，SQ1 也随之复位，即 SQ1 的常开触点 SQ1-1（5-6）断开，KM1 线圈断电，主轴电动机 M1 断电停转，变速冲动操作结束。

（2）进给电动机 M2 的控制　工作台的进给和圆工作台的运动都是由进给电动机 M2 拖动的。对进给电动机 M2 的控制包括工作台的常速进给、快速进给、进给变速

时的冲动及圆工作台的回转。

1）工作台的常速进给控制：工作台的进给运动分为常速（工作）进给和快速进给，常速进给必须在 M1 起动运行后才能进行，而快速进给属于辅助运动，可以在 M1 不起动的情况下进行。

常速进给和快速进给是通过电磁离合器 YC2 和 YC3 控制的：当 YC2 吸合而 YC3 断开时，为常速进给；当 YC3 吸合而 YC2 断开时，为快速进给。

工作台在进给电动机 M2 的拖动下可以实现上、下、左、右、前、后 6 个方向的运动，即纵向（左右）、横向（前后）和垂直（上下）3 个垂直方向的运动。工作台的三个垂直运动方向是通过机械操作手柄（纵向手柄和十字形手柄）进行控制的，每个垂直方向上两个相反方向的运动是利用进给电动机 M2 的正、反转来实现的，M2 的正反转是由行程开关 SQ3 ~ SQ6 进行控制的。

工作台的进给运动和圆工作台的旋转运动不能同时进行。SA2 为圆工作台控制开关。当工作台作进给运动时，应将转换开关 SA2 扳到“断开”位置，这时触点 SA2-1（10-19）、SA2-3（15-16）闭合，触点 SA2-2（19-17）断开，以保证工作台在 6 个方向的进给运动。

① 工作台纵向（左右）进给控制。工作台纵向进给运动由纵向手柄控制。纵向手柄有左、中、右三个位置，中间位置对应停止，左、右位置对应机械传动链分别接入向左或向右运动方向。在进给电动机正、反转拖动下，实现向左或向右进给运动。行程开关 SQ5 和 SQ6 分别控制电动机的正、反转。工作台纵向运动与手柄位置间的控制关系见表 11-8。

表 11-8　工作台纵向运动与手柄位置间的控制关系

手柄位置	工作台运动方向	离合器接通丝杠	位置开关动作	接触器动作	电动机运转方向
左	向左进给或快速向左	左右进给丝杠	SQ5	KM3	正转
中	停止				停止
右	向右进给或快速向右	左右进给丝杠	SQ6	KM4	反转

a）工作台向左运动：在主轴电动机 M1 起动（KM1 常开辅助触点（10-9）闭合）、电磁离合器 YC2 吸合、圆工作台控制开关 SA2 扳到“断开”的情况下，将纵向手柄扳到“左”位置，此时电动机的传动链与左右进给丝杠相连。同时，纵向手柄压下行程开关 SQ5，SQ5 的常闭触点 SQ5-2（19-20）先断开，实现纵向进给运动与垂直、横向进给运动的互锁，一旦此时扳动垂直、横向运动的十字形手柄，将会断开 SQ3-2（13-14）或 SQ4-2（14-15）电路，使任何进给运动都因断电而停止；然后 SQ5 的常开触点 SQ5-1（16-17）闭合 KM3 线圈通过路径（10-13-14-15-16-17-18）通电，电动机 M2 正转，拖动工作台向左运动；KM3 的常闭触点 KM3（21-22）断开，切断 KM4 线圈支路，实现对电动机 M2 反转的联锁。

要使工作台停止运动，只需要将纵向手柄扳到中间位置，此时 SQ5 释放，SQ5-1

（16-17）断开，KM3 线圈断电，电动机 M2 停止正转，工作台停止向左方向的进给，同时纵向机械传动链脱离。

b）工作台向右运动：若将操作手柄扳向右边，此时机械传动方向与向左一样，但纵向手柄压下的是行程开关 SQ6，SQ6 的常闭触点 SQ6-2（20-15）先断开，实现纵向进给运动与垂直、横向进给运动的互锁；然后 SQ6 的常开触点 SQ6-1（16-21）闭合 KM4 线圈通过路径（10-13-14-15-16-21-22）通电，电动机 M2 反转，拖动工作台向右运动；同时，KM4 的常闭触点 KM4（17-18）断开，实现对正转接触器 KM3 的联锁。

要使工作台停止运动，只需要将纵向手柄扳到中间位置，此时 SQ6 释放，SQ6-1（16-21）断开，KM4 线圈断电，电动机 M2 停止反转，工作台停止向右方向的进给，同时纵向机械传动链脱离。

② 工作台的垂直进给运动和横向进给运动：工作台的垂直进给运动和横向进给运动由一个十字形手柄操纵。十字形手柄有上、下、前、后和中间 5 个位置，中间位置对应停止。上、下位置对应机械传动链接入垂直传动丝杠；前、后位置对应机械传动链接入横向传动丝杠。在电动机 M2 正、反转的拖动下，完成下、前、上、后 4 个方向的进给运动。行程开关 SQ3 和 SQ4 用来控制电动机的正反转。工作台垂直和横向进给运动与手柄位置间的控制关系见表 11-9。

表 11-9 工作台垂直和横向进给运动与手柄位置间的控制关系

手柄位置	工作台运动方向	离合器接通丝杠	位置开关动作	接触器动作	电动机运转方向
上	向上进给或快速向上	垂直进给丝杠	SQ4	KM4	反转
下	向下进给或快速向下	垂直进给丝杠	SQ3	KM3	正转
中	停止				停止
前	向前进给或快速向前	横向丝杠	SQ3	KM3	正转
后	向后进给或快速向后	横向丝杠	SQ4	KM4	反转

a）工作台垂直进给控制：在主轴电动机 M1 起动后，需要工作台向上进给运动时，将十字形手柄扳到向上位置，电动机的传动链与垂直进给丝杠相连；同时，十字形手柄压下行程开关 SQ4，SQ4 的常闭触点 SQ4-2（14-15）先断开，实现垂直进给和横向进给与纵向进给的互锁，一旦此时扳动纵向运动的纵向手柄，SQ5-2（19-20）或 SQ6-2（20-15）将会断开，使任何进给运动都因断电而停止；然后 SQ4 的常开触点 SQ4-1（16-21）闭合，接触器 KM4 线圈经路径（10-19-20-15-16-21-22）获电，M2 反转，工作台向上运动。同时，接触器 KM4 的常闭触点 KM4（17-18）断开，保证接触器 KM3 线圈不能同时获电动作。

若将十字形手柄扳到“下”位置，机械传动链接入垂直传动丝杠，同时手柄压下行程开关 SQ3，使其常闭触点 SQ3-2（13-14）分断，实现垂直进给和横向进给与纵向进给的互锁；SQ3 常开触点 SQ3-1（16-17）闭合，接触器 KM3 经路径（10-19-20-15-16-17-18）获电，KM3 主触点闭合，M2 正转，工作台向下运动。

b）工作台横向进给控制：当十字形手柄向“前”扳动时，电动机的传动链与横向进给丝杠相连，同时，十字形手柄压下行程开关 SQ3，SQ3 的常闭触点 SQ3-2（13-14）分断，常开触点 SQ3-1（16-17）闭合，接触器 KM3 线圈经路径（10-19-20-15-16-17-18）获电，KM3 主触点闭合，M2 正转，工作台向前运动。

若将十字形手柄向“后”扳动时，电动机的传动链与横向进给丝杠相连，同时，十字形手柄压下行程开关 SQ4，SQ4 的常闭触点 SQ4-2（14-15）分断，常开触点 SQ4-1（16-21）闭合，接触器 KM4 线圈经路径（10-19-20-15-16-21-22）获电，KM4 主触点闭合，M2 反转，工作台向后运动。

2）工作台进给变速时的冲动控制：与主轴变速一样，在改变工作台进给速度时，为了使齿轮易于啮合，也需要进给电动机 M2 瞬间点动一下。进给变速冲动由行程开关 SQ2 控制。变速时，先将变速手柄向外拉出，使齿轮脱离啮合，转动变速盘选择好进给速度，然后，再将变速手柄继续向外拉到极限位置，随即推回原位，变速结束。在推动变速手柄的过程中，其联动机构瞬时压合行程开关 SQ2，SQ2 的常闭触点 SQ2-2（10-13）先断开，保证工作台变速冲动与进给运动不能同时进行；然后常开触点 SQ2-1（13-17）后闭合，使 KM3 线圈经路径（10-19-20-15-14-13-17-18）通电，M2 正向点动，从而保证变速齿轮易于啮合。由 KM3 的通电路径可见：只有在进给操作手柄均处于零位（SQ3 ~ SQ6 均不动作）时，才能进行进给变速冲动，即进给变速时不允许工作台做任何方向的运动。

当手柄推回到原位后，行程开关 SQ2 复位，SQ2-1（13-17）断开，接触器 KM3 因线圈断电而释放，进给电动机 M2 瞬时冲动结束。

3）工作台的快速移动控制：工作台的快速移动也是由进给电动机 M2 来拖动的，由各个方向的操纵手柄与快速移动按钮 SB3 或 SB4 配合进行控制。

如果需要工作台在某个方向快速移动，在按常速进给的操作方法操纵进给控制手柄的同时，还要按下快速进给按钮开关 SB3 或 SB4（两地控制），使 KM2 线圈通电，KM2 的常闭触点（105-107）先断开，电磁离合器 YC2 线圈失电，将齿轮传动链与进给丝杠分离；然后 KM2 的常开触点（105-108）闭合，电磁离合器 YC3 线圈得电，将电动机 M2 与进给丝杠直接搭合；同时 KM2 的常开触点（9-10）闭合，使 KM3 或 KM4 线圈得电动作，电动机 M2 得电正转或反转，带动工作台沿选定的方向快速移动。由于在 KM1 的常开触点（10-9）两端并联了 KM2 的常开触点（10-9），所以在 M1 不起动的情况下，也可以进行快速进给。工作台的快速进给是点动控制，松开 SB3 或 SB4，快速移动停止。工作台快速进给与手柄位置间的控制关系见表 11-10。

表 11-10　工作台快速进给与手柄位置间的控制关系

		工作台运动方向	离合器接通丝杠	位置开关动作	接触器动作	电动机运转方向
纵向手柄位置	上	快速向左	左右进给丝杠	SQ5	KM3	正转
	中	停止				停止
	右	快速向右	左右进给丝杠	SQ6	KM4	反转
十字形手柄位置	上	快速向上	垂直进给丝杠	SQ4	KM4	反转
	下	快速向下	垂直进给丝杠	SQ3	KM3	正转
	中	停止				停止
	前	快速向前	横向丝杠	SQ3	KM3	正转
	后	快速向后	横向丝杠	SQ4	KM4	反转

4）圆工作台运动的控制：在需要加工弧形槽、弧形面和螺旋槽时，可以工作台上加装圆工作台。圆工作台的回转运动也是由进给电动机 M2 拖动的。

转换开关 SA2 为圆工作台的控制开关。在使用圆工作台时，先将控制开关 SA2 扳至“接通”的位置，SA2-2（19-17）接通，SA2-1（10-19）和 SA2-3（15-16）断开；再将工作台的进给操作手柄扳到中间位置（零位），此时行程开关 SQ3 ~ SQ6 均不动作。这时按下主轴电动机起动按钮 SB1 或 SB2，KM1 线圈通电，主轴电动机 M1 起动；KM1 的常开触点（10-9）闭合，KM3 线圈经路径（10-13-14-15-20-19-17-18）通电，M2 正转，带动圆工作台转动（圆工作台只需要单向旋转）。

KM3 线圈的通电路径经过 SQ3 ~ SQ6 四个行程开关的常闭触点，所以，只要扳动工作台任一进给手柄，SQ3 ~ SQ6 的常闭触点中会有一个断开，切断 KM3 线圈支路，使圆工作台停止运动，从而保证了工作台的进给和圆工作台的旋转不会同时进行。

若按下主轴电动机 M1 停止按钮 SB5 或 SB6，主轴电动机停转，圆工作台同时停止运动。

（3）冷却泵电动机的控制　冷却泵电动机 M3 由交流接触器 KM1 和组合开关 QS2 控制。只有在主轴电动机起动后（KM1 主触点闭合），将 QS2 手动闭合，才能起动冷却泵电动机 M3。

3. 照明电路

照明电路的安全电压 24V，由降压变压器 T3 的二次侧输出。EL 为机床的局部照明灯，由开关 SA4 控制。FU5 为熔断器，作为照明电路的短路保护。

二、X62W型铣床电气故障的检修示例

故障现象 1：合上电源开关 QS1，按下起动按钮 SB1 或 SB2，主轴电动机 M1 不能起动。

（1）故障分析　电动机 M1 不能起动，其他电路能正常工作，说明机床的电源电路正常，故障应该在主轴电动机 M1 的主电路和控制电路中。

（2）故障检修　根据故障分析的结果，应该重点检查主轴电动机 M1 的主电路和

控制电路。

按下主轴起动按钮 SB1 或 SB2，用视听法观察主电路中交流接触器 KM1 主触点是否吸合。

1）若 KM1 主触点吸合，但是电动机 M1 没有转动，则说明故障发生在主电路，应该进一步检查主电路。

方法：断电，用电阻法检查主轴电动机的主电路。位于图区 2 中 KM1 的主触点控制主轴电动机 M1 正转运行，SA3 进行正、反转选择，FR1 过载保护，所以应该检测 KM1 主触点、热继电器 FR1 和 SA3 的接线是否正确。

2）若交流接触器 KM1 主触点没有吸合，说明故障在主轴电动机的控制电路中，重点检查电动机的起动控制电路（图区 13）。

方法：断电，用电阻法检查按钮 SB1（9-6）、SB2（9-6）、SB5-1（7-8）、SB6-1（5-7）、SQ1-2（8-9）、FR1 的常闭触点（1-2）、FR2 的常闭触点（2-3）、SA1-2（0-1）的接线是否正常，熔断器 FU6 有没有熔断，KM1 线圈及其接线情况是否正常。

注意

行程开关和按钮的接线是经过端子排接到外面控制盒中的，这段连线比较长，容易出现故障。

检修图如图 11-5 所示。

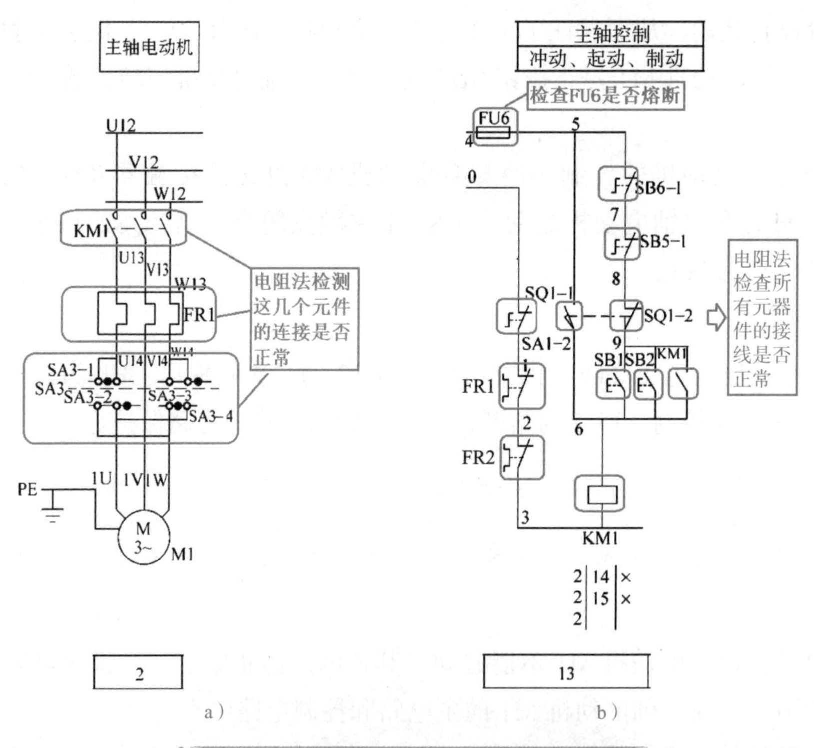

图 11-5　主轴电动机 M1 不能起动检修图

故障现象2：主轴电动机工作正常，工作台各个方向不能进给。

（1）故障分析　由电路的工作原理可知，主轴电动机工作正常，说明机床电源电路正常，控制变压器TC工作正常，但是工作台各个方向不能进给，说明故障可能发生在进给电动机的主电路和控制电路中。

（2）故障检修　根据故障分析的结果，应该重点检查进给电动机M2的主电路和控制电路。

1）检查主电路。断电，用万用表的电阻档测量主电路的连接线路是否正常。

2）检查控制电路。

①先检测交流接触器KM1的常开辅助触点KM1（9-10）是否闭合。通电后，起动主轴电动机M1，再用万用表的电压档测量KM1的常开触点（9-10）两端的电压值，若为0V，说明KM1的常开触点已闭合，正常。

②检查进给电动机控制电路中的控制开关SA2的接线是否正常。断电，用万用表的电阻档分别测量SA2-1（10-19）、SA2-2（19-17）、SA2-3（15-16）的连接线路是否正常，SA2的开关状态参看表11-11。

表11-11　圆工作台开关SA1触点状态表

触点 位置	接　通	断　开
SA1-1	断开	闭合
SA1-2	闭合	断开
SA1-3	断开	闭合

③检查进给电动机控制电路中的行程开关（SQ2 ~ SQ6）接线是否正确。断电，用万用表的电阻档分别测量SQ2-2（10-13）、SQ3-1（16-17）、SQ3-2（13-14）、SQ4-1（16-21）、SQ4-2（14-15）、SQ5-1（16-17）、SQ5-2（19-20）、SQ6-1（16-21）和SQ6-2（20-15）的连接线路是否正常。

④检查进给电动机控制电路中KM3、KM4的线圈及互锁常闭触点的接线是否正确。检查前断电。

检修如图11-6所示。

3）机械装置检修与故障判断。机械装置的损坏和位置变动都会导致电器元件信号的接收和输出条件的变化，使得电信号错误，从而使整个系统不能正常工作。X62W型万能铣床中的行程开关使用比较多，而且对其安装的位置要求严格，当行程开关与机械碰块多次发生碰撞后，受到的冲击大，使得这些行程开关的固定装置松动，位置发生变化，导致所连接的电路发生接触不良或者线路断开，影响工作台的正常运行。所以在检修电路的同时，还要考虑判断机械装置的性能。

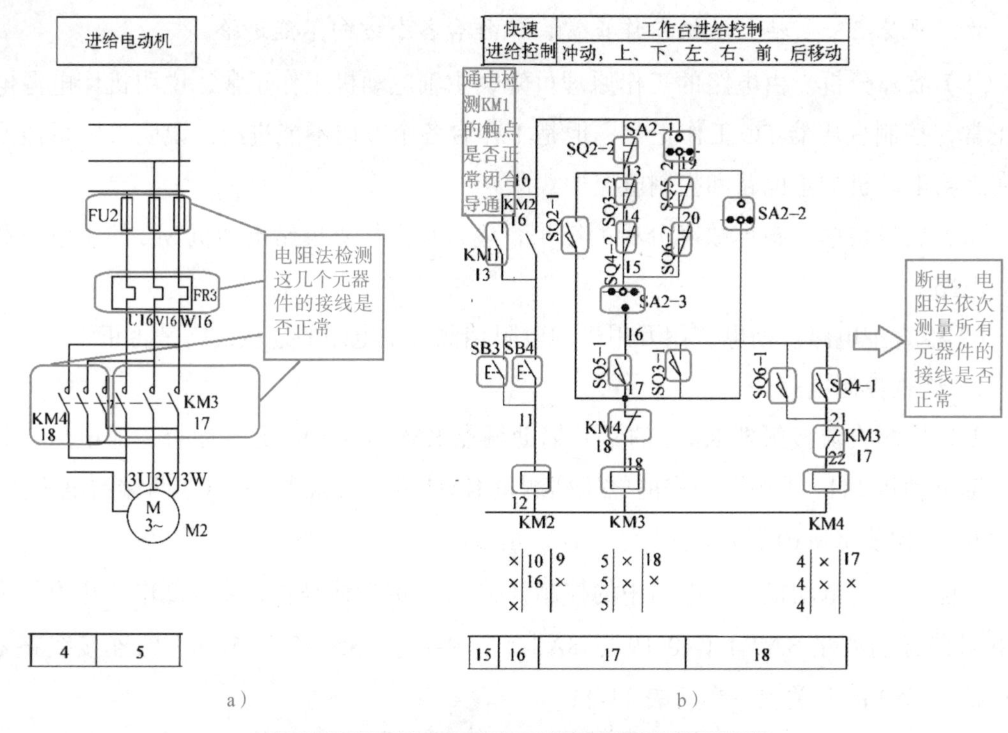

图 11-6 工作台各个方向不能进给故障检修图

三、X62W型铣床其他常见电气故障的分析与处理

X62W 型铣床电气控制线路的其他常见故障分析及处理方法见表 11-12。

表 11-12 X62W 型铣床常见电气故障分析及处理方法

故障现象	可能原因	处理方法
工作台能向左、右进给，但不能向前、后、上、下进给	（1）左右进给控制行程开关 SQ5 或 SQ6 位置移动或触点接触不良 （2）或开关机构被卡住	（1）查明原因，调整位置或更换行程开关 （2）查明原因后排除
工作台能向前、后、上、下进给，但不能向左、右进给	同上例原因，主要是 SQ3-2 或 SQ4-2 触点接触不良	参照上例的处理方法
工作台不能快速移动	（1）电磁离合器 YC3 线圈断线或接触不良 （2）整流变压器 T2 损坏 （3）熔断器 FUFU4 熔体熔断 （4）整流二极管损坏 （5）电磁离合器动、静摩擦片损坏	（1）查明原因，必要时更换电磁离合器线圈 （2）检查整流变压器 T2 有无断线、短路等故障，必要时更换 T2 （3）查明原因后更换熔体 （4）检查整流输出电压是否异常，必要时更换整流二极管 （5）更换动、静摩擦片
主轴或进给变速不能冲动	主要是冲动位置开关 SQ1 或 SQ2 位置移动（压合不上开关）或触点接触不良，使线路断开，主轴电动机 M1 或进给电动机 M2 不能瞬时点动	调整冲动位置开关 SQ1、SQ2 的位置（动作距离）；检查触点接触情况，必要时更换

任务实施

一、故障设置

教师根据实际情况自行设置故障点。

二、任务准备

1）准备常用电工工具：验电笔、螺钉旋具、斜口钳、剥线钳、电工刀等。

2）仪表：500V 绝缘电阻表、钳形电流表、万用表等。

3）技术资料：机床配套电路图、接线图、电器布置图、使用说明书、检修记录单等。

4）其他器材：绝缘胶带、常用配件、劳保用品等。

三、故障检修

1）通电操作，引导学生观察故障现象，并将其填入表 11-13 中。

2）根据故障现象，根据电路图，用逻辑分析法初步确定故障范围，并在电路中标出最小故障范围。

3）选择合适的测量方法进行测量，将测量值及分析结果填入表 11-13 中。

表 11-13　实训器材表

故障现象	故障范围	测量点	测量值	是否正常	判断故障点

4）正确排除故障。

5）检修完毕进行通电试车，并填写表 11-14 所示机床电气检修记录单。

检修中的注意事项如下：

1）检修前要熟悉铣床的主要结构和运动形式，了解铣床的各种工作状态和操作方法。

2）参考图 11-7 和图 11-8，熟悉铣床电器元件的实际位置、走线情况以及操作手柄处于不同位置时，行程开关的工作状态及运动部件的工作情况。

3）观察故障现象应认真仔细，发现异常情况应及时切断电源，并向指导教师报告。

4）故障分析思路、方法要正确、有条理，应将故障范围尽量缩小。

5）停电要验电，带电检修时，必须有指导教师在现场监护，并应确保用电安全。

6）检修时不得扩大故障范围或产生新的故障点。

7）铣床的电气控制与机械结构配合十分密切，因此，在出现故障时，应首先判明是机械故障还是电气故障。

8）工具、仪器仪表使用要正确规范。

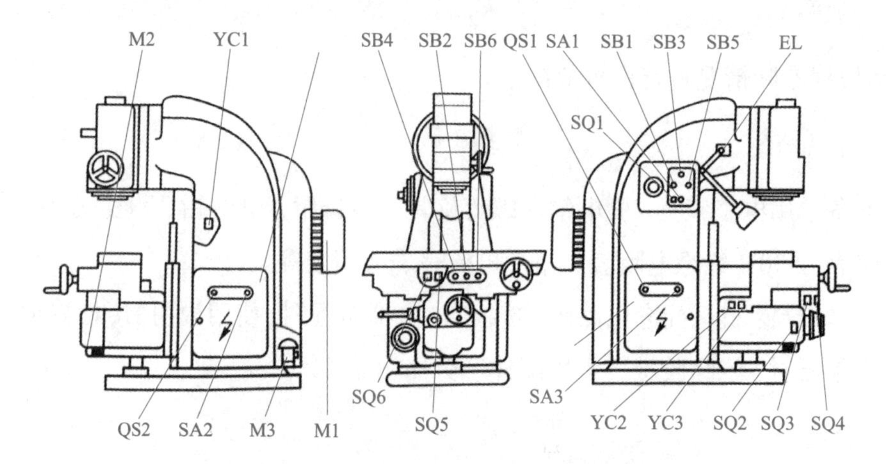

图 11-7　X62W 型铣床电气设备安装布置图

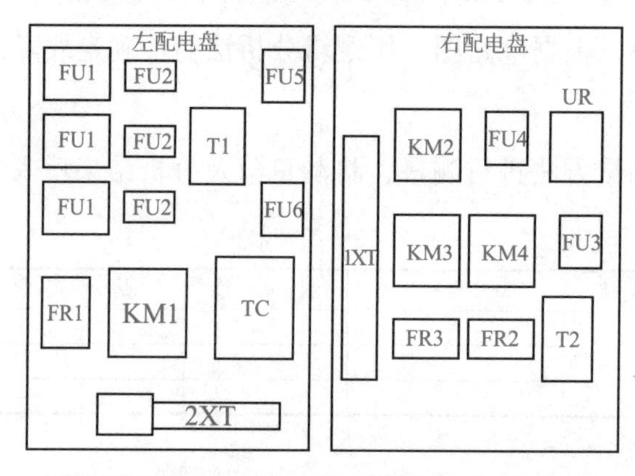

图 11-8　X62W 型铣床配电箱内电器布置图

表 11-14　机床电气检修记录单

设备型号		设备名称		设备编号	
故障日期		检修人员		操作人员	
故障现象					
故障部位					
引起故障原因					
故障修复措施					
负责人评价	负责人签字：　　年　月　日				

任务评价

对整个任务的完成情况进行评价，评价内容、要素及标准见表 11-15。

表 11-15　任务评价

<table>
<tr><th>项　目</th><th colspan="2">评价要素</th><th colspan="3">评价标准</th><th>配分</th><th>扣分</th></tr>
<tr><td>正确分析和排除常见电气故障</td><td colspan="2">（1）正确描述故障现象
（2）故障分析思路清晰
（3）故障检查方法正确、规范
（4）故障点判断正确
（5）停电验电
（6）排故思路清晰
（7）正确排除故障
（8）通电试车成功
（9）检修过程中不出现新故障
（10）不损坏电器元件</td><td colspan="3">（1）故障现象描述有误，每个扣 5 分
（2）故障分析思路不清晰，扣 10 分
（3）故障检查方法不正确、不规范，每个扣 15 分
（4）故障点判断错误，每个扣 10 分
（5）停电不验电，扣 5 分
（6）排故思路不清晰，每个故障点扣 5 分
（7）排故方法不正确，每个故障点扣 5 分
（8）不能排除故障，每个故障点扣 10 分
（9）通电试车不成功，扣 25 分
（10）检修时出现新故障自己不能修复，每个扣 10 分产生新故障能自己修复，每个扣 5 分
（11）损坏电动机、电器元件，扣 10 分</td><td>85</td><td></td></tr>
<tr><td>工具、仪表的选用及使用</td><td colspan="2">（1）工具、仪表选择合适
（2）工具、仪表使用规范</td><td colspan="3">（1）工具、仪表少选、错选或不合适，每个扣 2 分
（2）不会用钳形电流表测量电动机的电流，扣 3 分
（3）工具、仪表使用不规范，每次扣 2 分</td><td>15</td><td></td></tr>
<tr><td>技术资料归档</td><td colspan="2">（1）检修记录单填写
（2）技术资料完整并归档</td><td colspan="3">（1）检修记录单不填写或填写不完整，酌情从总分中扣 3 ~ 5 分
（2）技术资料不完整或不归档，酌情从总分中扣 3 ~ 5 分</td><td></td><td></td></tr>
<tr><td>安全文明生产</td><td colspan="5">（1）要求材料无浪费，现场整洁干净，废品清理分类符合要求
（2）遵守安全操作规程，不发生任何安全事故
如违反安全文明生产要求，酌情扣 5 ~ 40 分，情节严重者，可判本次技能操作训练为零分，甚至取消本次实训资格</td><td></td><td></td></tr>
<tr><td>定额时间</td><td colspan="5">180min，每超时 5min，扣 5 分</td><td></td><td></td></tr>
<tr><td>备注</td><td colspan="5">除定额时间外，各项目的最高扣分不应超过配分数</td><td></td><td></td></tr>
<tr><td>开始时间</td><td></td><td>结束时间</td><td></td><td>实际时间</td><td></td><td>成绩</td><td></td></tr>
</table>

收获体会：

学生签名：　年　月　日

教师评语：

教师签名：　年　月　日

项目十二

卧式镗床常见电气故障的分析与检修

项目描述

镗床主要用来钻孔、镗孔、扩孔和铰孔，属于精密机床；还可用来车削内外螺纹，车外圆柱面和端面，用丝锥攻螺纹，用端铣刀与圆柱铣刀铣削平面等，尤其是在加工大型及笨重的工件时具有特别重要的意义。

镗床分为卧式镗床、落地镗床、金刚镗床和坐标镗床等类型。卧式镗床适用于单件小批生产和修理车间。落地镗床适宜于加工尺寸和重量较大的工件，用于重型机械制造厂。金刚镗床主要用于大批量生产中。坐标镗床适于加工形状、尺寸和孔距精度要求都很高的孔等工作，用于工具车间和中小批量生产中。其他类型的镗床还有立式转塔镗铣床、深孔镗床和汽车修理用镗床等。

本项目的要求是完成 T68 型卧式镗床㊀常见电气故障的分析与检修，具体分两个任务进行：认识 T68 型卧式镗床、T68 型镗床常见电气故障的分析与检修。

项目目标

- 了解 T68 型镗床的主要结构及运动形式、电力拖动特点及控制要求。
- 认识 T68 型镗床的低压电器，能用万用表检测其好坏。
- 会分析 T68 型镗床控制电路。
- 会分析、排除 T68 型镗床常见的电气故障。

㊀ T68 型卧式镗床由于结构复杂、可靠性差，已被淘汰，此处仅作为教学示例。

任务一　认识 T68 型卧式镗床

相关知识

一、T68型卧式镗床的型号含义

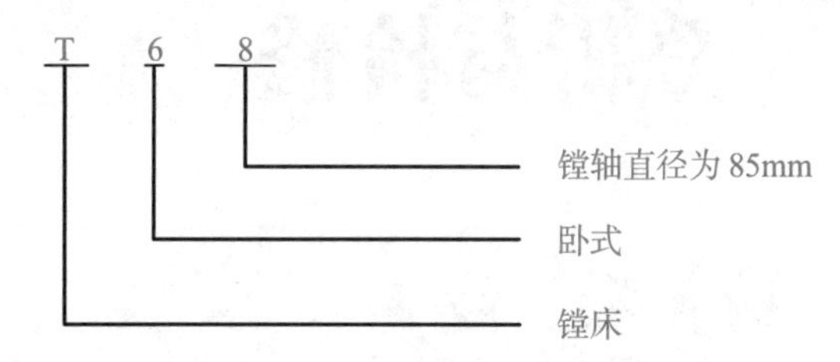

二、T68型卧式镗床的主要结构及作用

T68 型卧式镗床主要由床身、前立柱、镗头架、工作台、后立柱和尾架等部分组成。T68 型卧式镗床的外形、主要结构如图 12-1 所示，各部分的作用见表 12-1。

图 12-1　镗床的外形、结构图

1 —后立柱底座　2 —后支承架　3 —后立柱　4 —后立柱导轨　5 —工作台　6 —平旋盘　7 —主轴　8 —刀具滑板　9 —快速移动手柄　10 —前立柱　11 —前立柱导轨　12 —主轴箱　13 —进给变速手柄　14 —后尾筒　15 —主轴变速手柄　16 —床身　17 —按钮箱　18 —下滑座　19 —上滑座

表 12-1　T68 型镗床的主要结构及作用

主要结构	作　用
前立柱	前立柱固定安装在床身的右端，在它的垂直导轨上装有可上下移动的主轴箱
主轴箱	1）主轴箱中装有主轴部件、主运动和进给运动的变速传动机构和操纵机构等 2）在主轴箱的后部固定着后尾筒，里面装有镗轴的轴向进给机构
后立柱	后立柱固定在床身的左端，装在后立柱垂直导轨上的后支承架用于支撑长镗杆的悬伸端，后支承架可沿垂直导轨与主轴箱同步升降，后立柱可沿床身的水平导轨左右移动，在不需要时也可以卸下
工作台	工作台安放在床身中部的导轨上，用于安装工件，它由上溜板、下溜板和可转动的台面组成，下溜板可沿床身导轨纵向移动，上溜板可沿下溜板上的导轨横向移动，工作台相对于上溜板可回转，因此工作台不但可以做平行和垂直于镗轴轴线方向移动，并可以转动

三、T68型镗床的运动形式

镗床的主运动是镗轴的旋转运动与花盘的旋转运动；进给运动包括镗轴的轴向进给、花盘刀具溜板的径向进给、主轴箱的垂直进给、工作台的横向进给和纵向进给；辅助运动包括主轴箱、工作台等的进给运动上的快速调位移动，后立柱的纵向调位移动；后支承架与主轴箱的垂直调位移动；工作台的转位运动。

四、T68型镗床的电力拖动特点及控制要求

根据镗床的运动情况和工艺要求，T68 型镗床的电力拖动特点及控制要求见表 12-2。

表 12-2　T68 型镗床的电力拖动特点及控制要求

电动机名称	电力拖动特点及控制要求
主轴电动机 M1	（1）为适应调整需要，要求主轴电动机能正反向点动，并且带有制动。为此，该机床采用电磁铁带动的机械制动装置 （2）主轴电动机能有正反转，并有高低速选择
快速进给电动机 M2	快速移动电动机采用正反转点动控制方式

任务实施

一、任务准备

准备至少一台 T68 型镗床，并将其主要结构及所有电器元件分别进行编号。

二、识别 T68型镗床的主要结构

仔细观察镗床的各部分结构，将结构名称填入表 12-3 中。

表 12-3　T68 型镗床结构识别

编　号	结构名称	作　用
（1）		
（2）		
（3）		
（4）		
（5）		
（6）		
（7）		

三、识别 T68型镗床的主要运动

在教师的监督下，操作车床，仔细观察各部分的运动，并将对应运动形式填入表 12-4 中。

表 12-4　T68 型镗床主要运动形式识别

运动名称	运动形式	控制要求
主运动		
进给运动		
辅助运动		

四、识别 T68型镗床电器元件

指出镗床上及配电箱中各电器元件的名称，并记录型号，填入表 12-5 中。

表 12-5　T68 型镗床电器元件识别

编号	名称	型号	编号	名称	型号
（1）			（11）		
（2）			（12）		
（3）			（13）		
（4）			（14）		
（5）			（15）		
（6）			（16）		
（7）			（17）		
（8）			（18）		
（9）			（19）		
（10）			（20）		

任务评价

对整个任务的完成情况进行评价，评价内容、操作要求及评价标准见表 12-6。

表 12-6　任务评价

<table>
<tr><th>评价内容</th><th colspan="2">操作要求</th><th colspan="2">评价标准</th><th>配分</th><th>扣分</th></tr>
<tr><td>T68 型镗床主要结构识别</td><td colspan="2">熟悉 T68 型镗床的主要结构及作用</td><td colspan="2">（1）镗床主要结构不清，每处扣 2 分
（2）主要结构的作用不清，每处扣 2 分</td><td>40</td><td></td></tr>
<tr><td>T68 型镗床运动形式识别</td><td colspan="2">会操作车床，熟悉 T68 型镗床的运动形式及控制要求</td><td colspan="2">（1）不会操作镗床，扣 3 分
（2）镗床运动形式不清，扣 2 分
（3）控制要求不清，每处扣 2 分</td><td>30</td><td></td></tr>
<tr><td>T68 型镗床电器元件识别</td><td colspan="2">识别 T68 型镗床电器元件及其作用</td><td colspan="2">（1）不认识元器件，每处扣 2 分
（2）元器件作用不清，每处扣 2 分</td><td>30</td><td></td></tr>
<tr><td>安全文明生产</td><td colspan="4">（1）要求现场整洁干净
（2）工具摆放整齐，废品清理分类符合要求
（3）遵守安全操作规程，不发生任何安全事故
如违反安全文明生产要求，酌情扣 5 ~ 40 分，情节严重者，可判本次技能操作训练为零分，甚至取消本次实训资格</td><td></td><td></td></tr>
<tr><td>定额时间</td><td colspan="4">120min，每超时 5min，扣 5 分</td><td></td><td></td></tr>
<tr><td>开始时间</td><td></td><td>结束时间</td><td></td><td>实际时间</td><td>成绩</td><td></td></tr>
</table>

收获体会：

学生签名：　　年　月　日

教师评语：

教师签名：　　年　月　日

任务二　T68 型卧式镗床常见电气故障的分析与检修

相关知识

一、T68型镗床电气控制电路

T68 型镗床电气控制电路如图 12-2 所示，电路中各电器元件符号名称及功能说明见表 12-7。

表 12-7　T68 型镗床电器元件符号及功能说明表

符号	名称	作　用	符号	名称	作　用
M1	主轴电动机	主轴旋转及进给	SB5	按钮	快速移动电动机正反转
M2	快速移动电动机	进给快速移动	SQ1	行程开关	工作台和主轴箱进给联锁
KM1	接触器	主轴电动机 M1 正转	SQ2	行程开关	主轴进给联锁
KM2	接触器	主轴电动机 M1 反转	SQ3	行程开关	主轴速度变换
KM3	接触器	短接制动电阻	SQ4	行程开关	进给速度变换
KM4	接触器	主轴电动机 M1 低速	SQ5	行程开关	主轴速度变换
KM5	接触器	主轴电动机 M1 高速	SQ6	行程开关	进给速度变换
KM6	接触器	电动机 M2 正转快速	SQ7	行程开关	接通主轴电动机 M1 高速
KM7	接触器	电动机 M2 反转快速	SQ8	行程开关	快速移动正转
FR	热继电器	主轴电动机 M1 过载保护	SQ9	行程开关	快速移动反转
KT	时间继电器	自动控制 M1 由低速向高速转换	TC	控制变压器	控制电路和照明电路电源
KA1	中间继电器	接通主轴电动机 M1 的正转	QS1	电源开关	总电源控制
KA2	中间继电器	接通主轴电动机 M1 的正转	QS2	照明灯开关	控制机床局部照明
KS	速度继电器	主轴电动机 M1 反接制动	EL	机床局部照明灯	机床局部照明
R	限流电阻器	限制主轴电动机 M1 反接制动电流	FU1	熔断器	M1 短路保护
SB1	停止按钮	主轴电动机 M1 的正转起动	FU2	熔断器	M2 短路保护
SB2	正转起动按钮	主轴电动机 M1 的反转起动	FU3	熔断器	控制电路短路保护
SB3	反转起动按钮	控制 M1 高速正转和反转	FU4	熔断器	照明电路短路保护
SB4	按钮	主轴电动机的运转			

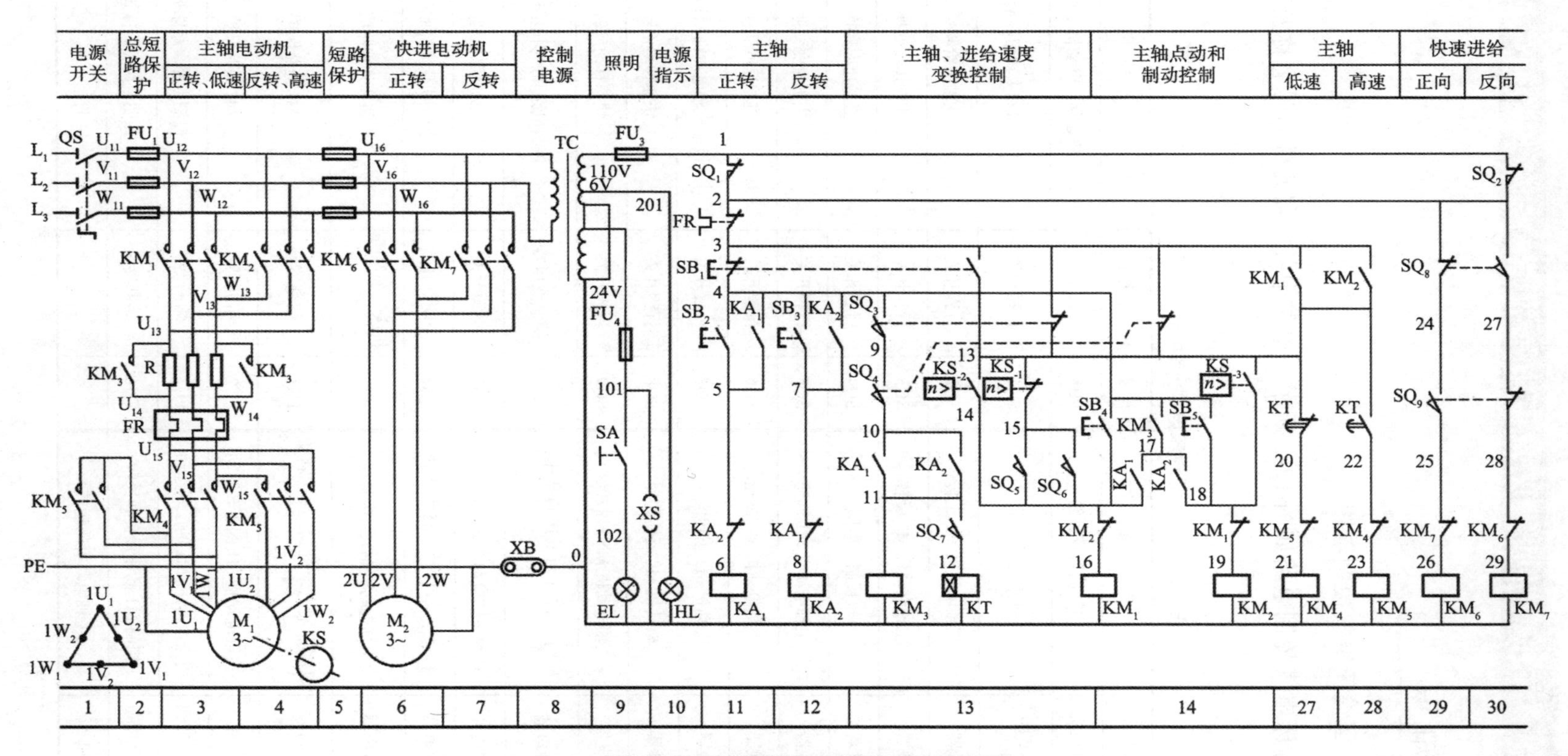

图 12-2 T68 型镗床电气控制电路图

电路的工作原理如下：

（一）主电路

T68 型镗床有两台电动机，一台是主轴电动机 M1，作为主轴旋转及常速进给的动力，同时还带动润滑油泵；另一台是快速进给电动机 M2，作为各进给运动的快速移动的动力。

主轴电动机 M1 为双速电动机，由接触器 KM1、KM2 控制其正、反转；由接触器 KM4 和 KM5 控制高低速运行：KM4 闭合时，M1 定子绕组联结成三角形低速起动或运行，KM5 闭合时，M1 定子绕组连接成双星形高速运行。另外，为了限制起动、制动电流和减小机械冲击，M1 在制动、点动及主轴和进给的变速冲动时串入了限流电阻器 R，运行时由 KM3 短接；由热继电器 FR 作为过载保护。

快速进给电动机 M2 由 KM6、KM7 控制其正反转。由于 M2 是短时工作制，所以不需要热继电器进行过载保护。

QS 为电源引入开关，FU1 提供全电路的短路保护，FU2 提供 M2 及控制电路的短路保护。

2. 控制电路

控制电路由控制变压器 TC 提供 110V 工作电压，FU3 提供变压器二次侧的短路保护。控制电路包括 KM1 ~ KM7 七个交流接触器和 KA1、KA2 两个中间继电器，以及时间继电器 KT 共 10 个电器的线圈支路，该电路的主要功能是对主轴电动机 M1 进行控制。在起动 M1 之前，首先要选择好主轴的转速和进给量(在主轴和进给变速时，与之相关的行程开关 SQ3 ~ SQ6 的状态见表 12-8，并且调整好主轴箱和工作台的位置（在调整好后行程开关 SQ1、SQ2 的常闭触点（1-2）均处于闭合接通状态）。

表 12-8　主轴和进给变速行程开关 SQ3 ~ SQ6 状态表

	相关行程开关的触点	正常工作时	变　速　时	变速后手柄推不上时
主轴变速	SQ3（4-9）	+	—	—
	SQ3（3-13）	—	+	+
	SQ5（14-15）	—	—	+
进给变速	SQ4（9-10）	+	—	—
	SQ4（3-13）	—	+	+
	SQ6（14-15）	—	+	+

注：“+” 表示闭合，“—” 表示断开。

1. M1 的正、反转低速控制

SB2、SB3 分别为 M1 正、反转起动按钮，下面以正转起动为例：

将主轴变速手柄置于“低速”位置，此时行程开关 SQ7 不动作，SQ7 的常开触点

（11-12）断开。

按下 SB2→KA1 线圈通电自锁→KA1 的常开触点（10-11）闭合，KM3 线圈通电→KM3 主触点闭合短接电阻 R；KA1 另一对常开触点（14-17）闭合，与闭合的 KM3 常开辅助触点（4-17）使 KM1 线圈通电→KM1 主触点闭合；KM1 常开辅助触点（3-13）闭合，KM4 线圈通电，电动机 M1 定子绕组联结成三角形低速起动。

同理，在反转起动运行时，按下 SB3，相继通电的电器元件为 KA2→KM3→KM2→KM4。

2. M1 的正、反转高速控制

如果需要电动机 M1 高速运行，将主轴变速手柄置于“高速”位置，此时 SQ7 被压合，其常开触点（11-12）闭合。这样在起动控制过程中 KT 与 KM3 同时通电吸合，电动机先低速起动运行；经过 3s 左右的延时后，KT 的常闭触点（13-20）断开而常开触点（13-22）闭合，使 KM4 线圈断电而 KM5 通电，M1 为双星形联结高速运行。

电动机 M1 反转高速运行：可按下反转起动按钮 SB3，其工作过程与正转高速运行的工作过程相似，读者可自行分析。

如果主轴电动机 M1 在运行过程中需要在高速和低速之间进行切换时，不需要停车，只需要将调速手柄旋至相应的“高速”或“低速”位置即可。

3. M1 的停车制动控制

M1 采用反接制动，KS 为与 M1 同轴的反接制动控制用的速度继电器，它在控制电路中有三对触点：常开触点 KS-1（13-18）在 M1 正转时动作，另一对常开触点 KS-2（13-14）在反转时闭合，还有一对常闭触点 KS-1（13-15）提供变速冲动控制。当 M1 的转速达到约 120r/min 以上时，KS 的触点动作；当转速降至 40r/min 以下时，KS 的触点复位。

下面以 M1 正转高速运行时制动为例进行分析：

按下 SB1→SB1 的常闭触点（3-4）先断开，先前得电的 KA1、KM3、KT、KM1 和 KM5 线圈相继断电，然后 SB1 的常开触点（3-13）闭合，经 KS-1（13-18）使 KM2 线圈通电→KM4 通电→M1 三角形联结串电阻反接制动→电动机转速迅速下降至 KS 的复位值→KS-1（13-18）常开触点断开，KM2 断电→KM2 的常开触点断开，KM4 断电，制动结束。

如果是 M1 反转时进行制动，则由 KS-2（13-14）闭合，控制 KM1、KM4 进行反接制动。

4. M1 的高、低速切换控制

当电动机处于高速运行时，若需要低速运行，可将调速手柄旋至“低速”位置，此时行程开关 SQ7 被释放，其常开触点 SQ7（11-12）处于分断状态。时间继电器 KT 线圈失电，其常开触点 KT（13-22）和常闭触点 KT（13-20）瞬时复位，接触器 KM5 线圈失电，而接触器 KM4 线圈重新得电，电动机 M1 定子绕组联结成三角形，经制动后低速运行。

当电动机 M1 处于低速运行时，若需要高速运行，可将调速手柄旋至“高速”位置，此时行程开关 SQ7 被压合，其常开触点 SQ7（11-12）处于闭合状态。时间继电器 KT 线圈得电后开始延时，延时结束后其常闭触点 KT（13-20）断开，接触器 KM4 线圈失电，其主触点复位，电动机 M1 定子绕组三角形联结断开而处于惯性运转状态；其常闭触点 KM4（22-23）复位，接触器 KM5 线圈得电，其主触点闭合，电动机 M1 定子绕组连接成双星形高速运行。

由以上分析可知，主轴电动机 M1 在高低速之间进行切换时，可不必停车，直接将调速手柄旋至相应的“高速”“低速”位置即可。

5. M1 的点动控制

SB4 和 SB5 分别为正、反转点动控制按钮。当需要进行点动调整时，可按下 SB4（或 SB5），使 KM1 线圈（或 KM2 线圈）通电，KM4 线圈也随之通电，由于此时 KA1、KA2、KM3、KT 线圈都没有通电，所以 M1 串入电阻低速转动。当松开 SB4（或 SB5）时，由于没有自锁作用，KM1 线圈（或 KM2 线圈）断电，KM4 线圈也随之断电，M1 停止运行。

6. M1 的变速控制

主轴 M1 的各种转速是由变速操纵盘来调节变速传动系统而取得的。在主轴运转时，如果要变速，可不必按下停止按钮停车。只要将主轴变速操纵盘的操作手柄拉出（见图 12-3，将手柄拉至②的位置），与变速手柄有机械联系的行程开关 SQ3、SQ5 均复位（见表 12-8），此后的控制过程如下（以正转低速运行为例）：

将变速手柄拉出→ SQ3 复位→ SQ3 常开触点断开→ KM3 和 KT 都断电→ KM1 断电

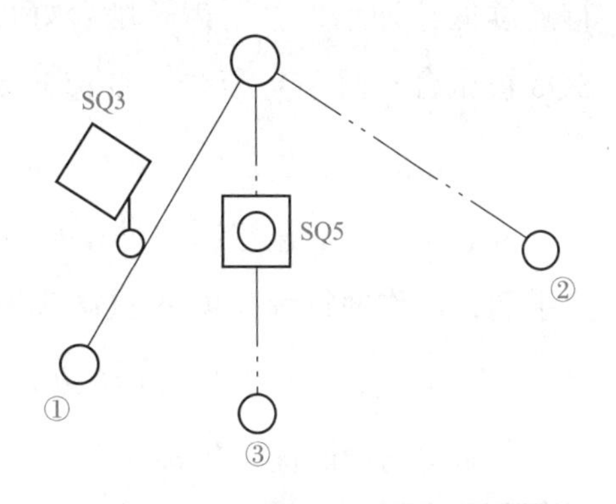

图 12-3　主轴变速手柄位置示意图

→ KM4 断电，M1 断电后，由于惯性继续旋转。

SQ3 常闭触点（3-13）后闭合，由于此时转速较高，故 KS-1 常开触点（13-18）为闭合状态→ KM2 线圈通电→ KM4 通电，电动机三角形联结进行制动；转速很快下降到 KS 的复位值→ KS-1 常开触点（13-18）断开，KM2、KM4 断电，断开 M1 反向电源，制动结束。

转动变速盘进行变速，变速后将手柄推回→ SQ3 动作→ SQ3 常闭触点（3-13）断开，SQ3 常开触点（4-9）闭合，KM1、KM3、KM4 重新通电，M1 重新起动。

由以上分析可知，如果变速前主电动机处于停转状态，那么变速后主电动机也处于停转状态。若变速前主轴电动机处于正向低速（三角形联结）状态运转，由于中间继电器仍然保持通电状态，变速后主轴电动机仍处于三角形联结下运转。同样道理，如果变速前电动机处于正转高速（双星形联结）状态，那么变速后，主轴电动机仍先连接成三角形，再经 3s 左右的延时，才进入双星形联结高速运转状。

7. 主轴的变速冲动控制

SQ5 为变速冲动行程开关，由表 12-9 可见，在不进行变速时，SQ5 的常开触点（14-15）是断开的；在变速时，如果齿轮未啮合好，变速手柄就合不上，即在图 12-3 中处于③的位置，则 SQ5 被压合→ SQ5 的常开触点（14-15）闭合→ KM1 由支路（13-15-14-16）通电→ KM4 线圈支路也通电→ M1 低速串电阻起动→当 M1 的转速升至 120r/min 时→ KS 动作，其常闭触点（13-15）断开→ KM1、KM4 线圈支路断电→ KS-1 常开触点（13-18）闭合→ KM2 通电→ KM4 通电，M1 进行反接制动，转速下降→当 M1 的转速降至 KS 复位值时，KS 复位，其常开触点（13-18）断开，M1 断开制动电源；KS 的常闭触点（13-15）又闭合→ KM1、KM4 线圈支路再次通电→ M1 转速再次上升……这样使 M1 的转速在 KS 复位值和动作值之间反复升降，进行连续低速冲动，直至齿轮啮合好以后，方能将手柄推合至图 12-3 中①的位置，使 SQ3 被压合，而 SQ5 复位，变速冲动才结束。

8. 进给变速控制

与上述主轴变速控制的过程基本相同，只是在进给变速控制时，拉动的是进给变速手柄，动作的行程开关是 SQ4 和 SQ6。

9. 快速移动电动机 M2 的控制

为缩短辅助时间，提高生产效率，由快速移动电动机 M2 经传动机构拖动镗头架和工作台做各种快速移动。运动部件及运动方向的预选由装在工作台前方的操作手柄

进行，而控制则是由镗头架的快速操作手柄进行。当扳动快速操作手柄时，将压合行程开关SQ8或SQ9，接触器KM6或KM7通电，实现M2快速正转或快速反转。电动机带动相应的传动机构拖动预选的运动部件快速移动。将快速移动手柄扳回原位时，行程开关SQ8或SQ9不再受压，KM6或KM7断电，电动机M2停转，快速移动结束。

10. 联锁保护

为了防止工作台及主轴箱与主轴同时进给，将行程开关SQ1和SQ2的常闭触点并联接在控制电路（1-2）中。当工作台及主轴箱进给手柄在进给位置时，SQ1的触点断开；而当主轴的进给手柄在进给位置时，SQ2的触点断开。如果两个手柄都处在进给位置，则SQ1、SQ2的触点都断开，机床不能工作。

（三）照明电路和指示灯电路

由变压器TC提供24V安全电压供给照明灯EL，EL的一端接地，SA为灯开关，由FU4提供照明电路的短路保护。XS为24V电源插座。HL为6V的电源指示灯。

二、T68型镗床电气故障分析示例

故障现象1：主轴电动机M1的转速与标牌的指示不符。

这种故障一般有两种情况：第一种是主轴电动机M1的实际转速比标牌指示转数增加一倍或减少一半，第二种是M1只有高速或只有低速。前者大多是由于安装调整不当而引起的。T68型镗床有18种转速，是由双速电动机和机械滑移齿轮联合调速来现的。第1、2、4、6、8……档是由电动机以低速运行驱动的，而3、5、7、9……档是由电动机以高速运行来驱动的。根据M1的作原理可知，M1的高、低速转换是靠主轴变速手柄推动微动开关SQ7控制的，由SQ7的常开触点（11-12）通、断来实现的。如果安装调整不当，使SQ7的动作恰好相反，则会发生第一种故障。而产生第二种故障的主要原因是SQ7损坏（或安装位置移动）：如果SQ7的常开触点（11-12）总是接通，则M1只有高速；如果总是断开，则M1只有低速。此外，KT的损坏（如线圈烧断、触点不动作等），也会造成此类故障发生。

故障现象2：Ml能低速起动，但置“高速”档时，不能高速运行而自动停机。

Ml能低速起动，说明接触器KM3、KMI、KM4工作正常，而低速起动后不能换成高速运行且自动停机，又说明时间继电器KT是工作的，其常闭触点（13-20）能切断KM4线圈支路，而常开触点（13-22）不能接通KM5线圈支路。因此，应重点检查KT的常开触点(13-22);此外,还应检查KM4的互锁常闭触点(22-23)。按此思路,接下去还应检查KM5有无故障。

故障现象3:M1不能进行正反转点动、制动及变速冲动控制。

其原因往往是上述各种控制功能的公共电路部分出现故障,如果伴随着不能低速运行,则故障可能出在控制电路13-20-21-0支路中,可能有断开点;否则,故障可能出在主电路的制动电阻R及引线上。如果主电路仅断开一相电源,电动机还会伴有断相运行时发出的“嗡嗡”声。

三、T68型镗床其他常见电气故障的分析与处理

T68型镗床常见电气控制线路常见其他故障的分析及处理方法见表12-9。

表12-9　T68型镗床常见电气故障的分析及处理方法

故障现象	可能原因	处理方法
主轴电动机M1不能起动	(1)熔断器FU1、FU2、FU3中有熔断 (2)自动快速进给、主轴进给操作手柄的位置不正确,压合SQ1、SQ2动作 (3)热继电器FR动作,使电动机不能起动	(1)更换相同规格的熔体 (2)调整操作手柄的位置 (3)将热继电器FR复位
只有高速档,没有低速档	(1)接触器KM4已损坏 (2)接触器KM5的常闭触点损坏 (3)时间继电器KT的延时断开常闭触点坏了 (4)SQ7一直处于接通的状态,只有高速	(1)检查接触器KM4,必要时更换 (2)检查接触器KM5的常闭触点,必要时更换 (3)检查时间继电器KT的延时断开常闭触点,必要时更换 (4)改变SQ7的状态
只有低速档,没有高速档	(1)时间继电器KT不动作 (2)行程开关SQ7安装的位置移动 (3)SQ7一直处于断的状态 (4)接触器KM5损坏 (5)KM4常闭触点损坏	(1)检查时间继电器KT,必要时更换 (2)更正行程开关SQ7的安装位置 (3)使SQ1压合 (4)更换接触器KM5 (5)检查接触器KM4常闭触点,必要时更换
主轴电动机M1,进给电动机M2都不工作	(1)熔断器FU1、FU2、FU3熔断 (2)变压器TC损坏	(1)更换相同规格的熔体 (2)更换控制变压器TC
主轴电动机不能点动工作	(1)SB1至SB4线断路 (2)SB1至SB5线断路	修复断开的线路
点动可以工作,直接操作SB2、SB3按钮不能起动	接触器KM3线圈或常开辅助触点损坏	更换接触器KM3
主轴电动机M1工作正常,快速移动电动机M2断相	(1)熔断器FU2中有一个熔体熔断 (2)KM6、KM7主触点有一相断开	(1)更换相同规格的熔体 (2)检查后更换对应的接触器
变速时,电动机不能停止	位置开关SQ3或SQ4常闭触点短接	更换位置开关SQ3或SQ4

任务实施

一、故障设置

教师根据实际情况自行设置故障点。

二、任务准备

1）准备常用电工工具：验电笔、螺钉旋具、斜口钳、剥线钳、电工刀等。

2）仪表：500V 绝缘电阻表、钳形电流表、万用表等。

3）技术资料：机床配套电路图、接线图、电器布置图、使用说明书、检修记录单等。

4）其他器材：绝缘胶带、常用配件、劳保用品等。

三、故障检修

1）通电操作，引导学生观察故障现象，并将其填入表 12-10 中。

2）根据故障现象，根据电路图用逻辑分析法初步确定故障范围，并在电路中标出最小故障范围。

3）选择合适的测量方法进行测量，将测量值及分析结果填入表 12-10 中。

4）正确排除故障。

5）检修完毕进行通电试车，并填写表 12-11 所示机床电气检修记录单。

表 12-10　故障检修过程记录

故障现象	故障范围	测量点	测量值	是否正常	判断故障点

检修中的注意事项如下：

1）检修前要熟悉镗床的主要结构和运动形式，了解镗床的各种工作状态和操作方法；熟悉镗床电器元件的实际位置和走线路径；熟悉控制电路图中各个基本环节的作用及控制原理。

2）观察故障现象应认真仔细，发现异常情况应及时切断电源，并向指导教师报告。

3）故障分析思路、方法要正确、有条理，应将故障范围尽量缩小。

4）停电要验电，带电检修时，必须有指导教师在现场监护，并应确保用电安全。

5）检修时不得扩大故障范围或产生新的故障点。

6）工具、仪器仪表使用要正确规范。

表 12-11　机床电气检修记录单

设备型号		设备名称		设备编号	
故障日期		检修人员		操作人员	
故障现象					
故障部位					
引起故障原因					
故障修复措施					
负责人评价	负责人签字：　　年　月　日				

任务评价

对整个任务的完成情况进行评价，评价内容、要素及标准见表 12-12。

表 12-12　任务评价

项　目	评价要素	评价标准	配分	扣分
正确分析和排除常见电气故障	（1）正确描述故障现象 （2）故障分析思路清晰 （3）故障检查方法正确、规范 （4）故障点判断正确 （5）停电验电 （6）排故思路清晰 （7）正确排除故障 （8）通电试车成功 （9）检修过程中不出现新故障 （10）不损坏电器元件	（1）故障现象描述有误，每个扣 5 分 （2）故障分析思路不清晰，扣 10 分 （3）故障检查方法不正确、不规范，每个扣 15 分 （4）故障点判断错误，每个扣 10 分 （5）停电不验电，扣 5 分 （6）排故思路不清晰，每个故障点扣 5 分 （7）排故方法不正确，每个故障点扣 5 分 （8）不能排除故障，每个故障点扣 10 分 （9）通电试车不成功，扣 25 分 （10）检修时出现新故障自己不能修复，每个扣 10 分；产生新故障能自己修复，每个扣 5 分 （11）损坏电动机、电器元件，扣 10 分	85	
工具、仪表的选用及使用	（1）工具、仪表选择合适 （2）工具、仪表使用规范	（1）工具、仪表少选、错选或不合适，每个扣 2 分 （2）不会用钳形电流表测量电动机的电流，扣 3 分 （3）工具、仪表使用不规范，每次扣 2 分	15	
技术资料归档	（1）检修记录单填写 （2）技术资料完整并归档	（1）检修记录单不填写或填写不完整，酌情从总分中扣 3 ~ 5 分 （2）技术资料不完整或不归档，酌情从总分中扣 3 ~ 5 分		
安全文明生产	（1）要求材料无浪费，现场整洁干净，废品清理分类符合要求 （2）遵守安全操作规程，不发生任何安全事故 如违反安全文明生产要求，酌情扣 5 ~ 40 分，情节严重者，可判本次技能操作训练为零分，甚至取消本次实训资格			
定额时间	180min，每超时 5min，扣 5 分			
备注	除定额时间外，各项目的最高扣分不应超过配分数			
开始时间		结束时间	实际时间	成绩

收获体会：

学生签名：　年　月　日

教师评语：

教师签名：　年　月　日

参 考 文 献

[1] 万吉滨 . 机床电气控制——项目式教学 [M] . 北京 : 高等教育出版社，2009.

[2] 沈柏民 . 工厂电气控制技术 [M] . 北京 : 高等教育出版社，2008.

[3] 赵淑芝 . 电力拖动与自动控制线路技能训练 [M] . 北京 : 高等教育出版社，2006.

[4] 李益民，刘小春 . 电机与电气控制技术 [M] . 北京 : 高等教育出版社，2012.

参考文献

[illegible]
[illegible]
[illegible]
[illegible]